Savoir & Faire

土

エルメス財団 編

岩波書店

日本語版に寄せて

オリヴィエ・フルニエ

日本におけるスキル・アカデミーが最初に取り上げた「木」をテーマとする出版物に続き、今回、「土」に捧げられた一連のプログラム(出版、ワークショップ、トークセッション、展覧会など)を展開できることは、私たちにとって喜びの限りである。陶芸が最も古い手しごとの実践の一角をなす国であり、今なお極めて今日的なかたちで命脈を保っている日本において、土に光が当たることは、自然な成り行きであったと思われる。「土」という言葉が持つ遥かな響きは、この素材がいかに普遍的で、多様な場面で中心的な役割を果たし、日本列島ではとりわけ暮らしの中で重要な象徴性を担っていることを証し立ててもいるだろう。意味、使用法、造形などにみられるその豊穣さは本アカデミーの、また『Savoir & Faire 土』の核心をなすともいえる。

二〇一四年にフランスで設立されたスキル・アカデミーは、エルメス財団による隔年開催のプログラムである。このプログラムは領域横断的な実践を通じて、普遍的な素材をめ

Olivier Fournier

ぐる革新《イノヴェーション》の方途を探るという使命を持ち、互いに専門性を投げかける職人、デザイナー、エンジニア、アーティストたちを、集合的な知の活力の中で結びつける。現在までに、木、土、金属、布、ガラス、そして石が、このプログラムにて探究され、書籍化された。そして二〇二一年には、日本でもスキル・アカデミーが始動することになった。

さて、本書は、建築やアート、工芸といった創造の文脈において、土や手わざが持つ特性をパノラマ的に一望し、さらには国境を問わず、土を使用することとの永続性を示すもので、日本での「スキル・アカデミー 土」の鮮やかな幕開けを示すものでもある。日仏の対話によるこの類い稀な二重のアプローチは、両者の間に存する構造的な特異性や差違のみならず、調和について強調している点でも貴重であり、私たちの知識をさらに豊かにしようという確かな配慮を伴っているのである。

このような視点は、本書の出版を記念して銀座メゾンエルメスのフォーラムで開催された「エマイユと身体」展においても中心に据えられている。釉薬をテーマに構成されたこのグループ展は、古来から伝わる陶芸の概念を超えた作品を通して、スキル・アカデミーが取り上げる内容へのもっとも刺激的な芸術上の対位法《コントルポワン》をもたらしている。この展覧会に出品されたアーティストを含む本書のポートフォリオは、現代のセラミック創作が持つ独創性を共鳴させている。

「土」に捧げられた日本でのスキル・アカデミーは、このように百科事典的な性格を持つ刊行物と現代美術の展覧会という二つの入り口を構成することになった。一八三七年創立の職人工房に由来するエルメスを母体とするエルメス財団が何よりも誇りに思うのは、社会や伝統、また今日の文化における職人技の卓越した役割を共に大切にするフランスと日本の間に結ばれたこのような絆である。このプログラムの多面的な取り組みは、伝承、創造、持続可能性を連帯へと結びつけるエルメス財団の姿勢そのものでもある。本アカデミーの展望が、創造的な行いを讃え、明日の世界を作ることであるとすれば、日本では世代を超えた市民へと斬新でしかも建設的な方法でアプローチすることによって、より広く、公共へと私たちはその使命を還元することができるであろう。したがって、この二冊目の書物が前著同様、読者にとって興味深いものとなり、共感を覚える方々の熱い歓迎を受けることを願ってやまない。

私は最後に、二〇〇一年来、日本での文化支援活動の中軸であり、二〇〇八年からは銀座メゾンエルメス・フォーラムにおいて、エルメス財団の名の下に企画立案のバトンを引き継いだエルメスジャポンに、まずは謝意を表したい。フォーラムのキュレーター・説田礼子をはじめとする日本のチームは、この新たな刊行物の制作にあたって欠かせない存在であった。アカデミーの日仏邂逅の構想は、社会学者・歴史家であり本企画の外部監修者であるユーグ・ジャケと財団のチーム、とりわけスキル・アカデミーの企画担当責任者であるジュリー・アルノーとの協働でなされた。私たちが共有している土という素材は、世界の本質でもあり、変幻自在なものでもある。その土に向けて、互いに交錯し合う素晴らしいヴィジョンをもたらしてくださったフランスと日本の寄稿者の方々をはじめ、今回のスキル・アカデミーの準備に携わったすべての皆様に、心からの敬意を表し、厚く御礼を申し上げる。

（エルメス財団理事長）

目次

装幀　菊地敦己

本書『Savoir & Faire 土』は，下記書物のコンセプトを踏襲し，
同書に収録されている論考の一部を翻訳・収録している．

Original title: Savoir & Faire: La Terre
Edited by Hugues Jacquet

土

土とやきもの

ユーグ・ジャケ
社会学者・歴史家

触れられ、触れてくる……

本書があつかう陶工・陶芸家・芸術家の土というのは、幾度となく触れられるものであるとともに、心の琴線に触れてくるものである。幾度となく触れられるというのは、その土が長い時間をかけて作り込まれ、（手や土踏みによって）混ぜ合わされなければならないからであり、寝かせたり発酵させたりするため、さらには腐植化させる（素地《きじ》土《つち》やカオリンの寝かし）ために放置され、ふたたび捏ねられ、手やろくろを使って成形され、入念に窯入れされなければならないからである。石や木材や金属とは異なり、この土という素材はつねに両掌いっぱいに摑まれるものであり、道具や指先だけでなされることはほとんどない。土は距離を嫌って粘着し、捏ねている者とその環境との間隙を残さない。ガストン・バシュラールが言うように、「実際、大地的物質というものは、好奇心と勇気に駆られて手にした場合には、いきおいそれを捏ねあげてみたいという気持ちに駆られ[1]」「物質が肉づけ

Hugues Jacquet

にさそうよう姿をあらわし、夢みる手が制作の初期の衝動を享受する」[2]。

　こうした作業において、手は、他の手仕事において以上に第一級の道具をなしている。メキシコの陶芸家グスタボ・ペレスが喚起するように、土との対話がはじまる瞬間をうまくとらえるには、手とともに思考する術《すべ》を学ばなければならないのである[3]。一度触れられた土はふたたび別の手によって触れられる。ひと目見ただけで手にとってみたいという欲望を呼び覚まし、次々と別の手にわたっていくのである。たとえば、現代の炻器《せっき》碗《わん》ひとつとっても、それに触れる指は、それを成形した手の存在を直覚するのであり、視覚や触覚へ語りかける器面の隆起やかすかな窪みは、成形した手による繊細な力加減を伝えている。やきものにはすべて、形それ自体にその使用法が刻印されている。たとえばベンガル地方のクルハド（素焼きの小カップ）は、その素地によってやけどするほど熱いチャイ[4]をすぐにほどよく冷ましてくれるし、アルド・バッカーがつくる磁器は、その形状によって条件づけられた、ゆったりとした所作を伝える。

　工業化が可能であり、げんに工業化されてもいる現代において[5]、愛好家あるいは職人による陶芸品[6]はわれわれ現代人の多くを深く魅了してやまない[7]。この現象にはいくつかの解釈が可能だろう。すなわち、みずからの固有性さらには個性の表現としての自分だけの作品づくりであったり、素地に触れてみたい、素材との接触をとおして自己実現したいという欲求であったり、さらには、支配的な社会モデルとそこに付随する価値観に対する疑義であったりもする。陶芸、それは包括的な手仕事であり、誰もが気楽に着手でき、とりわけ成形作業を通じて、仮想世界の解決策に甘んじるばかりの液晶パネル的な現代を離れて、自分で「やって」みたい、五感や実験への好奇心を解き放つ冒険の場がほしいと感じている多くの人々に開かれている。陶芸をより広い文脈でとらえるなら、いまだ発達中の視力のもと、形になるかならないかの土（砂が水をふくんで偽の可塑性を帯びたあの魅力的な泥）を捏ねる子供の世界を想い起こさせる。この場合、土というのは、生まれてはじめて経験する実験の場にして、自身をとりまく世界についての五感を駆使したイメージ形成が開始される場である。すなわち、形づくられていくものと壊れていくもの、形を保っていくものと崩壊していくものとを理解する場だということである。波に掘り崩される砂の城はすべて、不易なるものと移ろいやすいものという人生の本質を訓えている。マヨルカ島出身の芸術家ミケル・バルセロは述懐している。「七、八歳の頃に私が覚えた最初の不満のひとつは、粘土で三五センチほどの人形を作った時のこと。神は［土で作ったアダムに］息を吹きかけたと聞いたことがあったので、私はそれに何度もそうしたのです。ところが人形は立ちもしなければ歩きもしない、それどころか体中がひび割れに覆われ、亀裂が生じ、腕と足が落ちてしまった……。それが最初の教訓で、私はその粘土を長いことそのままにしておいたものです[8]」

　とはいえ、物質的にも象徴的にも、やきものには痕跡が残されている。物理学者ジョルジュ・シャルパクは、土器に痕跡として残された畝《うね》状のくぼみ[9]には、陶工の声やその周囲の音が録音されていてもおかしくはないと考えていた。厳密な科学とポエジーとを分かつ稜線でバランスをとるかのようなこの魅力的な発想は、彼にノーベル物理学賞をもたらすと同時に、ジュゼッペ・ペノーネのような芸術家を刺激したのである。レコードの溝が音を記憶するように、やきものはある場合には指紋を、ある場合には署名やマークといった作者のアイデンティティを、さらには古代ギリシャ・ローマの壺ならば、装飾をつうじて伝記さえも保存しているのである。

　やきものは、粘土を捏ねただけのもの、手づくねで粘土玉をざっと小さな器の形に仕上げただけのものであっても、鋳型や型押しで成形されたもの、時代が下ってろくろ成形されたものであっても[10]、その本質的な類型的形状において（容器としての用途をもつ場合はとりわけ）説話への誘いを宿している。陶工の手によって生み出されるこの回転体は、いったん焼き固められると、今度はその使用者や鑑賞者をある動作へと仕向けるものとなる。新たに触れるという動作、あるいは美術館の注意書きが喚起するように手にとらずに作品の周囲を歩くという全身の動作である。このようにして使用者や鑑賞者は、流れる線的な時間をこえて、結末とはじまりが決して完全には区別されないあの同一の物語を、日常の物質性のうちに含まれ、または神話や童話や寓話へと昇華されているあの人類の物語をとらえようとする。やきものの形状がわれわれにその周囲を巡らせるのは、そこに物語や感情を読みとるためである。器面に描かれたあれらの伝記や日常生活の場面、器の形状そのものに定着されたこの神話的運動をとおして、職人や愛好家は、古代ギリシャ・ローマのクラテル〔ワインを希釈するための大型の甕《かめ》〕や壺の器面に描かれたあの敏捷なダンスのステップを、または現代の例でいえばジャン・ジレルの風景画陶器に示されているような冬の曙光や八月の夕日に魅せられた散歩者の歩みをはじめるのである。さもなければ、新石器時代、古代ギリシャ・ローマ時代、古典主義時代、そして現代につくられた器が、われわれを感動させてやまないことを説明しようがない。美術史家アビ・ヴァールブルクが科学的かつ直観的にはっきりと理解していたように、人間によって生みだされた形のすべてには、制作年表を超えたある種の非時間性が、時代や文化圏の違いを超えた一種の共鳴が存在するのである。[11]

彫られ・浮き彫りにされ・削られ・施釉され・絵筆でえがかれた文様と胎土《テツン》[12]の形状とが今日なおわれわれを感動させるとき、この過ぎ去った時間の記憶は現在と混ざりあっている。陶芸品のすべてに注がれる現代のまなざしは、制作時期やその背景について知らないふりをしつつも、ドルニ・ヴェストニッツェ(チェコ共和国)で二万年前に火に投じられた奉納用の動物像や、一見すると抽象文様だが、よく見ると様式化された巨大な角のアイベックスだったり、魚や犬やサソリだったりするイランのスーサ遺跡Ⅰから出土した陶器の絵柄によっていともたやすく心を動かされてしまう。[13] 中国宋磁の釉薬[14]がくりひろげる驚くべき小宇宙に沈潜したり、エミール・ドゥクール作のうつわの釉薬を変化させた火力について思案したり、あるいはラスターの虹彩《こうさい》によって永遠に力動的な姿をしたあの子犬たちを表現したメキシコのコリマの陶工たちによるテラコッタ[15]の前で感動したりするとき、やきものは直截的な魅力で心をとらえてやまない。時空をこえて共鳴しあうやきものはすべて、われわれが内に抱えるあの大いなる空虚を満たすためのものを汲み取ることのできる容器なのである。[16]

感動——心の琴線に触れる動き——をひき起こした後、やきものは休止の時間をもたらす。というのもやきものとは、焼成をへた後に形状を保つようになる軟らかい土のうちに、あるいは冷却とともに固化した溶岩のようなやや厚みのある釉薬のたれのうちに物化された、硬直した時間のイメージでもあるからである。アンディー・ゴールズワージーの作品では、流れる時間のイメージがひときわ儚い形で表現されている。泥状の黄土を部分ごとに異なった速さで乾くようにすることで、われわれの眼下で模様が静かにあらわれてくるのである(『時間のダンス』、二〇〇〇年、バレエ・アトランティックのためのレジーヌ・ショピノによるコレグラフィ)。第六〇回アヴィニョン演劇祭におけるミケル・バルセロとジョセフ・ナジによる造形芸術的かつコレグラフィックなパフォーマンスは、観客を、人類発展の基層というべき悠遠なる太古からの持続に直面させるものである。

近くのものと遠くのもの

建築や農業従事者たちの土ややきもの(17)は、地産の「有機」農作物や手工芸品の有する抗しがたい魅力ゆえに、われわれ現代人と深く関わっている。それらは、現代社会の特徴をなしている様々な意味での疎遠さに対するひとつの応答をもたらすものである。一九世紀来の個人化の深まりとともにこの疎遠さというものは、われわれの社会の組織化のあり方、さらにはその陥穽を理解するための鍵となっている。

かかる事実確認は、かつても今も進行する過疎化や全世界的な超都市化のことをふまえるなら逆説的に思われるかもしれないが(18)、都市部における社会階層(19)の混成という事態への反動として、文化や出自の多様性の希薄な画一的人口を地区ごとに配するという空間的な棲み分けがすすんでいる以上、問われているのは何よりも物理的な疎遠さである。その極端な事象が、都市との接点をもたず、高度なセキュリティーをはりめぐらせ外界から隔絶した富裕層の「ゲーテッド・コミュニティ」であり、その対極には同じく孤島化した貧困層の地区がある。都市開発や家賃の高騰によって都市の最貧困層はつねにその周縁へと遠ざけられてきたのであり、一九世紀の市外区《フォブール》や今日の郊外がそれにあたる。近代以降、空前ともいえる所得格差に達している現代において、疎遠さとはまた社会経済学的なものでもある。さらには、コミュニケーション・ツールが情報格差を縮小し、情報網にアクセスできるようになった弱者に見せかけの遍在感を提供する一方で、迷子になりそうになっても道を尋ねようともせず、小型画面のブルーライトのなかに好きなだけ没入し、世界との接触を断つことにも役立っている——なにせツールにすぎないのだから——現代においては、疎遠さとはまた個人間のものでもある。デジタル・インターフェイスは、一方で減少させるものを他方で増大させるのである(これはたんなる事実確認にすぎず、郵便馬車や腕木通信を讃えるつもりはまったくない)。

ならば、手回しろくろによってつくられた器や、地域に根ざし環境に配慮した農作物について、どう考えるべきなのか。ひとつの碗は都市について何を語り、ひとつの小鉢は人間関係について何を語っているのか。それらは、ますます増大するわれわれ現代の少数派を惹きつけてやまないが、こうした趨勢から徴候として見えてくるのは、近さと遠さの、個々人同士の関係の、われわれと消費物との可視的かつ可読的なつながりの象徴的次元での探求である。あの器や農作物はすべて「人々を結びつける」連結符でもある。陶芸家がつくった茶碗も、土壌や季節を尊重しつつはぐくまれた果物も、たゆまぬ注意の対象だった。たんなる容器、たんなる食料品の一形態である以上のものをもたらすという意味におけるこの提喩的な対象物のうちには、近さの理念と同様、注意を向けたい・注意を払いたいという意志が刻印されている。対象物のかかる非物質的次元は、疎遠さの帰結としての断片化が現代社会を理解するうえでもうひとつの鍵となっている現代において、安心感をもたらすものなのである。

注意力の問題は、イメージや情報のフローにたえずさらされ、それらを序列化し、刺激的で余計なものと本質的で最重要のものとを見分けがたい状況の部分的帰結であるが、それはある活動から別の活動へ、あるメディアから別のメディアへとたえまなくシフトさせ、とりわけ若者たちの注意力の維持に深刻な影響をあたえている。注意力の維持なしにはものづくりなどありえない職人仕事というのは、断片的な思考の対極に位置しているのであり、こうした制作者のイメージが受肉したオブジェを生みだすにいたる。かかるオブジェのオーラがわれわれを安心させてくれるのは、そのオーラが注意力の記号を発するからである。柳宗悦が言うように「素朴なものはいつも愛を受ける」[20]。

やきもの、世界の記憶

やきものとはまず、数百万年かけて花崗岩が粘土へと分解されていくプロセスを想起させる地質学的記憶である。また、やきものとは文化的記憶であり、たとえば、現時点で最古とみなされている先史時代のやきものは、チェコ共和国モラヴィア地方のドルニ・ヴェストニッツェから出土したものであり、紀元前二万八〇〇〇年頃にさかのぼる。同地とその周辺の遺跡からは、当時の文化的慣行をあらわすとされる数千点におよぶ小動物像の破片が発掘されている。二つに分かれた状態で出土し、現在では復元されている臀部の大きいヴィーナス像は、知られているかぎりで先史時代の最初のやきもののシンボルとなっている。この先史時代から新石器時代までは一万五〇〇〇年のへだたりがあるが、この間に起源をもつ他の生産地がいくつか発見されており、先史時代は点描で埋められていくかのようにゆっくりと着実にその姿をあらわしてきている[21]。ジャン・ジレルが『やきもの略史[22]』で述べているように、チェコでかくも先駆的なやきものが出現した一因は、地質的にきわめて有利な特徴をそなえていたことであり、その土壌の組成——とりわけ標準値よりもわずかに含有量の多いリンの存在——が、現存する最古の素焼きを偶然可能にしたのだろう。したがってやきものは、経験にもとづく試行錯誤と地質学的な偶然の一致によって、旧石器時代前半の紀元前二万六〇〇〇年から二万八〇〇〇年までの間に出現したということである。当時はもっぱら文化的な目的のためであったやきものが器としての実用性を得る起源を、考古学者や古生物学者たちは新石器時代にみとめている。すなわち人口の定住化とともに、実用的機能をそなえたものとしての火の芸術が開始されるのである。マルセル・モースは述べている。「考古学的にいえば、陶器とは新石器時代の、あるいは少なくとも後期旧石器時代のごく末期のしるしである。オーストラリアやティエラ・デル・フエゴからはいっさい出土せず、ピグミー諸民族が暮らす全地域において出土は乏しいままである。（中略）製陶術の最大の目的のひとつは（中略）食料の加熱調理用の容器をつくることであり、粘土のない地域では、水漏れ対策を施したかご細工や升がその代替品となることがある。その結果、これら地域の住民は高度な手仕事を営んでいる。いまでも、たとえば南米の後発開発途上国におけるアンフォラ〔古代ギリシャの二つの把手のある壺〕のように、魅力的な陶器を有するごく未開の住人たちを見出すことができる。よく知られた美しい陶器のひとつはモロッコのToukala族のそれであり、この陶器を作るためのろくろは、知られているかぎり最も原始的なろくろのひとつであるチュニジアのジェルバ島のそれと同型である[23]」。新石器時代とその前段階の時期としては、いくつかの出現地が挙げられている。一万年前のサハラの一部地域（中東最初の陶器から約一〇〇〇年前）、紀元前一万四〇〇〇年頃の華南、さらには縄文土器の出現した紀元前一万二五〇〇〇年頃の日本列島の南西部である。

考古学的記憶の構成要素として、完全な形あるいは破片状になって現代のわれわれにまで伝わるやきものは、先史・有史時代におけるある社会や時期について一連の手がかりとなる。やきものは、技術的（製陶法の進化と伝播、テクノロジー集積地の拡大と影響）・象徴的・社会的・経済的など複合的文脈から成立している。じっさいにかかる複合性は、レバント諸国と西欧、オリエントと西洋をつなぐ交易路ならびに枢要な交易地の存在を指し示している。やきものは一民族の文化を含み、ある社会全体についての部分的な手がかりを伝えている。食料の貯蔵や調理、飲料の保存や運搬のための実用的なものだろうと、儀礼的・宗教的なものだろうと、やきものは個人と集団の境界面に位置している。それを手やろくろで成形したり、絵付けをしたりする人々と、それを実用的なものとしてのみならず、富のしるし、あるいはたんに特定の社会集団への帰属をあらわす社会的標識としても使いたい人々との境界面に。実用品と芸術品との境界もまた曖昧であり、アンフォラの優美な曲線やドリウム（ワイン数千リットル分の容量がある古代の甕）の堂々たる風貌は、それらの実用性を越えてわれわれの五感に訴えてくる。考古学者、美術史家、技術史家たちがやきものうちに見出すトレーサーとしての機能は、無限ではないにせよ数多い。やきものは古生物学者たちにとっては編年学上の第一級の手がかりであり、アンドレ・ルロワ＝グーランは自著『先史時代辞典』の「土器」の項目の冒頭でこう指摘している。「土器の生産は新石器時代への移行期（日本の縄文時代、旧ソ連のブーフ＝ドニエストル文化、スカンジナビアのエルテベレ文化）に一部狩猟採集民のあいだでごく先駆的に出現するが、このことをめぐっては、社会的生活形態のより根源的な変容に比べて副次的に位置づけられるのが通常である（後略）。しかし逆説的にも、土器片しかなく、だが土器ほどに明白な手がかりが他にない場合は、まさしくその土器片から新石器時代の経済が明らかにされるのである。そのうえ、土器というものが形態的・装飾的にも技術的にも極めて多様なバリエーションがありうることを考えるなら、ある集団や文化の相対編年の考察、年代区分の試み、そしてそれぞれの定義づけは主として、場合によってはただ土器だけに依拠することになる。線帯文《せんたいもん》土器文化、漏斗状《ろうとじょう》ビーカー文化、鐘状ビーカー文化といった多くの呼称が土器を参照したものであるのはそれゆえであり、かかる土器の支配的役割は、新石器時代だけに限られたものではなく、金属器時代、さらには歴史考古学全体をとおしてつづくことになる」[24]

　現代考古学が今日とりくんでいるのは、単純または複雑な形状のうちに判別しうる身振りの考古学である。またしても、「記憶の外科医的な仕事」だとアンドレア・カランディーニは参考概説書『土の話——発掘調査マニュアル』（一九八一年）で述べている。土器とその成形方法を分析することで、その原産地のみならず、生産様式もまた突き止めることができる。[25]たとえば、粘土ひもを積み上げ、叩きならして型押しで細工されたような土器はアフリカ由来であり、ろくろで成形されるか簡素に成形された土器は南アジアの一部地方に由来する。この種の考古学は、できあがった土器の形状から出発して社会構造へとさかのぼり、日常生活の記憶やそれを条件づけていた身振りを突き止めるのである。

　記憶とその伝達が問われているとすれば、紀元前四世紀〔原文ママ〕に文字——表出化された記憶——の出現した場所が、その二五〇〇年前に回転ろくろが発明されたメソポタミアのウルクであり、その書字材が往々にして生粘土を用いた小型書板〔粘土板〕だったことをここで想い起こしておくべきだろう。

ひとつの生の記憶

伝記の記憶としてのやきものは、人生の最期の時まで所有者に寄り添う。古代ギリシャ・ローマにおいて、とりわけ世襲貴族パトリキに属する死者には、土葬か火葬かを問わず、やきものを一部とする高価な副葬品が手向けられた。火葬の場合なら骨壺がそうであり、故人が死者たちの国に旅立つための「必需品」となるさまざまな物品もそうだった。いくつかの発掘調査では、葬儀の会食のため、またそれ以後も定期的に故人へ哀悼をささげるために使用されたやきもの類一式が出土しており、それらはすべて、死者を弔う儀礼慣習についての手がかりとなっている。すなわち、火葬時に火に注がれる香油をいれておく洋梨状あるいは流線型のバルサマリウム、献酒用のゴブレット、葬儀の会食用の食器(皿、碗、手付き壺、深なべ、水がめなど)であり、これらはたいてい壊されるかその場に放置された。生から死への移行においてはるかに中心的な役割を果たすのは手づくねの土器であり、他方で遺骨は棺(あるいは箱舟だろうか?)としての意味合いをもつ骨壺に入れて埋葬されている。

器面もまた故人の記憶が讃えられる場のひとつであり、このことは、線刻文や文字で故人の名や短い碑文(「彼は生きたVixit」、イギリスのオスプリング墓地)がしるされた素地の断片が示すとおりである。葬儀のさいに用いられる土器が壊されることが多かったのは、日用品たるそれらの喪失をとおして、生の終わりをよりよく象徴化するためである。「壊された土器は、生者と死者の離別を示すとともに、ひとつの中断を具体化することで、生のサイクルの終わりを象徴化しているのである(26)」。マリ・チュフロ＝リーブルによれば、故人の名を刻むために手付き壺が用いられているのは偶然ではなく、人間に準えられるその形状ゆえの意図的な選択だという。マルセル・モースいわく、「通常、土器というのはひとつのイデオロギーを有しており、三脚付き土器ひとつとっても問題はたいへん複雑なものとなりうる。ほとんどすべての土器は象徴的な価値を示しており、現代のカフェにおいてさえ、一個のポートワイングラスはビールジョッキと同じ形をしていない。概して土器というのは一個の魂を有し、一人の人間なのである」(27)。クロード・レヴィ＝ストロースは『やきもち焼きの土器つくり』のなかで、女性が土器づくりを担うヒバロ族の文化における女性と土器との等価性を示すとともに、カーステンを引きながら「インディアンの思考においては、粘土製の壺は女である」(28)と言明している。

この「記憶のための」やきものは、その象徴的かつ物質的な現前によって、人生のすべての時期をつなぎとめている。ルネサンス期におけるベルナール・パリシーの実験的な試みは、生とそのイメージという二つの次元で行われた。生きたものの痕跡という点で、彼の作品ほどリアリスティックなものはない。というのもパリシーはその大皿に、海底や下草の生い茂る湿地の生物がひしめきあっているかのような動植物の装飾のために、実物から直接型をとっていたからである。興を求める王侯貴族の庭園奥につくられた人工洞窟グロッタ内部の装飾のためにも同手法を用いている。むろん、三大啓示宗教が語っているようなあの永遠へと至るためには、「メメント・モリ〔死ぬ身であることを忘れるなかれ〕」というもうひとつの記憶、地上における時間のはかなさの絶えざる想起が介入してくる。パリシーは、アンヌ・ド・モンモランシー大元帥と、一五五〇年代半ばにはチュイルリー宮殿の建造をすすめるカトリーヌ・ド・メディシスから、グロッタの注文をそれぞれ受けている[29]。一五六六年から一五七〇年まで取り組まれたそのグロッタは、動植物から型をとった装飾のみならず、死刑囚の遺体をつかった人面の装飾もなされている。実物から直接型取りすることによる生者の記憶はここで極限に達している。「母后のためのグロッタ見積文書」にてパリシーは問答形式で、あらゆる点で自然を模写しようとする同技法について振り返りつつ、グロッタ内部が「奇妙な岩の形をしたテラコッタでできており、一面にちりばめられ、彫り込まれたえも言われぬ様々な事物で豊かに装飾されたもの[30]」になると述べている。この独創的な傑作にほどこされる装飾をうまく伝えられない遠慮がちな口吻は、大量の動物について詳述する段になるやどこかへいってしまう。「それゆえ岩のでこぼこした箇所にはアスプクサリヘビやクサリヘビといったヘビが本能の命ずるままに横たわったり体をくねらせたりしている[31]」。かかる造形の超写実主義からなる集合が生みだす「奇怪さ」は、信じられないほどの動物たちが蝟集するこの暗くじめじめしたグロッタを来訪する者に、恐怖の入り混じった魅惑の感情をもたらしただろう。複雑な調合[32]により不透明化した鉛釉におおわれたこの「田園器物[33]」は薄暗がりのなかでも輝きを放つ。自然と人工、誘惑と反感のあいだの対立から、「周囲に張り巡らされたぞっとするような趣向と、えも言われぬ美しさの窓[34]」のごとき一種の快楽が生じてくる。時の流れ、死と生命力をめぐるこの教訓的な戯れは、永遠なるものの明らかな象徴である化石やそのレプリカをふんだんに使用することによっていっそう強度を増している。

粘土はまた諸民族の起源の記憶を含んでいるはずであり、偉大なる神話語りのなかで特別な場をしめている。聖書釈義学者たちは、神がみずからの似姿にもとづき最初の人間をつくったのは粘土からか、埃からなのか、いまでも議論を行っている。この宇宙発生論において、最初の人間は神の息吹によって目覚め、地上で最初の諸民族の系譜を開始するのである。土から誕生した人間は、[35] 命運が尽きると土に還っていく。また、怪物的な存在ながらもつねに人間的な特徴を有し、粘土からつくられて言葉を発さず、そのイメージが中央ヨーロッパにおけるユダヤ教の神話や民間伝承に浸透しているゴーレムについても言及できるだろう。創生神話の構成要素としての粘土が重要なのは、ユダヤ・キリスト教的西洋だけではない。南米ヒバロ族の始原の物語においても同様であり、数々の言い伝えによれば、地表の粘土というのは、蔓をつたって天上世界に昇っていった夫のひとりである月に追いつこうとして、妻であるヨタカ姿のアオホが落とした皿からできている、という。異伝によれば、アオホが籠から地面に粘土をぶちまけたとも、アオホ自身が月に蔓を切られて落下し、地面に叩きつけられて粘土に変わったともされている。ヒバロ族と近しいアシュアル族が人類学者フィリップ・デスコーラに語った同様の神話によれば、地表をおおう粘土層は、アウジュと呼ばれるヨタカの排泄物からできているという。粘土は、アンデス山麓に暮らす多くの少数民族の起源神話において、不変要素のひとつに数えられる。天地万物は粘土とともにはじまる。ヒバロ族にとって、創造主は泥をつかって月(ナントゥ)をつくるのであり、ヨタカによって破壊される運命にあるみずからの息子を月がつくるのも粘土からである。アンデス山麓の諸民族の神話におけるヨタカのイメージの反復は、女性にゆだねられた土器づくりという役割の社会的な過小評価につながっている。このヨタカという鳥には負の性質しか認められていないとレヴィ=ストロースは指摘している。ヨタカは嫉妬深く、汚らしいうえに怠け者であり、地面に掘った粗末な穴を巣としている。かかるイメージに加えて、女たちの土の労働は、金属を加工するために投じられる男の力と対比させられている。鍛冶をになう男たちは、金属を叩く音や熱さのうちに自らの技能を表出させるが、土器づくりの女たちはほとんど音もたてず、地表に露出した素材に甘んじている。地中深くから苦労して採掘する必要はなく、ただ屈みさえすればつかみ取ることのできる素材に。さらに、女たちは柔らかいものを硬いものへと変化させるが、これは、地下鉱脈から掘り起こした硬い物質に展延加工をほどこす鍛冶仕事とは正反対である。(36) 火との関係においてもまったく同等ではなく、つねに火床とともにある鍛冶師に対して、土器をつくる女たちは焼成のあいだ火から離れ、火を放置する。鍛冶師は立って作業し、土器づくりは座して作業をする。粘土それ自体が過小評価の一因であり、たとえば共同体のために不可欠な富を生産してくれる肥沃な土壌にかかわる農業にとって、粘土は無価値である。ともあれ、土の職人と金属の職人というこのような二分法は、よく似た中世西洋における職業間のヒエラルキーを浮かび上がらせるのであり、ここでもまた、いわゆる女性的な価値観――やきものの丸みや壊れやすさ、原料の柔らかさ、製造工程における静謐さ――と、男性的とされる価値観――雄々しさや力強さ、硬さや強度、切り離したり食い込ませたり殺したりもできる切断道具の角や直線――とのあいだに同じような対立が展開されるのである。

とはいえ西洋の歴史には、ファイアンスフィーヌや磁器の登場にともない、やきものの生産が金銀皿やヴェルメーユ〔赤みがかった金をメッキした銀〕皿の洗練を模倣し、それを獲得しようとさえした一時代がある。異国趣味や貿易上・技術上の独占によって涵養されたこの類まれなる時代を知るためには、今日においてなお空間的かつ象徴的な大いなる旅を必要とするのであり、本書が誘っているのもそうした旅にほかならない。

土《テール》よ！

土とは、われわれの全文明の発展が立脚し、製陶・建造・農業・彫刻といった職人仕事の原料となる粘土・陶土・シリカ・泥炭・泥灰岩《でいかいがん》・カオリンなどのすべてを一括する呼称である。このイントロダクションにおいて土を、未加工の土と焼成された土、建てたり作ったりするための土と育むための土という二つの関連のもとに論じたのはそれゆえである。

土はわれわれの日常生活に寄り添い、碗・皿・鉢・壺・レンガのような、人類によるその成形がはじまって以来変わることのない原型的な形態をわれわれの日常にちりばめている。土はその使用価値を超えて、手工芸的実践と芸術的実践との(すでに多孔化した)境界を攪乱しつつ、異色の作品の実現に役立っている。職人においても芸術家においても、土は、技術的な熟達と情動が一体化したかのごとき同じような身振りをひき起こすが、これは土という素材そのものの官能性に由来している。しかしながら、陶芸家の技量というものが成形や焼成だけに限られることはほとんどない。この土の職人は人間を複数的存在へと変化させる。すなわち、同時に芸術家、絵付師、科学者、労働者、そして幾分かは魔術師でもある存在へと。

科学者にとっての土は、この素材の化学的・物理学的・力学的な性質、そして(高温、疲弊、浸食など)厄介な環境における極度の耐性ゆえに、その応用領域がますます広範になっている。テラコッタに始まりガラスにまでいたるこのテクノロジーとしてのセラミックスは、今後数十年にわたって主要な研究開発分野であるにもかかわらず、大抵はほとんど周知されていない。ここで問われるのは、陶工や陶芸家、エンジニアに関係する以上に、生態学的均衡やわれわれの食料生産にとって根幹をなすそうした土である。土百科というべき本書で強調されるのはそうした土であり、語のもっとも広い意味での土をめぐる主要な問題に関心がそそがれる。すなわち、世界中で生じている大規模な農地買収、農地市場の競争と人工土壌化、土壌汚染、土壌微生物学と農業技術の影響という問題であり、大文字ではじまるTerreすなわち地球の未来についての問いは改めて吟味されるだろう。

訳　谷口清彦

（1） Gaston Bachelard, *La Terre et les Rêveries du repos*, Paris, Corti, coll. « Les massicotés », 2010 (1948), p. 7.（ガストン・バシュラール『大地と休息の夢想』饗庭孝男訳、思潮社、一九七〇年、一二頁）

（2） Gaston Bachelard, *La Terre et les Rêveries de la volonté*, Paris, Corti, coll. « Les massicotés », 2003 (1948), p. 94.（ガストン・バシュラール『大地と意志の夢想』及川馥訳、思潮社、一九七二年、一〇四頁）

（3）「私にとって、手とともに思考する術を学ぶということは、次のような土との対話を意味しています。往々にして対話の出発点となるのは些細なアイディアですが、それを試みると土はきまって（中略）進むべき道を答えてくれるし、制作の間中答えつづけてくれるのです。私はよく言うのですが、私にはアイディアがありますが、土には私よりも良いアイディアがあるのです。土が望んでいることに従う術を学んだということです」。原著「十分ではないこと、続けなければならないことを理解する――グスタボ・ペレスとの対話」から抜粋（本書未収録）。

（4） ミルクと香辛料を加えたお茶「チャイ」は主にインドの西ベンガル州ではドライドブラッド色の素焼き小型陶器「クルハド」に入れて供される。その素朴さにおいて傑出したクルハドは、何世紀も昔から使われてきたオブジェ特有の機能的で洗練された形状をしており、古代ギリシャのクラテルのミニチュア複製といった趣がある。クルハドでチャイを飲もうとすれば、かすかに膨らんだ口縁を親指と人差し指でささえる格好になり、思わずそのさりげない折返し部分に口を持っていくことになる。

（5）大量生産品がどれほど出回っているかを知るには、小売商店やデパート、インテリア用品展示会をのぞいてみるだけでよい。それらは、流行しだいで、かつ相互の模倣や引用、より散文的にいえば競争相手や手づくりの陶芸品の複製をとおして変遷していく多種多様な形状の一大目録である。

（6）「やきもの céramique」の語源は古代ギリシャ語の keramikos であり、「粘土」を表す keramon に由来する(1806)。「陶工 céramiste」という語の初出は一八三六年のランド地方である(Albert Dauzat, Jean Dubois et Henri Mitterand, *Nouveau dictionnaire étymologique et historique*, Paris, Larousse, 1989)。「ケラメイコス」とはいまなおアテネの一地区の名称であり、そこにはかつて家庭生活をはじめ食料や液体(オイルやワイン)の保存・運搬のための実用向け陶器をつくる職人たちが集住していた。

（7）フランスの例を挙げれば、陶芸家として個人事業をいとなむ職人は数千人とされるが、人数の明確化は困難である。全国手工芸アトリエ職業組合(かつては陶工たちを代表し、その後手工業全体を代表するようになった組合)でいえば、加入者の三五パーセント(すなわち二〇〇〇人以上)が陶芸家ないし陶工となっている(二〇一四年実施の Observatoire d'Ateliers d'Art de France による調査による。なおこの数字は総勢約六〇〇〇人の組合加入者のうちの五八パーセントの回答をもとに類推されたものである)。フランス文化・観光・経済各省所轄の公的研究機関である国立工芸研究所、また商業・手工業・サービス業・自由業担当局(DCASPL)による二〇〇四年の文書によれば、個人事業者または被雇用者の陶芸家は四〇八五人とされている(当該部門の手工業会社数は一七五九社)。この業種に特徴的な商業ルート、陶工・陶芸家にとっての販路数の多さもまた手工業全体において製陶業がしめる割合の高さの指標となっている。これらの数字は陶芸愛好家を含んでいないが、彼ら・彼女らの一部はみずからの道楽のために極めて高度なわざに達しており、粘土という素材の可塑性を押し広げている。

（8）Miquel Barceló, *Terra ignis*, Arles, Actes Sud, 2013, p. 8.

（9）ろくろ成形(様々な道具を用いてオブジェに決定的な形を与えたり、その表面をなめらかにしたりする作業)以前の素地表面は畝状の手の痕跡をとどめている。

（10）　不規則に回転するたんなる手回しテーブルだった初期ろくろはエジプト初期王朝以前の紀元前五〇〇〇―三〇〇〇年に発明されたとされている。足をつかって規則的に回転する製陶ろくろ（その軸棒が後に電動化される）の出現は、紀元前三〇〇〇年以前のメソポタミアのウルク朝（ウルクは主に素焼きレンガを用いて建築された当時人類最大の都市）とされる。この蹴ろくろは、上段の円板〔ジレル〕を支える垂直の軸とそれを回転させる下段の丸板、そして両手での作業を可能にするはずみ車で構成される。

（11）　この点については *Essais florentins*, Paris, Bibliothèque Hazan, 2015 にまとめられたヴァールブルクの理論的・歴史学的論考を参照されたい。

（12）　「胎土〔テソン〕および器体　化粧土や釉薬のほどこされていない、成形後に乾燥または焼成された作品の素地土」（Nicole Blondel (dir.), *Céramique—vocabulaire technique*, Paris, Monum-Éditions du Patrimoine, 2001, p. 36）。一般的にも考古学的にも「テソン」はこの原義をとどめた「壊れた陶磁器やガラス容器の破片」の意で用いられる。

（13）　一九世紀末からフランスを代表するジャック・ド・モルガンついでロラン・ド・メクネムによって進められたペルシャ発掘調査（一九二七年、一九三六―一九三七年）の結果、ルーヴル美術館とサンジェルマン・アン・レー国立考古学博物館にはイランのスーサIから出土した紀元前四二〇〇―三六〇〇年のやきものの膨大なコレクションが収蔵されている。この点は以下を参照。François Bridey, *L'iconographie du décor peint de la céramique de Suse I—Les coupes des collections du musée du Louvre et du musée d'Archéologie de Saint-Germain-en-Laye*, Paris, École du Louvre, 2011.

（14）　Hugues Jacquet (dir.), *Svoir & Faire—La terre*, Paris, Actes Sud, 2016, p. 277, note 6.

（15）　メキシコ太平洋沿岸の一帯から出土したそれら小立像は地中深くの竪穴墓のなかに置かれていたもので、その竪穴墓自体が平石によって蓋をされている……。制作時期は紀元前二〇〇年から紀元後三〇〇年の間であり、オレンジ色の化粧土（*ibid.*, p. 276, note 4 ならびに本書「釉薬」注3を参照）がほどこされた器面は研磨によって艶出しされている。

（16）　この表現は Nicolas Bouvier の *L'Usage du monde* からの借用であり、旅とはみずからの内にかかえる空虚を満たす時間だということが述べられている（ニコラス・ブーヴィエ『世界の使い方』山田浩之訳、英治出版、二〇一一年）。

(17) 多くの陶芸家が、土を成形することを料理することに関連づけていることを指摘しておこう。冷めた状態での材料を準備する、火にかけて待つ、仕上がりに一喜一憂するなど、類似点は数多く、こうした類比は繰り返しあらわれる。

(18) 一八〇〇年に世界人口のわずか三パーセントに過ぎなかった都市人口は一九〇〇年には一五パーセントに増えるが、主として西洋諸国内での人口移動によるものである。二〇〇〇年には二人に一人が都市に暮らしており、このままのペースでいけば二〇三〇年には世界人口の六五パーセントに達すると予測される。フランスを含む多くの国では人口の七〇パーセント以上が都会人である。

(19) たとえば一九世紀フランス社会のブルジョワ式集合住宅における階層構成では、社会経済学的な理由から、様々な社会層が今日よりも物理的に隣接していた。その厳密にコード化された垂直的区分では、ブルジョワジーには「高貴なフロア」たる二階、形成されつつあった中流階級にはそれ以上の階というように、住人の社会的身分に応じて各フロアが配置されており、屋根裏部屋は召使いや田舎出身の独身労働者にあてがわれた。

(20) Soetsu Yanagi, *Artisan et inconnu—La beauté dans l'esthétique japonaise*, Paris, L'Asiathèque, 1992 (1972 en anglais).(柳宗悦『民藝四十年』寶文館、一九五八年、五九頁)

(21) たとえば国立鉱山学校の技師にして一八八〇年から終生セーヴル国立製陶所の所長であったアレクサンドル・ブロンニャール(一七七〇—一八四七)は著書『陶芸概論 *Traité des arts céramiques*』(一八四四年)において、中国での土器の発見をもってその製作時期にあたる紀元前二六〇〇年から「発見の編年表と陶芸」をはじめている。ジョン・ボードマンはアテネの壺の年代推定をめぐって「古典的考古学にはドグマも、安易な断定へのいましむべき加担も、ましてや浅薄な一般化も入りこむ余地はない。テーマがあまりにもめまぐるしく変わるのである」と述べている。John Boardman, *Les Vases athéniens à figures rouges—La période archaïque*, Paris, Thames & Hudson, coll. « Univers de l'art », 1996, p. 8.

(22) Jean Girel, *Une brève histoire de la céramique*, Paris, J.-C. Béhar, coll. « Une brève histoire », 2014.

(23) Marcel Mauss, *Manuel d'ethnographie*, Paris, Payot, « Petite bibliothèque Payot », 2002 (1967), p. 67.

(24) André Leroi-Gourhan, *Dictionnaire de la préhistoire*, Paris, Presses universitaires de France, coll. « Quadrige », 1997 (1988), p. 213.

（25） 粘土ひもとは、手や機械〔コロンビヌーズ〕でつくる円筒状の粘土である。細長くしたものを積み上げ、ついでなめらかにすることで胎土の成形に用いられる。その原初的《アルカイック》な用法ではろくろを不要とする。

（26） Marie Tuffreau-Libre, « La céramique dans les rites funéraires et religieux de l'époque romaine—l'exemple de Porta Nocera à Pompéi (Campanie Italie) », in Mario Denti et Marie Tuffreau-Libre (dir.), *La Céramique dans les contextes rituels—Fouiller et comprendre les gestes des anciens*, Rennes, Presses universitaires de Rennes, coll. « Archéologie et culture », 2013, p. 175. 同考古学者は次のように述べている。「古代世界と現代の伝統的社会との比較が限定的かつ慎重を期する形でしか可能ではないとしても、たとえばアフリカでは、やきものの儀式的破壊は死と密接に関わっていることを指摘しておきたい。ナイジェル・バーリーは数多くの例を挙げている。たとえばヨルバ族は、人は死ぬと数々の部分に砕け散るものだと考えている。霊魂が転生するためには儀式の助けを必要とし、そこでは壺の破片が決定的な役割を果たす。ガーナでは、先祖の墓への供物は割れた壺によって支えられるが、それは大地と墓を結びつける役割をしている。アメリカ南部の農園では、アフリカ系アメリカ人の墓に割れた陶器を手向けるという習慣が残っていたが、供物としてではなく、死者と生者を分離し、離別のしるしとするためである」(*ibid.*, p. 175.)

（27） Marcel Mauss, *Manuel d'ethnographie*, *op. cit.*, p. 71.

（28） Claude Lévi-Strauss, *La Potière jalouse*, Paris, Plon, 1985, p. 33.（クロード・レヴィ＝ストロース『やきもち焼きの土器つくり』渡辺公三訳、みすず書房、一九九七年（一九九〇年）、二九頁）

（29） 一九八四年から一九八六年にかけてのルーヴル発掘調査ではパリシーの工房の重要な痕跡が発見されている。

（30） Bernard Palissy, « Devis d'une grotte pour la Royne mère », in Benjamin Fillon, *Les Œuvres de maistre Bernard Palissy*, t. I, Niort, L. Clouzot libraire, 1888, pp. 3-4.

（31） *Ibid.*, p. 6.

（32） かつての通説に反して、鉛釉の不透明感は錫ではなく、より複雑な成分の調合によるものであり、「すなわちそれはファイアンスの上絵の具ではなく、（おそらくは石膏由来の）カルシウムと硫黄が不透明化の働きをしている極めて独創的な組成だということを意味している」(Jean Girel, *Une brève histoire de la céramique*, *op. cit.*, p. 116)。

(33)「素焼きの大皿。ベルナール・パリシーの『田園器物』とは動植物の浮彫装飾がなされた陶器である。この呼称はヴォルテールによって *Dialogues*, chap. XXXIX, II のなかで用いられている」(Nicole Blondel (dir.) *Céramique—vocabulaire technique*, *op. cit.*, p. 24.)

(34) Palissy, « Devis d'une grotte pour la Royne mère », *op. cit.*, p. 7.

(35)「最初の命は粘土に刻まれたのか？　この仮説は[二〇一三年]一一月七日に電子学術誌『サイエンティフィック・リポーツ』に投稿された一連の実験報告とともに再び有力なものとなっている。ダン・リュオ(コーネル大学)率いる豪米研究チームの記述によれば、ハイドロゲルすなわち固体と液体の二成分をあわせもつ材料は海水と粘土を混ぜることで簡単に得られる。このスポンジ状の媒質を使えば、ある種の巨大分子を濃縮させて生命体のブロックをつくることが可能になる」(Hervé Morin, *Le Monde*, édition du 11 novembre 2013.)

(36) この点は既出のクロード・レヴィ＝ストロース『やきもち焼きの土器つくり』、またはより広範に柔らかいものと硬いものの弁証法を論じた同じく既出のガストン・バシュラール『大地と意志の夢想』を参照のこと。

黒い土と赤い土

赤坂憲雄
民俗学者

土を奪われた場所で

土とはなにか、という問いが、東日本大震災のあとを生かされている者たちにとっては、牧歌的な色合いを失いつつあるのかもしれない。たとえば、宮崎駿監督のアニメ『天空の城ラピュタ』の終幕に近く、王族の末裔であるシータが故郷のゴンドアの谷に伝わる、こんな歌を呼びかえす場面があった。

土に根をおろし　風とともに生きよう　種とともに冬をこえ　鳥とともに　春を歌おう

（シネマ・コミック『天空の城ラピュタ』文春ジブリ文庫）

そして、シータは「土から離れては　生きられないのよ」という最期の言葉を、銃を構

Norio Akasaka

えた男に突きつけるのである。土を離れては生きられないが、土を奪われた大地が、そこには転がっている。三・一一以後の福島である。否定しようもなく、眼を背けたところで、放射性物質が堆積する山野河海が広がっているという現実を変更することはできない。「除染」など、はるかな夢物語にすぎないことに気づきながら、もはや茫然自失することすら遠ざかった。汚れた土を剝いで、よそから運んできた土をかぶせても、みちのくの百姓たちが何十年、何百年とかけて育ててきた耕すべき大地は、たやすくは還ってこない。それでも、そこに生きることを択ばざるをえない人々にとって、土とはなにか、という問いは姿を変えて、幾重にも深刻なものだ。

いや、それはもはや、福島とはかぎらない。わたしが生まれ育ち、いまも暮らしている首都の郊外の武蔵野だって、にわかに浮上しつつある有機フッ素化合物(PFAS)によって汚れた土と水という現実に邂逅して揺らぎはじめている。眼を背けてきただけのことだ。土をめぐる「腐敗と生殖の弁証法」(ガストン・バシュラール『大地と意志の夢想』思潮社、一九七二)が見えないところで、大きく毀損されている現実が露出しつつある。問いそれ自体を立てなおす必要に迫られている。

とはいえ、わたしがここで手探りしてみたいのは、土の神話学にして土のフォークロアであり、その前段とでもいうべき微細な知の掘り起こしである。将来の「分解の哲学」(藤原辰史『分解の哲学――腐敗と発酵をめぐる思考』青土社、二〇一九)のための、ささやかにすぎる準備作業の一環といってもいい。

ツチの民俗／真土《まつち》と野土《のつち》のあいだ

ここでは、『風土記』(日本古典文学大系2、岩波書店、一九五八)という、古代の八世紀前半にヤマト王権の命によって、それぞれの国で編纂された地誌テクストを取りあげる。残存するのは、常陸・出雲・播磨・豊後・肥前などごく限られた地域のものであるが、この列島の古代をローカルな視点から読みなおすためには、ありがたい貴重な史料である。そこに、土をめぐる記述が数多く見いだされることに関心をそそられてきた。ツチ(土・地)、ハニ(埴)、ヒジ(泥)など、用途によって呼称がゆるやかに区別されているようだ。大きくは、土には二つの種別がある。黒い土と赤い土という対比が浮き彫りになる。

ひとつは農耕にかかわる土であり、黒い土である。これはツチと訓じられる。たとえば、「黒田の里　土は下の上なり。右は、土の黒きを以ちて名と為す」(『播磨国風土記』託賀《たか》郡)と見える。それぞれの国に風土記編纂をもとめた和銅六(七一三)年の詔には、「土地沃堉《よくせき》」という項目があった。土地の肥沃の程度を報告することを、朝廷は要求したのである。それにたいして、諸国は将来の税制のデータとされるのを嫌がってか、たいていは抽象的な表現で応じている。播磨国は例外であり、土品を上上から下下まで九等級に分けて、里ごとに「土は下の上なり」「土は中の下なり」のようにもれなく記した。しかも、「その評価は意外に厳正で、後の明治十八(一八八五)年の反当収量とほぼ対応して」おり、「全体に等級下げて書かれている気配がある」という(『風土記を学ぶ人のために』第一節、植垣節也「風土記の成立と歴史的背景」世界思想社、二〇〇一)。こうした土の肥沃の度合いは、稲作＝

米を租税の核に据えた経済システムのもとでは、第一級の収集されるべき情報であったことはいうまでもない。

　とはいえ、当然ながら、稲のほかにもさまざまな農作物が栽培されていた。たとえば、鴨波《あはは》の里は、土は中の中であった。昔、大伴造らの始祖である古理売《こりめ》が、この野を耕してたくさんの粟を播いた。それで、粟々《あはは》の里という(『播磨国風土記』賀古郡)。原野の開墾によって、粟が作られるようになったわけで、その歴史が里の地名由来として語られていたのである。『常陸国風土記』筑波郡の条に見える「新粟《わせ》の初嘗《にひなめ》」は、稲とその新嘗に収斂される以前の五穀をめぐる古風《アルカイック》な現実を示唆しているにちがいない。以下に見える五穀もまた、特権的に稲に結ばれてはいない。斐《ひ》伊川のほとりには百姓《おほみたから》が住んでいたが、河の両岸は土地《つち》が肥沃で、五穀《たなつもの》や桑・麻がたわわに稔り、「百姓の膏《ゆたか》なる薗」になっていた。アユ・サケ・マス・ウグイなどの魚が獲れた(『出雲国風土記』出雲郡)。この例からは、五穀を栽培し、養蚕をして、麻の衣服を織り、川漁にもしたがう、複合的ななりわいによって暮らす百姓の村が、原風景のように像を結ぶだろう。百の姓《かばね》を背負って生きる人々は、土に縛られていない。土の偏重は国家の側の欲望であったかもしれない。

　土が肥えているか、痩せているか、それによって里や村の生活の豊かさが測られている。これは実は、十九世紀の前半に各藩で編纂された『新編風土記稿』などにも見られるもので、いわば古代以来の伝統なのである。たとえば、『新編武蔵風土記稿』などには、「土性」への言及が散見される。ひとつの例として、「荏原郡之一」には、「余はみな水田、土性も真土かちなり、西北の方へつゝきては、村々すへて高低の岡つゝきなれは、田畠原野山林多く、土性も平地の方にくらふれは大に異にして野土黒土なれは、穀物に宜しからす」(『新編武蔵風土記稿』第二巻、雄山閣、一九九六)と見える。ここに「土性」という言葉があって、平地の水田には「真土」、田畠・原野・山林には「野土」という、どうやら土性にかかわる用語が使われていることに関心を惹かれてきた。

この土性という言葉は、佐藤信景の著書『土性辨』(一七二四)あたりに源流があるようだが、現代の土壌学でもそのままに、どのくらいの直径の粒子がどのくらいの割合で土のなかに存在するか、その割合を基礎とした土の種類分けを「土性」と呼んでいる、という。洋の東西を問わず、農民は「植物の生育や耕耘の難易などに大きな関係をもつこの土性を、土地評価の手段として重視した」が、土壌学者もそうした「農民の豊かな経験と深い知恵」に裏づけられた、いわば土をめぐる民俗知に着目し、土性をもって土の重要な分類基準としてきたのである(大政正隆『土の科学』NHKブックス、一九七七)。

とはいえ、土性は場所ごとに固有のものであり、その名称も内容も国によって異なっているようだ。土壌学者が現場で土性を決定するときには、湿った土を親指とほかの指の間に挟んでこすり、その感触で決めているが、その感触は経験によって体得したものだと、大政は前掲書のなかで述べている。わたしは条件反射のように、宮沢賢治のある童話の一節を想い起こす。「狼森《オイノもり》と笊森《ざるもり》、盗森《ぬすともり》」(『宮沢賢治全集』8、ちくま文庫、一九八六)のはじまりから間もなく、森に囲まれた小さな野原へと、四人の百姓がやって来る。その一人が、「地味はどうかな」と言いながら、かがんで一本のススキを引き抜いて、その根から土を掌に振るい落とし、しばらく指でこねたり、ちょっと嘗めてみたりする。それから、「地味もひどくよくはないが、またひどく悪くもないな」と評価を下す。百姓たちはそうして、土を吟味したうえで、そこを開拓の地として択ぶのである。おそらく、賢治はその場面を、盛岡高等農林学校での学びや地質調査の経験にもとづいて書いていたはずだ。

一七世紀後半に書かれた『会津農書』(『日本農書全集』19、農山漁村文化協会、一九八二)を紐解いてみればいい。まさに、会津地方の百姓たちが、その「豊かな経験と深い知恵」の結晶として編んだ農書のなかに、土性の民俗モデルとでも称すべきものが提示されている。『新編武蔵風土記稿』に見えていた「真土」や「野土」の意味が明らかになる。『会津農書』巻第一は、まず「田地位」、つまり田の等級づけから書き起こされる。それが『播磨国風土記』に見える九段階の等級づけを継承しているらしいことに、注意を促しておく。

「黄真土」の田は上の上。黄色の土に黒土が混じってまだらになっている。この土の上等なものは、土の色が黄色で地味が肥えており、口に含むと味は甘く、しっとりと重い。どんな植物もよく生え、土の精気が植物にのぼってゆく、という。耕作に適した良質の土である。「黒真土」は色が黒く、細かで軟らかい。その田は上の中。「白真土」は色が薄白く、細かで軟らかい。その田は上の下。「砂真土」は砂土に白真土が混じっている。その田は中の上。「野真土」は野土に黒真土が混じっている。その田は中の中。「徒《す》真土」は徒《す》土《つち》に黒真土が混じっている。その田は中の下。「砂土」は色が薄白く、きめは粗く、主として丘陵や砂丘のようなところの土である。その田は下の上。「野土」は色が黒く、きめは粗く、硬い塊の多い土である。その田は下の中。これはいわゆる黒ボク土であり、火山灰土で、十分に分解せず、有機質が少ない。「徒土」は色が赤黒く、軽くて粗い土で、丘や高台の土である。その田は下の下。肥料を施しても吸収しない、水も保たない。土の味は酸っぱいために酸《す》土《つち》とも書く。いわゆる赤土である。

このあとに、土の軽重と土の味についての記述が見える。たとえば、黄真土はいまの枡で計った畑土一升の重さが五二〇匁とあって、ほかの等級にもそれぞれに重さが示されている。まさしく、会津の百姓たちがその豊かな経験知として獲得した土性の認識であった。ここで、『新編武蔵風土記稿』に見えていた「真土」や「野土」の意味を確認しておきたい。すなわち、水田の土性は真土が多くて、耕作に適し肥えているが、田畠・原野・山林の土性は野土であり、黒ボク土ゆえに穀物の栽培には適していない、といったところか。土の等級づけはゆるい。『会津農書』のような繊細さには欠ける。真土／野土の二分法で事足りたのではなかったか。そういえば、『日本書紀』神代の巻には、神名として泥《う》土煮《ひぢにの》尊《みこと》・沙《す》土煮尊《ひぢにのみこと》が見えている。ヒヂもニも泥を指す。ウヒヂは真土、スヒヂは砂土・野土・酸土に対応するのではないか、と大した根拠もなく想像している。

いくらか唐突ではあるが、バシュラールの『大地と意志の夢想』には、以下のような節があった。

> 腐敗と生殖の弁証法が数世紀にわたって、植物学の中心課題であったことを考えれば、花と堆肥という対立命題は観念の世界と同様、イマージュの領域においても有効であることが理解できるだろう。事実これこそわれわれが原初のイマージュに触れた証拠なのである。花はおそらく初発のイマージュであるが、しかしこのイマージュは腐蝕土をいじったひとによって躍動化される。もしわれわれが黒い大地の不思議な仕事に手をかすならば、花を開かせるという行為、花が芳香を放つようにするという行為、まっ黒な泥から百合の光を生み出すという行為に専念する庭師の意志の夢想が、さらによく理解できるだろう。

ここに語られているのは、花の栽培という園芸にかかわる黒い土であった。この少しあとには、「黒い色は泥を糧とするようであり、それは若がえった植物の生命を活潑にし、植物は汚物を飽食した泥から出てくるのである」と見える。黒い土の深みに届いている。百姓ばかりでなく、庭師や園芸家の夢想にも眼を凝らさねばならない。いずれであれ、わたしたちの前には二つの黒い土があったことを確認しておこう。植物の栽培に適した腐植土という名の黒い土は、どうやら西洋にも存在し、日本では真土と呼ばれていた。それにたいして、日本列島には黒ボク土と呼ばれる、火山灰か焼畑の跡地か、どちらにせよ農業には適さない痩せた黒い土があり、野土と称されていたのである。この真土／野土という対比にはそそられるものがある、とだけ書きつけておく。念のために、先に引いた『播磨国風土記』の黒田の里の条に見える黒い土は下の上であったから、農耕には不適な黒ボク土の野土であったにちがいない。

ハニの民俗／祭祀の器として

さて、『風土記』に見られる、いまひとつの土の種別は、陶器・甕・瓦の製作にかかわる素材としての土であり、こちらは赤い土である。先ほどの『会津農書』の土性の分類にしたがえば、農耕に適した真土の対極に位置する野土、いや赤土であるから徒土や酸土が主役となる。

その前に、顔料や塗料としての土に触れておく。たとえば、『豊後国風土記』速見郡の赤湯の泉の条には、「湯の色は赤くして泥《ひぢ》あり。用ゐて屋の柱を塗るに足る。泥、流れて外《と》に出づれば、変はりて清水《すみみつ》と為り、東を指して下り流る。因りて赤湯の泉といふ」と見える。ここでのヒジは、温泉で熱い湯とともに噴き出される粘土質の泥を指している。この酸化鉄を含んだ赤色の湯からは赤土が生まれ、朱の塗料として家の柱を塗るのに用いられたのだ。外に流れた赤土は沈澱して、清水の底に沈んでいた。それを採取したものだろう。いまは皮膚病の軟膏や染料に使うらしい（新編日本古典文学全集5『風土記』、小学館、一九九七）。

これに続く『豊後国風土記』の玖倍理《くべり》湯の井の条には、「湯の色は黒く、泥《ひぢ》、常は流れず」と見える。これが黒い土として塗料に使われたかはわからない。採取がむずかしかったのかもしれない。さらに、よく似た温泉にかかわる事例に、白い土が登場する。『肥前国風土記』高来郡の条には、峯の湯の泉に触れて、流黄《ゆのあわ》つまり硫黄と並べて白土《しらつち》が見える。ここの湯は九〇度以上にもなり、酸味があったらしい。この白土は白堊《はくあ》を指している。白堊については、『広辞苑』に「「堊」は白土の意。泥質の軟らかい石灰岩。（中略）白墨・石灰の原料、白壁の塗料とする」とある。温泉から採れる土や泥は、その赤・黒・白などの特別な色が注目されて、顔料や塗料として珍重されたのである。この土はヒジと呼ばれ、泥という漢字が当てられることが多いようだ。

さて、ここからは陶器・甕・瓦の製作にかかわる土である。埴や埿という漢字が当てられ、ハニと訓じられる。ハニは器や瓦を作り、壁に塗る粘土質の土を指している。

『風土記』のなかには、いくつかの土で作られた器が登場する。たとえば、『常陸国風土記』那賀郡の晡時臥《くれふし》の山の条は、古老が語る蛇神との異類婚姻譚であるが、祭器としてツキ・ヒラカ・ミカが姿を見せる。ヌカビメのもとに求婚《よばい》する人があって、一夜にして孕んだ。月満ちて、小さな蛇を産んだ。神の子ならんと思い、「浄き杯《つき》」に盛って、土で小高く造った祭場として壇《うてな》を設けて安置した。たちまち成長して杯に満ちて、瓮《ひらか》に移すが、これもいっぱいになり、蛇を入れる器がなくなった。別れのときに、蛇は雷の力で伯父を殺し天に昇ろうとした。母は驚き、盆《ひらか》を取って投げると、子の蛇はそれに触れて天に昇れず、峰に留まった。蛇を盛った瓮と甕《みか》は、いまも村にある、という。注釈によれば、ツキは神への供え物を盛るための、清浄な素焼きの浅い器であるが、そうして捧げられる魚などは御《み》坏物《つきもの》と称されたようだ。ツキは土の器であるから、杯よりは坏が当てられるべきか。また、ヒラカは神への捧げ物を入れる素焼きの平たい皿や盆に似た器であり、ミカは神酒を入れる深いカメである。いずれも祭祀のために用意される、素焼きの清浄な器であったことに注意したい。

あるいは、『出雲国風土記』秋鹿郡の恵曇《ゑとも》の池の条には、その池の底に陶器《すゑもの》・甕《みか》・瓦《しきかはら》などが多く沈んでいた、という。かつては、蓮が自然に群がり生えていたが、いまはまったく消え失せてしまった。いにしえより時々人が溺れ死んできた。深いか浅いかはわからない。おそらく、この深さが知れぬ池の底に沈んでいるスエモノ・ミカ・シキカワラは、そこがなんらかの水辺の祭祀の場であったことを示唆している。

また、『播磨国風土記』託賀郡の甕《みか》坂の条には、昔、丹波と播磨とが国の境を画定するとき、大甕をここに掘り埋めて、国の境となした、ゆえに甕坂という、と見える。国の境の標示として、神酒を醸すカメを埋めて神を祀った境界祭祀であり、それが地名の由来伝承として語り継がれていたのである。

ここで、類似の事例を『日本書紀』神武天皇即位前紀から拾ってみる。夢に天つ神が現われて、以下のように「夢の訓《をしへ》」を告げる。天の香具山の社のなかの土《はに》を取って、天の平《ひら》瓮《か》を八〇枚造り、あわせて厳瓮《いつへ》を造って、天神地祇を敬い祀れ。また、潔斎して呪言をのべよ。そうすれば、敵はおのずからに平伏するだろう、と。このあとに、天皇が道臣命《みちのおみのみこと》に告げる。おまえを神の祭祀にしたがう斎王《いはひのうし》として、厳媛《いつひめ》の名を授け、埴《はにつち》のヒラカを厳《いつ》瓮《へ》と名づける、と。

同じく『日本書紀』崇神天皇十年の条に、童女の不思議な歌のシルマシ(予兆)を知った倭迹迹日百襲姫《やまとととびももそひめ》が、天皇にこう伝えている。これは武埴安彦《たけはにやすびこ》の謀反の前兆である、その妻の吾田媛《あたひめ》がひそかにやって来て、香具山の土《はに》を取って、領布《ひれ》の端に包んで祈願をして、「これ、倭国《やまとのくに》の物実《ものしろ》」と申して帰っていった、と聞いた――。それから、武埴安彦と吾田媛は謀反を起こし、天皇はそれと戦うが、ある坂のうえに「忌瓮《いはひべ》」を据えて神祭りを行なった。岩波文庫版の注によれば、その忌瓮は下部を埋めて地上に据えて、神を祀り軍《いくさ》の首途を祝った地堺祭儀である、という。神武天皇即位前紀に見えていた、厳媛が主宰する厳瓮の祭祀と同じものではなかったか。

香具山は大和の中心であるとともに、高天原に直結する聖なる山として信仰されていた。この山の埴が「天下を平らげる上で象徴的な意味を有する」のは、そのためであると、西郷信綱は指摘している(『古事記注釈』第一巻、平凡社、一九七五)。即位前紀のなかで、椎根津彦と弟猾《おとうかし》が老父《おきな》と老嫗《おみな》に身をやつして、香具山に登って、ひそかにその頂の土を取って帰るのは、まさにそれが「倭国の物実」として、倭の国を象徴的に体現する土であったからにちがいない。

ツチとクソが交歓するとき

最後に取りあげるのは、土と糞をめぐる隠微な関係である。バシュラールのいう「腐敗と生殖の弁証法」を底に沈めて、土と糞とが不思議な交歓を果たす現場《フィールド》に降り立ち、そこに生起する出来事のいくつかに眼を凝らしてみたい。糞と土とは排泄や分解といったキーワードに仲立ちされて、異相の風景へと導かれてゆくはずだ。

西郷信綱は『古事記注釈』第一巻のなかで、『日本書紀』一書には「土神埴山姫《つちのかみはにやまひめ》」とあるが、これは土一般ではなく埴土《ハニツチ》を指すといい、『古事記』では「糞と埴との連想と、埴を火で焼いて土器を作ることとが重なっている」と指摘していた。それを読めば、レヴィ＝ストロースの『やきもち焼きの土器つくり』(みすず書房、一九九〇)を想起せざるをえないし、『古事記』や『日本書紀』のみならず『風土記』においても通底している神話的思考といったものが存在するのかもしれない、とひそかに心弾ませてもきた。

そもそも、世界の諸民族の人類創造神話のなかには、土をこねて人間を創造するモチーフがくりかえし登場する。この神話モチーフについて、大林太良は「土器作りのアナロジーでつくられたモチーフであろう」と書き留めている(『世界神話事典』角川選書、二〇〇五)。この事典にはたくさんの事例が拾われている。たとえば、クァトという文化英雄が粘土をこねて人間を造ったが、それは沼地の河岸の赤い粘土であった(メラネシアのバンクス諸島のモタ族)、世界のはじめに、神は一定数の男と女を土と水から造った(大西洋のカナリア諸島)、神々に一人の神を殺させ、その血と肉を粘土に混ぜて人間を造った(古代バビロニア)、原初の鳥たちが、土と水をこねて人間の形にして、クンバング樹の赤い液を内部に注入した、形づくられた土という名を人間に与えた(東マレーシアのサラワクのイバン族)、といったものだ。神話的な思考が関心を寄せるのが、日本の古代にはハニと呼ばれた粘土であることを記憶に留めておきたい。

さて、土と糞との秘められた関係を物語りする神話に眼を凝らさねばならない。たとえば、『播磨国風土記』神前郡の堲岡《はにをか》の条には、以下のような滑稽譚と思われる伝承が見いだされる。

> 堲岡と号《なづ》くる所以《ゆゑ》は、昔、大汝命《おほなむちのみこと》と小比古尼命《すくなひこねのみこと》と相争ひて、のりたまひしく、「堲の荷を担ひて遠く行くと、屎下《くそま》らずして遠く行くと、此の二つの事、何れか能く為《せ》む」とのりたまひき。大汝命のりたまひしく、「我《あ》は屎下らずして行かむ」とのりたまひき。小比古尼命のりたまひしく、「我は堲の荷を持ちて行かむ」とのりたまひき。かく相争ひて行でましき。数日《ひかず》経て、大汝命のりたまひしく、「我は行きあへず」とのりたまひて、即《やが》て坐て、屎下りたまひき。その時、小比古尼命、咲《わら》ひてのりたまひしく、「然《しか》苦し」とのりたまひて、亦、其の堲を此の岡に擲《なげう》ちましき。故、堲岡と号く。又、屎下りたまひし時、小竹《ささ》、其の屎を弾き上げて、衣《みぞ》に行《は》ねき。故、波自賀《はじか》の村と号く。其の堲と屎とは、石と成りて今に亡せず。

くりかえすが、ハニは土器を作る素材となる粘土を指している。これに続けて、異伝として、天皇が巡行のとき、宮をこの岡に造って、「この土はハニと為すだけだ」とおっしゃった、ゆえに堲岡という、と見える。日本古典文学全集版の校注者の植垣節也はこれについて、「壁土や瓦粘土などに使うだけだ(農耕には向かないな)」という意に解釈している。さらに、別の頭注では、「この里の土は粘土で土品は下の下、農耕に適しないが、壺や坏などの土器を作るに適しており、工芸品製作がここの大切な産業であった」と指摘している。農耕に適した黒い土／土器作りに用いる赤い土という対比を思えば、この植垣の指摘は深く首肯されるところだ。植垣はしかも、伝承の背後に、この地で土の器を工芸品として製作する人々の存在を想定しながら、その粘土の荷を運搬する労働の厳しさに思いを寄せる。そして、ハニを背負ったスクナヒコネの神の勝利に、いわば肩入れする「庶民の誇らかな感情」を読み取るのである。

　我慢くらべの物語であった。ハニの荷をかついで遠くまで行くか、糞をせずに遠くまで行くか。どちらを択ぶか。堲かつぎのスクナヒコネはついに、糞まらずのオオナムチにわずかな差で勝つが、それから苦しさに堪えかねて堲を岡に投げ捨てる。堲岡という地名はそうして生まれた。波自賀の村という地名もまた、オオナムチが糞をしたとき、その糞が飛び跳ねて神衣にくっ付いたことに由来する、と語られている。どうやら、ここに見え隠れしている観念の連結は偶然ではない。埴土と糞とが繋がれるのは、なぜか。そうした連想が埴土を火で焼いて土器を作ることと重なってくるのは、なぜか。本居宣長の『古事記伝』に見える、「屎《クソ》の形状《アリサマ》の、埴を泥夜志《ネヤシ》たるに似たればなり」(『古事記伝』一、岩波文庫、一九四〇)などが、考察の起点になるかといえば、いささか心もとない。ネヤスとは土を器にするためにこねることか。東ゆみこの『クソマルの神話学』(青土社、二〇〇三)をわずかな例外として、糞と土の関係といったテーマはまともに論じられたことがない。

ここではやはり、レヴィ＝ストロースの『やきもち焼きの土器つくり』に手がかりを求めるしかない。実は、その「序」には『日本書紀』の神武天皇即位前紀から、香具山の土《はに》で天の平瓮を造り、天神地祇を敬い祀った伝承が引かれている。天の神と地の神に生贄を捧げて供犠を行なう、といった解釈が語られているが、むろん、ただちにしたがうわけにはいかない。

南米で採集された陶土の起源譚は、以下のようなものだ。——怒った月が、綿でできた綱を伝って天に昇ってしまい、綱を引き抜いたために、追いかけようとした女は墜落して大地に叩きつけられ、軟らかな粘土に変わってしまった、という。あるいは、女は器のいっぱい入った籠を背負って天に昇ろうとするが、その器が壊れてできたのが質の劣った粘土であり、女の死体からできたのが良質の粘土である、という。また、月はつる植物を伝って天に昇ってから、それを切らせてしまった。驚きのあまり、女は所かまわずに糞をまき散らしたが、その排泄物の塊ひとつひとつが土器を作るための粘土床に変化した、という。土器作りは女の領分であったらしい。粘土と女とのあいだには興味深い結びつきがある。土器作りの主が粘土を用いて、女の性器を作りだしたという神話もあるようだ。

思えば、日本神話のなかには、こうした陶土の起源譚、とりわけ糞がハニの起源をなす伝承は、そのままには見いだされない。『古事記』上巻には、イザナミが火の神を産んだためにホトを焼かれて苦しみ、嘔吐し、小便や大便を排泄しながら、神々を産み落とす場面があり、そこに「屎《くそ》に成れる神の名は、波邇夜須毘古《はにやすびこ》神、次に波邇夜須毘賣《はにやすびめ》神」と見える。神名からは埴土をこねる情景が浮かぶ。糞はたしかに埴土に繋がっている。あるいは、『日本書紀』神代の巻の第五段一書第四の同じ場面には、「大便《くそ》まる。神と化為《な》る。名を埴《はに》山媛《やまびめ》と曰す」とあって、糞が埴土とじかに結ばれている。

それにしても、糞をまるのは女神のイザナミであり、その糞が化成するのが、やはり女神の埴山媛であったことは、はたして偶然なのだろうか。死んでゆく女の糞から、土器を作るための粘土＝ハニが生じている。陶土の起源譚のかすかな痕跡であったかもしれない。そういえば、ミハイール・バフチンは『フランソワ・ラブレーの作品と中世・ルネッサンスの民衆文化』(せりか書房、一九七三)のなかで、尿や糞のイメージは両義的であり、そこには「死と誕生、出産と死の苦悶」とが切り放しがたく編みこまれている、と書いていた。これなどまさに、イザナミが火の神の出産において、ホトを焼いて苦痛にのたうち、ヘドを吐き糞尿をまき散らしながら、埴土の女神らを産み落とし、死んでいった場面にたいする、ささやかな注釈と読めるのではなかったか。

バフチンはこんな風に述べていた。

> ここにおいて、糞のイメージの両面的価値、再生と改新とのつながり、恐怖の克服における主導的役割、こういうものが明かとなった。糞は陽気な物質である。最も古い糞尿譚《スカトロジー》的イメージにおいては、前にも述べたが、糞は生殖力、肥沃とつながりを持っている。他方において、糞は大地と身体の何か中間にあって、両者を親近関係に置くものと考えられている。糞はまた生きた肉体と死んだ肉体の何か中間にあるものでもある。肉体は死ぬと分解し土に姿を変え大地に帰り、肥料となるのである。肉体は生きている時は大地に糞を与える。糞は死人の肉体と同じように土地を肥沃にする。

『風土記』のなかで明らかに書き分けられていた、農耕のための肥えた黒い土／祭祀の器を作るための痩せた赤い土について、思いを馳せねばならない。糞はたしかに、人間の身体と大地とを仲立ちしながら、生殖力や肥沃と繋がっている。生きている身体は、大地にせっせと糞をもたらし、その糞が土を肥やす。やがて死ねば、腐敗と分解を経て、身体は土に姿を変え、大地へと還ってゆき、さらに土を肥やし、植物を育てる糧となる。それが農耕という名の黒い土の循環の物語であるとしたら、そのかたわらに取り残された痩せ地には、赤い土がもうひとつの循環の物語を奏でている。それはたとえば、土の器と祭祀をめぐるハレの物語であったか。

それは、土と農耕をめぐる「腐敗と生殖の弁証法」の外部に、まるで原理を異にする土と糞との交換＝交歓の技術が存在したことを示唆している。黒い土は糞や死体によって養われ肥沃となり、農耕や園芸の技と作法をもって植物を育てる。バシュラール風にいってみれば、「黒い大地の不思議な仕事」であった。それにたいして、赤い土は水や血と混ぜてこねられ、火に焼かれて土の器となって祭りの庭に捧げられる。埴のネヤシは糞への敬虔なる感謝であり、たんなる形状の模倣ではない。赤い大地の不思議な仕事、である。家を建てること、住まうことのプリミティブな現場には、赤い粘土が壁土として、顔料や塗料としてさまざまに使われている。そのもっとも荘厳なる建物が、神々を迎えるヤシロであったのは、あまりに自明にすぎることであったか。

黒い土と赤い土とが織りなす神話やフォークロアに、さらに眼を凝らさねばならない。奪われた土を取り返すための縁《よすが》として。

I　土と生きる

土壌の豊かさと持続可能な農業における粘土の役割

リディア＆
クロード・ブルギニョン
土壌微生物学者・農学者

Lydia et Claude Bourguignon

新石器時代以後、人類は粘土を土器へと加工できるようになったが、土壌の構成における粘土の重要性が理解されるには一九世紀末を、粘土の構成における植物や微生物の役割が理解されるには二〇世紀末をまたねばならなかった。

後に見るように、粘土とは土壌肥沃度の基礎となるものである。ならば、数千年も前から粘土を採取し、焼き固めてきた陶工たちは、土壌の荒廃に加担してきたと考えられてしまうかもしれない。だが事実はまったく異なるのであり、自然はうまくできている。というのも陶工たちが採取する粘土というのは、後述するいくつかの理由から、肥沃度の極めて低いものだからである。ゆえに農業を営む者たちは、磁器・ファイアンス・タイルづくりの職人たちと末永く共存してゆけるのである。

土壌の形成

土壌をつくりだすのは生命である。土壌を理解したいのなら、その生きた側面に注目することから始めなければならない。じっさい、生命の存在しない場所、たとえば極寒あるいは灼熱の砂漠に土壌は存在せず、硬い岩石や、砂のような未固化の岩石があるだけである。われわれをとりまく諸惑星の表面には大気があり、もしかすると水もあるかもしれないが、現時点で生命の痕跡は発見されておらず、土壌も存在しない。このことは、土壌というものが有機物たる腐植土と無機物たる粘土からできているという事実にかかわっている。土壌とは有機物と無機物の複合体だといわれるが、有機物をつくりだすためには生命が必要である。したがって、土壌は地球上にしか存在しない。なぜならこれまでのところ、生命を収容できる惑星は地球だけということになっているのだから。

そもそも面白いのは、古代人がわれわれの惑星を「大地（＝地球）」と名付けたことである。唯物論的な現代人のように純粋に定量的なアプローチをとっていたなら、彼らは地球を「大気」と呼んだだろう。というのも大気の層は七〇キロメートル程〔原文ママ〕の厚みがあるが(1)、土壌は平均で一メートル程〔原文ママ〕の厚みしかないからである。「大洋」と呼ぶこともできただろう。海は地表の七五パーセントをおおっているのだから。にもかかわらず古代人たちは地球を「大地」と呼んだのであり、それは正しかった。太陽系の惑星のうち、土壌を有するのは唯一地球だけだからである。

したがって土壌とは、炭素の世界である腐植土と、シリカの世界である粘土とが融合した結果である。だが、かくも異質な二世界が、いかにして化学の平面で結びつくのだろうか？　一見すると二世界は両立しえないように思われる。鉱物の無機世界は硬くもろいのに対して、有機世界は柔らかくなめらかなのだから。だがじっさいには、生命と気候の作用を受けて、岩石と落葉落枝層とが互いにコロイド状の物質へ、すなわち、電荷をおびた複合体へと変化するのである（図1）。この複合体は粘土と腐植土からなるもので、いずれも負電荷のコロイドである。それなら反発が生じるはずだが、岩石が粘土へと分解し、落葉落枝層が腐植土へと分解するさいに、土壌水のなかで二価の陽イオンであるカルシウム（Ca^{2+}）、マグネシウム（Mg^{2+}）、鉄（Fe^{2+}）、アルミニウム（Al^{2+}）が放出され、これらが粘土と腐植土のあいだの橋渡しの役割を果たすことになる（図2）。

こうした土壌の生成は家庭でも容易に再現することができる。水の入った広口瓶のなかに粘土を入れて振るだけでよい。すると粘土コロイドの懸濁液《けんだくえき》ができあがる。コンポストを使って同じことをすれば、今度は腐植コロイドの懸濁液ができあがる。ついでこれら二つの懸濁液を別の容器に入れて混ぜ合わせよう。そのさいに塩化物とカルシウムの溶液を加えるだけで、懸濁液は沈澱し、広口瓶の底でゼリー状にまとまっていくさまを見ることができる。これでわれわれは土壌をつくり終えたことになる。地表で日々生じているのはこうした反応なのである。気候がより温暖で湿度も高ければ、そのぶん粘土や腐植土の生成も早くなる。逆に、岩石が硬ければ、土壌の生成はゆるやかになる。ということは、気候・母岩の性質・土地の植生という三つの所与をさまざまに掛け合わせることで、途方もなく多様な土壌が得られるということである。

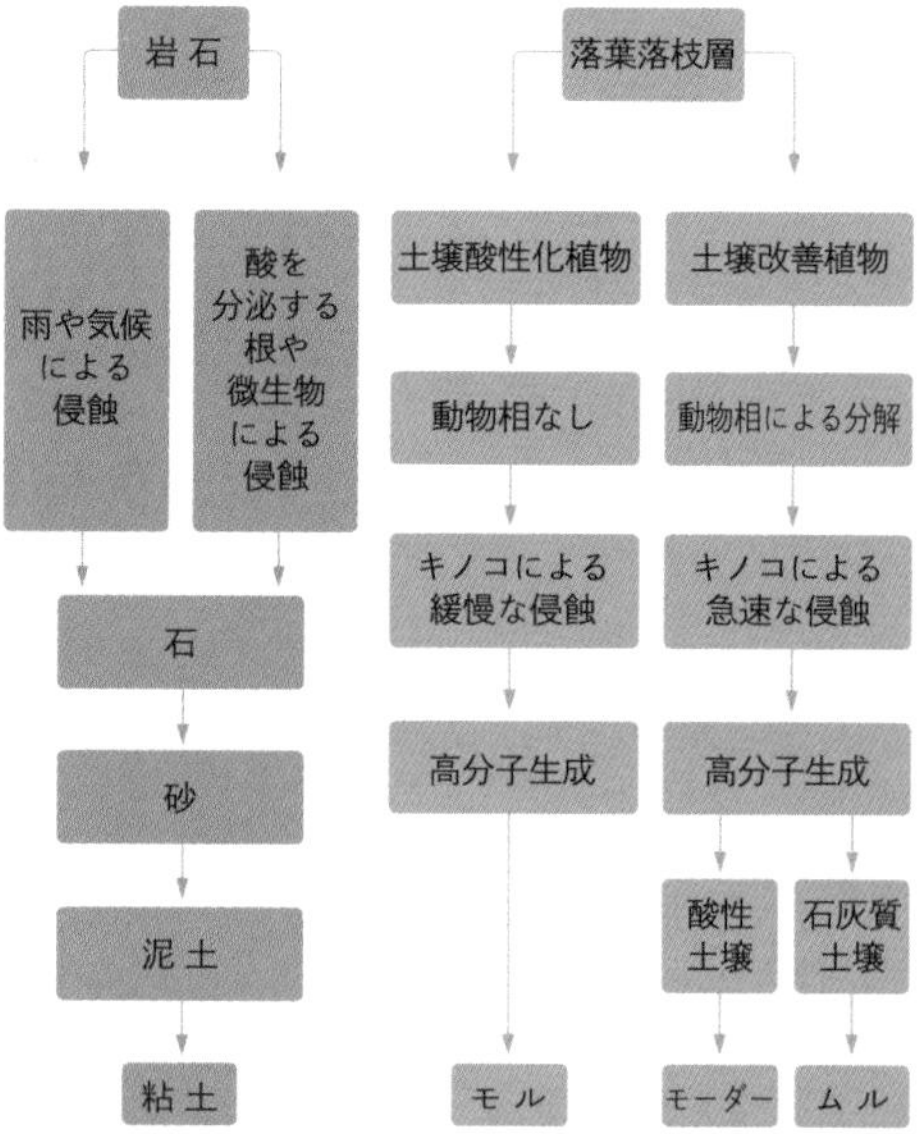

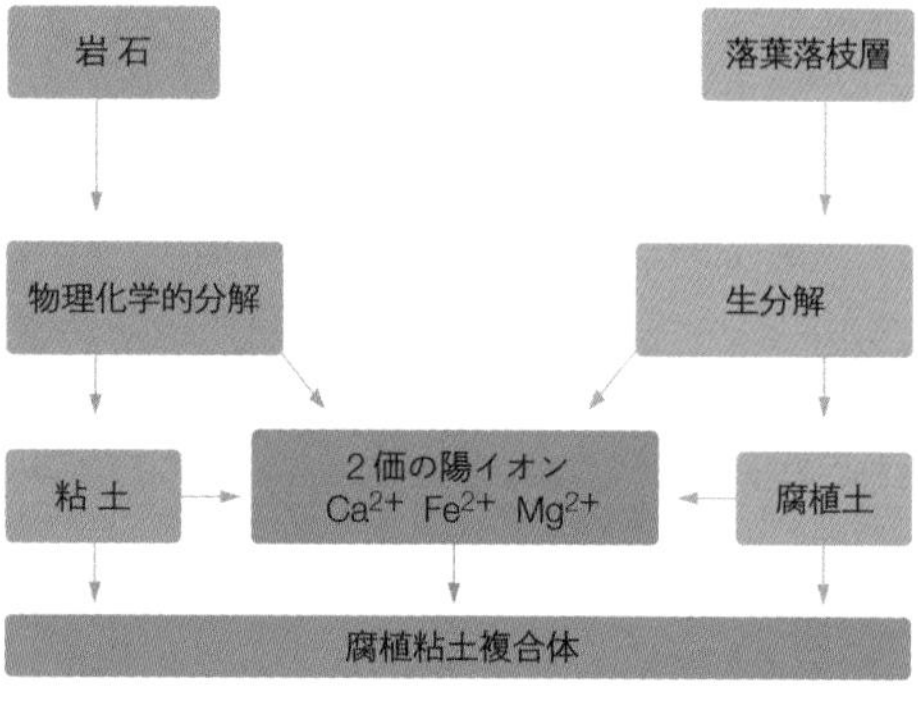

上 図1　土壌生成
下 図2　腐植粘土複合体の生成

あらゆる土壌は生命の作用を受けて形成されることが理解されたのはごく最近であり、一九八〇年代末まで、粘土生成の仕組みは謎のままだった。植物の根や微生物が岩石を攻撃して「食べる」ということ、すなわちその発育増殖に必要なカルシウム・マグネシウム・カリウム・硫黄・リンなどを摂取するということを証明したのは、オーストラリアとカナダの研究チーム[2]である。岩石の主成分はシリカ・鉄・アルミニウムであるが、植物と微生物は生体にとって微量元素である三要素をごくわずかに利用するだけである。植物と微生物がみずからの発育増殖のために必要なシリカ・鉄・アルミニウムを摂取するにしたがって、これらの要素は地中の水分のなかに蓄積されていき、一定の濃度に達するとケイ酸アルミニウムとケイ酸鉄への結晶化がはじまる。これが粘土である。この結晶化現象というのは、海水塩の製造において生じるものと同じである。塩田の水分が蒸発するにつれて塩(NaCl)が濃縮されて

図3　表生動物
(左から右，上から下に)トビムシ *Dicyrtoma fusca* (0.6 mm)，ダニ類 *Rhagidiidae* sp. (1 mm)，ダンゴムシ *Armadillidium vulgare* (6 mm)，カニムシ *Hesperochernes* sp. (3 mm)

いき、一定の割合に達した段階でおのずと結晶化する。腐植土の形成においては、地表に棲息する動物群(図3)によって齧られたり粉々にされたりした植物の残骸が原料となる。ついで、それら動物群の糞は菌類のえじきとなるが、植物のリグニンを分解し、腐植土に変えることができる有機体は唯一菌類のみである。粘土と同様、この腐植土もまた気候・土壌のタイプ・植生に応じて性質はまちまちである。

ここで生命界の複雑さについて一点指摘しておくべきことがある。宇宙というのは、乱雑さと死の力につらぬかれており、これをエントロピーという。その破壊力から身を守るために、生命は複雑性を生成させる。こちらはネゲントロピーという。岩石を分解することで、生命は知りうるかぎりもっとも複雑な鉱物である粘土をつくりだし、落葉落枝を分解することで、動物相と菌類は地上でもっとも複雑な有機物である腐植土をつくりだす。土壌というのは、鉱物界と有機界それぞれのうちでもっとも複雑な二つの物質からなる極めて複雑な環境なのである。土壌のなかには全生命体の八〇パーセントが棲息している。土壌の生成についてのこうした経験知こそが、農業にたずさわる者たちをして、土壌に腐植土をもたらすべく堆肥用のコンポスト化を行わせたり、土壌に石灰質粘土をもたらすべく泥灰土《でいかいど》を加えさせたりしてきたのである。農耕土を肥沃なものに保つべく実践されてきたこのコンポスト化や泥灰土による施肥は「〔一家の良き父親のごとく〕賢明に耕す」と呼ばれていた。

土壌熟成

土壌が厚みを増すにしたがって植物相は変化していく。まずは地衣類や蘚類《せんるい》が岩石の表

図4　落葉樹林の機能と層位の形成

面にあらわれ、粘土の出現とともに草が、ついで低木があらわれる。年間降雨量が五〇〇ミリを超えれば、樹木が生えてくる。こうした生命のすべてが土壌の材料となる物質を分解し、掘りかえすのであり、この物質は移行あるいは堆積し、「土壌層位」(次頁図5)と呼ばれる層を形成していく。土壌は、地表からは腐植土の生成によって、地中からは粘土の生成によって、上下「二方向」からはぐくまれていく。森こそはたしかにもっとも持続可能な生物学的モデルである。というのも森は知られているかぎりで最古のエコシステムなのだから(一億五〇〇〇万年前に誕生したと

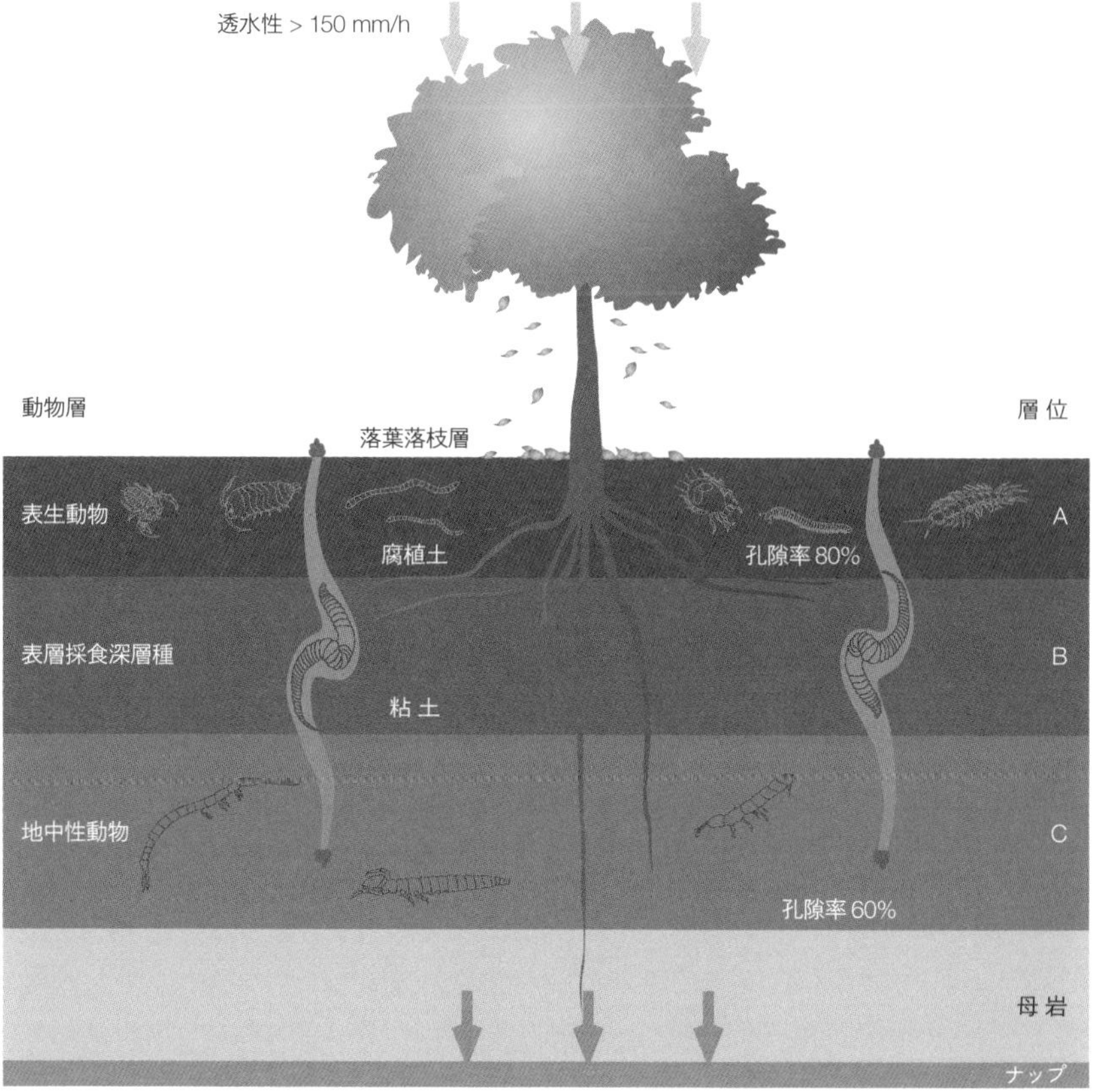

されるボルネオの森のエコシステムでは、八〇メートルの高さに達した一部のフタバガキ科樹木が成長しつづけている)。

この持続性を理解するべく図4を詳しく見てみよう。毎年、森が地面に落とす枯葉や枯枝によって落葉落枝層が形成され、動物たちの糞がそこに加わる。この落葉落枝層を分解するのは地表に棲息する表生動物である。そのなかには、落葉の柔らかい部分をむしばみぼろぼろにするトビムシ類もふくまれる。ついで登場するのは葉脈に喰らいつくダニ類であり、最後に多足類やワラジムシ類がもっとも硬い要素をこなごなにする。こうしたすべての表生動物が落葉落枝層を食べていくことで小さな糞粒が積み重なった状態になり、きわめて通気性がよく柔らかな表土がつくられる。このような表土こそ、われわれが茂みのなかでキノコ狩りをするさい、まるでカーペットの上を歩いているような気分にさせるものであるが、このキノコ類がついで糞粒を養分として出現し、それを腐植土に変えるのである。キノコ類はすべて好気菌であるがゆえに、腐植土形成のためには酸素がなくてはならない。かくしてこの自然の作用から分かるのは、土を深々と掘り起こすトラクターとは対照的に、一〇センチよりも深い地中に有機物を埋めてはならないということである。

こうした現象は、地面に刺さった木の杭などを掘り出してみれば容易に観察できる。杭

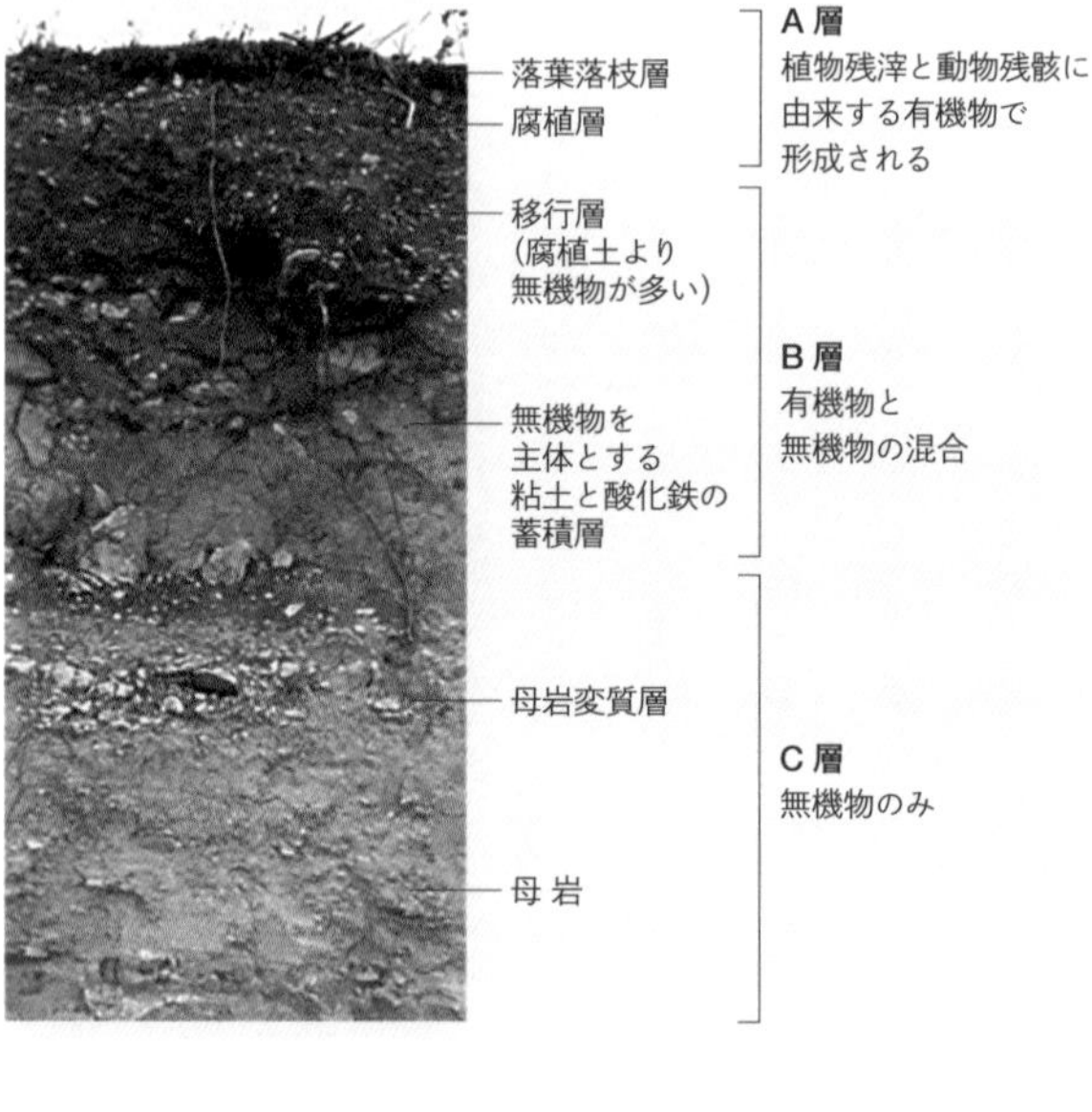

図5　主要層位による農地土壌断

は地表から下の一〇センチにわたって蝕まれているが、先端部分は原形をとどめている（図6）。このことからも、表土というものが、腐植土の生産されるたいへん通気性の高い層だということは明らかである。森林の地面はきわめて高度な土壌透水性を保っているのであり、温帯では一時間あたりの水の減少量は一五〇ミリ、赤道地帯では三〇〇ミリにまで達する。森林内がけっして水浸しにならないのはそれゆえである。

樹木は、表土における腐植土の存在に適応し、落葉落枝層の下層で水平方向に広がる網状の根を発達させてきた。自然淘汰がこうした水平根を生みだしたのはなぜか？　それは、秋のあいだに形成された腐植土の一部分を、冬にはキノコ類が、地面が温まる春にはバクテリアが無機化するという事情に起因している。この腐植土の無機化の進行とともに放出される硝酸塩・リン・硫酸塩などは、雨水によって地中へとみちびかれ、樹木の水平根に取り込まれることになる。森林における土壌と植物は完結したシステムを形成して

図6　キノコによる
ブドウ支柱の分解

おり、（雨水などによる）諸成分の溶脱もなければ汚染もない。なにも失われず、すべては変成するのであり、これこそ森林が持続可能性のモデルとなっている所以である。樹木のもうひとつの根系たる垂直方向への「直根」は、地中深く母岩まで伸びていくと、みずか

図7　地中性動物
（左から右，上から下）ミズトビムシ *Poduridae* sp.（0.7 mm），ヒメミミズ *Enchytraeidae* sp.（0.6 mm），エダヒゲムシ *Pauropoda* sp.（0.9 mm），ナガコムシ *Campodea* sp.（1.2 mm）

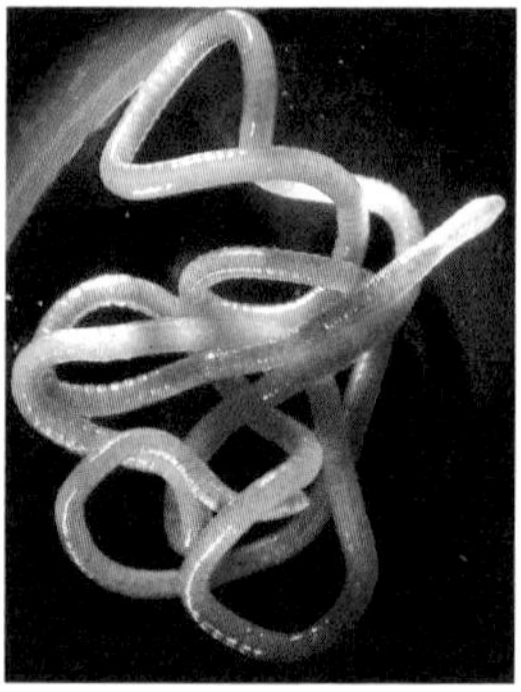

図8　地中性のナガミミズ
Haplotaxis sp.（19 cm）

らの酸によってそれを侵蝕し、粘土に変えてしまう。この深さに達した直根は枯死するが、若根がそれにつづく。この枯れた根を食べて分解するのが地中性動物群[3](図7)の役割であり、母岩はそれらが排出する糞粒におおいつくされる。自然界においてはこのように、腐植土が表土で、粘土が深層で形成されるのである。では、腐植土と粘土はどのようにして出会い、土壌を発生させるのか? ここで誰もが知る動物群が登場する。ミミズである(図8)。ある種のミミズは垂直の巣穴に棲息しており、夜ごとに落葉落枝層を食べに表土へとのぼってきては、半回転をし、団粒状の土壌を排泄する。たえず表土と下層土を攪拌しつづけているミミズこそは、土壌の偉大なる製造者なのである。ミミズは栄養分を地表へと押し上げ、土壌が溶脱したり疲弊したりしないようにしている。また、ミミズの腸内にはカルシウムの豊富な「石灰腺」と呼ばれる腺があり、腸内で混ざり合う腐植土と粘土は、この腺のおかげで、粘土・腐植土の複合体へと生成する。森林の性質にもよるが、一ヘクタールあたり一から四トンのミミズが、日ごとに地表に這いあがってきてはみずからの体重と同じだけの土を攪拌しているのである。

一八八二年、ダーウィンは著書『ミミズによる腐植土の形成[4]』でこう述べている。「鋤は、きわめて古く、きわめて有用な発明品である。しかし、人類が登場するはるか以前から、大地はミミズによってきちんと耕されてきたし、これからも耕されていく」

農耕土の壊滅

農耕土の壊滅の大部分は、土壌の法則をみくびった人間の手によってつねに同じプロセスで引き起こされる。最初に観察されるのは土壌の生物学的な劣化である。施肥、灌漑、そして土の圧縮の原因となる大型重機の使用によるものであるが、これらは有機物の無機化作用を引き起こす三大要因である。まずは、窒素が過剰に含まれた肥料によって、無機化作用を引き起こすバクテリアの活性化が生じる。ついで、灌漑によって、熱く乾燥した土壌に給水することで、またしても有機物の無機化作用が助長されることになる。最後に耕作であるが、土壌を日光にさらすことでやはり同様の作用が生じる。一ヘクタールあたり一トンの二酸化炭素を排出するこの耕作は、地球温暖化に加担する行為である[5]。これら三大要因が絡み合った結果、ヨーロッパの土壌にふくまれる有機物は五〇年間で半減してしまっている。

　十分な量の有機物がなければ、それを糧とする動物類はいなくなる。われわれは、動物相が栄養素を地表に押し上げている事実を確認したところだが、げんにこの動物相がいなければ、土壌は栄養素を失い、科学的分解の段階へと移行していく。

　腐植土を欠き、カルシウム・鉄・マグネシウム・アルミニウムとのつながりをなくした粘土は、水分のなかへと分散し、川へと流れ出していく。泥まじりの川水は浸食をまねき、土壌をまるごと掘り崩してしまう。浸食による粘土の喪失は二つの重大な帰結をもたらす。ひとつは、土壌の肥沃度の喪失であり、もうひとつは、深刻な環境破壊である。水による浸食作用の度合いはその密度の二乗で考えることができる。純水の密度を一とすると、浸食の度合いは$1^2=1$となるから、純水に浸食性はない。というのも土壌の密度は一を上回るのだから。これに対して水が粘土(密度は二—三)をふくむと水の密度も高まり、泥土を、ついで砂を、ついで岩石を押し流していき、さらには、車両や土木構造物、山の斜面さえも運び去ってしまう。洪水災害の発生件数の明らかな増加というのは、豪雨が一因ではあるにせよ、とりわけ水を深く吸わなくなった土壌劣化に起因しているのである(図9・10)。いまや土壌はそのやせ細りゆえに実り多いものではなくなっている。腐植土も粘土も失ってしまったからであり、それゆえ農業従事者はますます肥料に頼らざるを得なくなっている。いまこそ、土壌を肥沃なものとすべきである。

上 図9 オリーブ畑の侵食(スペイン)
下 図10 牧草地の侵食(フランス)

われわれの祖先がなおも農民であった頃は、こうした因果関係は経験から知られていた。二度の世界大戦をへて、社会は農業界に対し、つねにより安い費用でより多くを生産するよう求めてきた。その結果、農業は工業化され、農民は農業経営者へと変貌し、それとともに自分たちの知識の一部を失ってしまった。「国土をつく」り「一家の良き父として〔＝賢明に〕」作物をはぐくんできた農民たちは、土壌を枯渇させる「経営者＝搾取者」へと変貌してしまったのである。

こうした農業の破滅的な変容を理解するには歴史へと目を転じなければならない。歴史に照らし合わせてこそ、人類が「緑の革命」などという農地破壊の一大プログラムに乗り出すといったことがどうして可能だったのかを理解できるのである。二度の世界大戦を契機として、火薬の主成分たる硝酸塩を大量生産する関連産業が興ってくる。ところで、硝酸塩の合成のために必要な窒素は、きわめて安定した気体の状態で大気中にもっとも多くふくまれている。ドイツの優秀な科学者フリッツ・ハーバーが、この大気中の窒素を液体アンモニアへと変化させる工業化可能な方式を発見するのは一九〇五年のことである。一九一三年に彼が義兄弟のカール・ボッシュと組んで設立したアンモニア製造工場は、ニトロ爆発物の製造を基幹とするものだった。かかるテクノロジーの発展によって、ドイツは対フランス戦において大いなる軍事的優位を獲得したのである。一トンの硝酸塩の合成には一〇トンの石油を必要としたため、合成工場の運営資金は相当な額にのぼった。

第一次世界大戦の終結とともに軍事分野での販路を絶たれたこれらの工場は、次なる市場を農業分野に見出した。すでに一八三六年に、科学者ユストゥス・フォン・リービッヒは、土壌用化学肥料の雛型となる三大成分ＮＰＫ（窒素・リン酸・カリウム）を配合させたさいの機能を明らかにしていた。一九一七年にフリッツ・ハーバーはあらたにマスタードガス(イペリット)の合成に成功している。マスタードガスは、その大々的な兵器使用によって惨状を招いたにもかかわらず、有機塩素化合物のなかでは先駆となる初の農業用殺虫剤DDTへと変えられることになるのである。

これらの発明のために、一九一八年にはハーバーが、一九三一年にはボッシュがそれぞれノーベル化学賞を授与されている……。ヴェトナム戦争において枯葉剤として使用されたモンサント社のエージェント・オレンジはのちに除草剤として再利用されている。以上のように、人間に対する最悪の毒性をもつ二大殺虫剤はいずれも軍事産業由来のものなのである。

二度の世界大戦で大規模に使用された有刺鉄線もまた農業部門での需要のために再利用された。しかもそれを口実に、一九六〇年代におけるフランス国内の農地整理統合のさいには二〇万キロメートル以上もの生け垣が根こぎにされてしまったのである。世界的にみれば、その数字は二〇〇万キロメートル以上にもおよぶ(6)。このことは、伝統的な農林畜複合システムからの樹木の除去をひき起こすことになる。

戦車もまたトラクターとして再利用されたのであり、その初期モデルにはキャタピラーが装備されていた。土壌圧縮の原因となったのがこの重機である。軍事産業はみずからが開発した兵器を自然へと向け直し、大地・微生物・動植物に対して宣戦布告を発したのであり、まさしくその行為によって、われわれが生物界に属していることを忘れてしまったのである。

今日の農業従事者たちの混乱というのは、彼らが農産業によって知識を剝奪され、「農耕技術」を売りつけられたからだと、ジロンド県フロンサックでぶどう園を営むポール・バールはみごとに述べている。ところで、職人ならば誰もが知っているように、知識なき技術など何の意味もない。窯の加熱温度を完璧に制御できたところで、陶土の性質を知らなければ何の役にも立たない。あいにく今日の農業従事者たちは、土壌中の粘土についても、そこで繰り広げられている生命活動や、腐植土の性質についても知らない。二〇〇馬力トラクターのエアコン完備のコクピットから見下ろしながらでは、土壌とそのデリケートな不規則性など理解すべくもない。かくのごとき無知状態において、どうして滋味ゆたかな食品をはぐくむ上質な農業など実践できるだろうか。ここで問われているのは、職人仕事なるものと雇用職との大きな隔たりである。人というのは、職人のごとく手に職をつけ、みがかれた技量をわが身に修め、商品のもととなる材料についての深い造詣を有するものである。欧州連合からの資金援助を当てにする役人や農業経営者たちのように、雇用職しかもたない人間は、それがいかなるものか皆目見当もつかない技術を従順に適用するばかりである。

軍事産業の農産業への転換がもたらす帰結は四点にまとめられる。

- 農民の消滅、また生物多様性という点でも、産地にねざした農作物の品質という点でも豊かであった農林畜モデルの消滅[7]
- 二〇世紀をつうじた一〇億ヘクタール分の農耕地の破壊
- 食品ロスと肥満の流行を同時にまねく「ジャンクフード」の大量生産
- 栄養不良に苦しむ一〇億人近い貧困国の住民

土壌・微生物・動植物・人間を結びつける複雑な法則など歯牙にもかけない農産業によ

図11　様々な粘土(左から右)　クロライト(50 m^2/g), イライト(100 m^2/g), スメクタイト(800 m^2/g)

って、人類の食料の品質と安全は危機に陥っている。農業が持続可能かつ質の高いものになるには、まずは土壌の保護から始めるほかはないだろう（土壌をめぐってかかる方向へと舵を切るEU指令は一向に制定されないままである）。ついで、土壌をもっと大切にするために、その生物学的な諸法則を詳しく学ばなくてはならない。未来の農業のために必要なのは、テクノロジーではなく、農民であり科学なのである。

陶工たちの粘土の話に戻ろう。あらゆる粘土が磁器や炻器《せっき》やファイアンスの制作に役立つわけではない。このことは、粘土のいわゆる内表面積、すなわちその葉層の面積にかかわっているが、結晶成長やその葉層化というのが遅々たるプロセスであるために、この内表面積はきわめて変化に富んでいる。岩石から最初に発生する粘土はクロライトであり、その内表面積は約五〇m^2/gである。これは、一グラムのクロライトにふくまれているすべての葉層を広げたら五〇m^2に達する、ということを意味する。このクロライトをへて、葉層はますます大きくなり、やがて約一〇〇m^2/gの内表面積のイライトがあらわれる。さらにその後は内表面積三〇〇m^2/gのバーミキュライト、八〇〇m^2/gにもなりうるスメクタイトがつづく。以上のことは、全てのページを引きちぎって横に並べた書物になぞらえることができる。同じ厚さの本であっても、薄いインディア紙でできた本のほうが、紙の厚い本よりも内表面積は大きくなるのと同じである（図11）。

スメクタイト生成の最終段階は結晶の風化とカオリナイトの形成であり、その内表面積は三〇m^2/gへと縮小する。この少ない内表面積と化学組成のおかげでなかんずく、それを容易に水に溶かし、主として磁器の鋳込み成形のための泥漿《でいしょう》をつくることが可能になるのである。

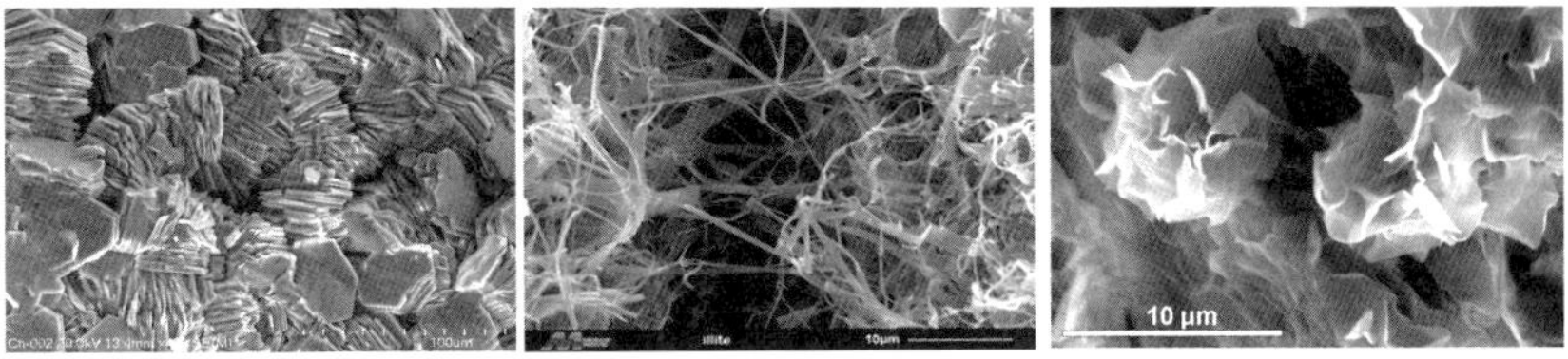

逆に、カオリナイトよりも内表面積が大きいスメクタイトは、葉層間により多くの栄養素を保持できるため、植物にとって肥沃である。スメクタイトが土壌改良のために重宝されてきたのはそのためである。しかしながら、同粘土はその大きな内表面積ゆえに、陶工たちにとっては使い物にならない。スメクタイトは、乾燥につれてひび割れてしまうからである。単に陶工たちはみずからの陶磁器づくりのための特別な粘土を探しているというのではない。陶工たちは粘土と有機物とが結合した腐植粘土を採取することができず、それゆえ陶工たちが採掘場で粘土をさがすときは、砂質の炻器用のものだろうと、きめ細かな磁器用のものだろうと、腐植土には手をつけず、腐植土を含まない粘土を地中深くから掘り出そうとするのである。

土壌、この粘土と腐植土の複合体は、その豊かさにおいてあらゆる生命の基盤となっている。土壌についての造詣は、持続可能な農業の実践にとって不可欠である(図12)。土壌、この恵みをもたらす土についてわれわれが抱くのは、柔らかいもの、湿ったもの、肥沃なるもののイメージである。たとえば、農業従事者たちが土を耕すのは、土をふんわりと通気性の良いものにするためである。それに対して、粘土質の土壌を加工する陶工たちは、手作業または鋳込みによる成形と、陶土のもとの姿である石のごとき外観をもたらす焼成という二つの作用を粘土に加えていく。こうして見れば、陶工の作業というのは、鍛冶師の作業とは正反対である。鍛冶師は火によって鉄を柔らかくして鍛造し、ついで水をつかった焼入れによって鉄を硬くするが、陶工のほうは、成形のために水を用いて粘土を柔らかくし、焼結のために火をつかうのだから。ここで想起されるのは、物質が柔らかいか硬いかによるガストン・バシュラール特有の二元性である。バシュラールは、物質的夢想なるものに関心を向けた最初の人であるばかりではなく、人が物を変えるとき、物もまた人を変えるのだということを教えた先駆者である。農業を営む者たちは、その腐植土混じりの粘土が陶工たちの求める粘土とはちがうという点で陶工たちとは異なるが、両者は同じように、物質の造形へといざなう生き生きとした夢想にしたがっている。バシュラールはまた、物質的夢想が休息の夢想でもありうると述べている。土を掘りかえしすぎる農業従事者は、あまりにも作り込みすぎて物質を精神へと変容させてしまう中国の陶工になぞらえることができる。だが同様に、ポエジーと夢想を排除しないバイオダイナミック農法の実践者は、精神を物質へと降下させる日本の陶工にたとえることもできるだろう[8]。

職人仕事は創造するが、雇用職は発明する「でっちあげる」。陶磁器企業はもはや発明しかしなくなっているが、陶芸家はなおも創造状態を保っている[9]。工業型農業に従事する人々はジャンクフードを発明するより他はなく、パン職人・穀物生産者は本物

図12　アグロフォレストリーの林班（フランス）

のパンを創造しつづけている。魂のないワインを大量生産するワイン企業経営者についても同様であり、対するワイン職人はわれわれに夢を見させ、われわれを感動させてくれるワインをいまなお創造しつづけている。企業経営者のように物質を飼いならして利益を引き出すか、それとも陶芸職人のように夢想や想像力へと内在するか。どちらもたしかに必要不可欠な営為ではあるが、次元は異なる。発明の才のある企業経営者はわれわれの実利的な生活にとって有用だが、創造的職人はわれわれの霊的な充足のために有用なのである。人間には、科学的思考の合理性のみならず、レヴィ＝ストロースになじみの野性的思考の呪術もまた必要である。農業においても同様に、われわれは科学によって土壌を熟知し尊重することができるとはいえ、それは、たんなる食事、たんなる栄養摂取をガストロノミーへと高めることのできるバイオダイナミック農法の呪術的思考を農業科学が受け入れるかぎりにおいてである。なぜなら、ジャンクフードは人間を愚劣にするが、ガストロノミーは人間を高めるからである。

土を耕したり成形したりするためには、われわれが「土」と呼びならわしているもののしかるべき定義づけが必要である。われわれは、「土壌」の意における土が、陶工たちの土とどれほど異なっているか見てきたところである。土壌は豊穣かつ肥沃であり、われわれの身体をやしなってくれる。そして土壌が惜しみなく与えてくれる食物の品質というのは、その土壌がどれほど慎重に耕され、肥沃にされたかにかかっている。陶土のほうは来たるべき生成を待機しており、陶土から出来する陶磁器の質は、それを捏ね、鋳型に流し込み、焼き固める人間の夢想に、手としぐさにかかっている。土壌の豊かさは一方で、その水分に、その栄養素の含有量に、その内に宿している生命の強度に負っており、陶土のほうは他方で、ひとたびその道につうじた腕利きの職人に成形されると、感嘆を呼びさます。こうした対比にもかかわらず農業従事者の作業と陶工の作業のあいだには連続性がある。なぜなら、陶工が生みだす皿は、やがて土壌がはぐくんだ食物のための食器となるのだから。

訳　谷口清彦

（1）対流圏の厚み（大気＋成層圏＋中間圏）〔原文ママ。但し著者の論旨からは「大気＝対流圏＋成層圏＋中間層」〕は五〇キロメートルから八五キロメートルの間を変動する。これは（胞子や微生物など）生物が存在する層である。ここでは「大気」という語を用いるが、広く膾炙した語だからである。

（2）とりわけ "Plant Root Exudates," *The Botanical Review*, London, January 1969, vol. 35, issue 1, pp. 35–57 を初めとする Albert D. Rovira の研究を参照のこと。

（3）土中棲の動物群。

（4）Charles Darwin, *Rôle des vers de terre dans la formation de la terre végétale*, trad. M. Lévêque, Paris, C. Reinwald, 1882.（ダーウィン『ミミズによる腐植土の形成』渡辺政隆訳、光文社古典新訳文庫、二〇二〇年、二九九頁）

（5）*TCS*（*Techniques culturales simplifiées*）誌のデータによる。

（6）当該データはフランス環境局 Institut français de l'environnement（IFEN）を出典とする。なお同局は二〇〇八年にエコロジー・持続可能開発省所轄の Service de l'Observation et des Statistiques（SOeS）に変わっている。

（7）François Ramade, *Éléments d'écologie : écologie appliquée—action de l'homme sur la biosphère*, Paris, Dunod, coll. « Sciences sup », 2005 (1re éd., 1989).

(8) この中国陶磁器と日本陶磁器の違いはある日本陶工から伝えられたものである。中国陶磁器においては物質こそが精神になる(宋磁や明時代の青花)。日本陶磁器は、精神こそが物質のうちに下りてくる(楽焼、禅のアプローチ)。

(9) われわれはこの「創造」という語を本来の意味において、すなわち無から(創世)、物質から(陶工にとっての粘土、画家にとっての顔料、彫刻家にとっての石塊など)、あるいは夢想から(詩、音楽)の創造という意で使用し、「発明」という語はその語源であるラテン語 invenire「見つける」の意で用いている。「発明」とは合理的精神のなせる業であり(なにかしらの術、技術、機械を発明する)、手による業でも夢想による業でもない。

生の土の建築

——その様々な起源から今日まで

ティエリ・ジョフロワ

建築家・研究者
グルノーブル国立建築大学
Labex Architecture environnement
et cultures constructives コーディネーター
クラテール元代表

Thierry Joffroy

おそらくは、人類が住居づくりに生《なま》の土を使いはじめるのは、最初の定住化の徴候があらわれる紀元前一万二〇〇〇年から八二〇〇年の間である。特定の動物にみられる、形態も規模もまちまちな巣穴づくりにおける土の使用(1)が最初の着想源になったのかもしれない。あるいは、土の可能性について閃きをもたらしたのは、自然界におけるある種の侵食の形状だったのかもしれない。だが、土を必要に応じて成形する最初の技術を着想させたのはおそらく、川岸における土の浸潤と乾燥のサイクルのような特殊な状況である。このようにして人類は世界中ほぼいたるところで、自然環境の観察にもとづき、建築にまつわる諸概念と特殊技能とを発展させていくのであり、しばしば藁・葦・木・石のようなありあわせの資源を組み合わせるかたちで、生の土による最初の住居を創出していくのである。

土を掘る・こねる・締め固める・（壁や平屋根のような）支持体に塗りつける・練り土を（石や泥レンガの）(2)組み立てのモルタルとして使用する。これらはすべて、少なくともその基礎的なレベルにおいては、人類史のかなり早い段階から見出され実践されてきた技術であり、身近な場所で手にはいる土の性質やそのありのままの可塑性の程度に応じて着想されたものである。じっさい、場所や季節によっては、自然のままの状態で使用でき、湿気や可塑性しだいで、あるいは乾燥した状態であっても、様々な変形技術の展開にうってつ

オートザルプ県ケイラ渓谷シャトー・ヴィル・ヴィエイユの土柱
自然がいかにして人間に建材としての土の可能性を開示しえたかをしめす驚くべき例が，高さ15 mのこの土柱であり，その頂点の岩は土の使用の条件を明かすものである

けの土が存在している。そのための道具は長らく単純なものにとどまり、種類も限られていたが、何千年にもおよぶ経験の蓄積のなかで改良されてきた技能や道具による一部建築モデルの効率性がしめしているのは、ごく最近まで原始的とみなされていたものの、いまでは形態や構造上のサイズという点でも、建材の選択という点でも、場合によっては基材の効果を高める補助材という点でも、土という身近な建材の完全に合理的な使用法なのである。

新石器時代、ついで古代における急激な発展

農耕や定住化の発展とともに住居への必要が高まり、そのための技術が著しく進化をとげるのは新石器時代である。当時、土は、家を建てるためばかりではなく、倉庫や公共建造物、あるいは防衛システムの構成要素としても用いられている。じっさい、耐火性にすぐれているという利点をそなえる土は、建築物を保護し、都市環境での火災の延焼を防止すべく、しばしば屋根の覆いとして用いられている(3)。

土が紀元前九〇〇〇年紀には村落建設のため、紀元前三〇〇〇年紀からは(数万人規模の)都市建設のための特権的な建材となるのは、とりわけメソポタミアと中近東においてである。考古学上の発掘調査によると、移住地として大河沿いが選ばれたのは戦略上の理由からのようだが、建材として質量ともに申し分のない土を確保できるかどうかという点も決め手となったようである。

土は水に混ぜると造形可能になり、乾くと固まる。これが、生の土という建材の特性である。土による建築は概して簡単かつ迅速であり、いつでもほぼ何度でも再利用可能であ

る。土と水という元素が結びつくだけで、人間は容易にみずからの生活環境を造形することができたのである。場合によっては、灌漑や舟運のために水路を掘るだけで、建築やレンガづくりに使える水気をおびた土を確保することができた。[4] イランでは、「カナート」[5] という地下水路のシステムのおかげで、いくつもの都市を、完全な砂漠地帯の中央においてさえもまるごと建立できる水量を確保することができていた。これよりも世界各地ではるかに一般的だったのは小丘《しょうきゅう》を築くための土の利用であり、採掘によってできた壕はそのまま周りを囲む堀として用いられていた。このやり方は、簡潔かつ効果的、とりわけ防衛システムの迅速な構築を可能とするものだった。家屋への使用においても、土の家づくりが、地下室や溜池といったものの創出と結びつくケースは珍しくない。建築に必要な土の採掘についやされた労力を有効活用すべく無数のやり方が編み出されたのである。[6]

キルギスのイシク・クル湖周辺における土壌団粒の自然生成
世界中で，土の浸潤と乾燥のサイクルは，その性質と可能な利用法を理解するための基礎原理を教えている

トーゴ北部バタマリバ人の土地における円筒型穀倉と「タキヤンタ」(伝統的住居)
粘土の直接的な加工はたしかに最古の技法のひとつだが，ゆえに洗練されていないというわけではない．約 5 m の高さに達するその壁は，土台部の厚さが 15 cm 未満であり，高くなるほど薄くなっていく．完璧なロジックであり，今日における最良の設計と言うにふさわしい

古代ギリシャ・ローマでは、まずは石灰と石膏（紀元前九〇〇〇―六〇〇〇年のチャタル・ヒュユク）が、ついで（おそらくは紀元前三五〇〇年ごろの中国を発祥の地として中近東へと伝わった）素焼きが、建築家たちの手段を補完することになる。これらの建材は当時、風雨の影響がもっとも甚大な屋根やアクロテリオン〔破風の頂や隅を飾る彫像〕、戸枠や窓枠といったパートの補強材として用いられた。同時に、農耕の実践をはじめとする経験の蓄積とともに土壌の組成をめぐる理解はいっそう深まり[7]、戸枠や窓枠のための土を風雨の特徴や必要に応じて使い分けられるようになっていった。剥離防止剤の定番として広く知られているのは石灰や石膏ではあるが、世界各地で、多彩かつ創造的なやり方で、一部では驚くべき成果をあげている他の剥離防止剤についても言及すべきだろう。すなわち、タンニン、オイル、あるいは様々な性質の天然接着剤[8]などの大半は生体高分子[9]を主体とする剥離防止剤である。

土の建築、文化的多様性への讃歌

時とともに基礎的な知と技能は進化をとげ、地理的・社会的・経済的・文化的な特性に応じて、きわめて多彩な形態へと変異していく。生活圏やその秩序づけの必要性にくわえて、室温を含めた住み心地や耐久性、また（気候的・人為的な）脅威への防衛といった構造上の要求に多彩なやり方で応えるという点でも、社会的地位や繁栄、さらには権勢を誇示し、時にはありうべき侵略者を思いとどまらせる威容感をもたせるという点でも、バラエティに富む建築上の戦略が生みだされている。

コミュニケーション手段の発達とともに、多様な建築モデルとそれに付随する経験知が各地で共有され、一部は採り入れられるようになるが、めいめいの土地に固有の制約ゆえに、当初のモデルには新たな変化が加えられることになる。建材もまた長距離間を輸送されるようになるが、これは、当の建材のもつ物質的な使用価値ゆえのこともあれば、それがもたらす美的な剰余価値のためでもあった。大抵は技術面と社会文化面とが分かちがたく関連したかかる事象のすべては、当初のモデルから逸脱するイノベーションの度合いに応じて多少とも独創的な建築学的成果をもたらすことになる。

土に秘められた造形的特性は、アートと建築を深く結びつける諸実践によっても涵養されていった。じっさい、想像や信念のおもむくままに、あるいは共同体の記憶に刻まれた出来事を物語るのに、塗壁《ぬりかべ》上に跡をつけたり、象形したりすることはいとも簡単である。みずからの住居への愛着を表したいという素朴な欲望から、ファサードや居住空間、さらには床さえも[10]定期的に装飾したり模様替えをしたりするのはしばしば一家の主人たる女たち[11]であるが、かかる実践がまごうかたなき浅浮彫りの創出へといたることもある。たとえばベナンのアボメイでは、宮殿の壁は、王国史を物語る視覚的な年代記のキャンバスとなっている。

土の建築における技術面、さらには構造・形態上の仕組みのおどろくべき多彩さは、た

伝統的家屋を装飾するガーナ北部シリグのカッセーナ族の女性たち
様々な色土からなる装飾は，より長持ちするよう糊やタンニンといった自然の接着剤と混ぜ合わせたもので描かれる

とえば一九七〇年代からはじまった建築遺産の調査によって明らかになっている。この構造・形態上の仕組みというのは、諸々の建築文化を特異なやり方で規定するものであり、建築という観念、建築物それ自体、そしてそれを維持していく方法を結びつけるものである。土の建築文化の際立った特徴を示しているのはマリの有名なモスクの数々である(12)。その形態は、都市の石工たちと彼らを補佐する全住人の驚くべき労力が結集される二―四年おきのメンテナンスが容易となるように構想されている。別の例では、リサイクルを前提としてつくられた建物が老朽化したと判断された場合、美的外観を一新したり、家族や社会の環境の変化に応じて形態・規模・配置を変

バンディアガラのモスクのクレピサージュ
ジェンネやトンブクトゥの姉妹モスクと同様，バンディアガラのモスクは住民集会時に定期的にメンテナンスされる．「クレピサージュ」と呼ばれるその修繕工事は浸食作用の程度に応じて，すなわち降水量の如何で実施されるため、3-5年ごとに実施という幅が生じる．作業は町の石工頭が指揮をとって石工たちを持ち場に配置する．ある若者グループがモルタルの準備をすれば，他の若者たちがそれを石工に届ける．この極めて効率的な作業の組織化によって，改修作業はわずか1日で終えることができる(ただしあらかじめ数日間練り合わせなくてはならないモルタル作りをのぞいて)

えたりするため、建物が全面的に構想し直されることもある。

土の建築はそれだけで文化的多様性への讃歌である。世界中ほぼすべての国々に存在するこの土の建築は今日、世界人口の三分の一近くの人々にかかわっている。ただしこの統計データは、土だけで建てられているものを基準とするか、あるいは大半がそうであるように、土が他の資材と組み合わせて用いられたものも含めるかによって変わってくる。じっさい、ある種の建築物においては、土は、石材やレンガをつなぐモルタルや塗壁材料としてのみ用いられているか、あるいはごく広範にみられるように、もっぱら石材建築における屋根の防水加工のためだけに用いられている。

土だけの建築物も存在しているが、もっぱらエジプト南部のヌビア地方やイラン中部の砂漠といった特定の砂漠地帯だ

左上 モロッコのワルザザート近郊の村アイト・ベン・ハドゥ
最初の建設が17世紀に遡るこの要塞化した村は，モロッコ南部建築の特徴をあらわす顕著な例としてユネスコから人類共通の世界遺産に登録されている

右上 米コロラド州メサ・ヴェルデの遺跡における住居跡のひとつ「クリフ・パレス」
岩窟に築かれたことで，この14世紀に滅亡したアナサジ族の文明遺跡はきわめて良好な状態のまま保存されている

右下 寺院尖塔から見晴らされた都市ヤズド

けに見られる稀少な存在である。そのイラン中部の砂漠の都市ヤズドこそは「一から十まで土」からなる建築文化の最たる例である。ユネスコによって人類共通の世界遺産に登録されたこのキャラバン都市ヤズドは、シルクロードと香辛料貿易ルート以南における同種の諸都市のなかでもっとも保存状態が良好であり、その二万軒以上の民家ならびに公共建造物は、日干しの無焼成レンガとモルタルでできている。土の掘削跡は、数部屋の居住可能な地下室へと変貌し、酷暑の時期に利用された。無焼成レンガは壁だけではなく、きわめて多彩なヴォールトや丸天井を支えるためにも用いられており、その一部(貯水槽・氷室・アーケード表面)はかなりのスケールに達している。かくしてヤズドはその全体が「大地から出現した」「土の都市」と呼ぶことができるのである。

土の建築の装いの基本原則

そうした極端な例をのぞけば、土の建築はおおよそハイブリッドであり、土を補完するための建材は、建築文化の特徴、その進化や深まりの程度に応じて様々である。そのような建築物を考察するとき、まず最初に理解されるのは〔語源的な意味での〕「適材適所」という点である。リヨン南方のバ・ドーフィネ地方における基本原則はこうである。「版築[13]によるる家を長持ちさせるためには、よい帽子とよいブーツが欠かせない」[14]。ここでいう「帽子」とは焼成レンガでおおった屋根組みを、「ブーツ」とは組積工事を意味するが、組積の建材によく用いられた小石は大抵、採土された土層のすぐ下から掘り出された。

かかる建築様式はバ・ドーフィネ地方ではうまく機能しているが、西寄りのたとえば雨量の多いノルマンディー地方では、とりわけ篠突く雨が頻繁に降るために、建具枠をもっ

と補強する必要がある。すなわち「よい帽子」と「よいブーツ」を補強する「レインコート」が、とりわけ雨に晒される西向きのファサードにおいて必須となる。それゆえ壁板[15]がとりつけられるか、より簡便に保護用の塗壁がほどこされるが、その材料については当地の環境に適したものでなければならない。

世界のどこでも、塗壁[16]の発展をうながす要因となったのは、土の建築物のメンテナンスを軽減するための工夫であった。塗壁の効果を長持ちさせるためには、その特質について厳密に理解されていなければならないし、それなりの耐久性を求めるのであれば、とくに毛管現象による湿気を蒸発させる必要があることから、壁の気密性を完全なものにすることなどありえない。石灰や石膏にとってかわるセメントの普及とともに相性の問題が浮上し、構造上の著しい不具合が生じるようになる。かくして毛管上昇が生じやすいかつての建具枠が再評価されることになる。とはいえセメントと土の組み合わせは、さほど幸先が悪いわけではなかった。一九世紀末以降、セメント発祥地[17]のひとつであるグルノーブル近郊では、版築による家の壁を補強する粗骨材コンクリートの的確な使用法が普及し、基礎工事、窓枠、隅

仏イゼール県シャランシューのファームハウス
土の建物を長持ちさせる「よい帽子とよいブーツ」という基本原理を，この練り土が剝き出しになった建物がみごとに例証している．「よい帽子」は張り出した屋根によって，「よいブーツ」は水硬性石灰のモルタルを充塡した小石積みの基礎によって．この良好な保存状態の集合的な建物はいくつもの部分から出来ており，その最古のものは９世紀初頭まで遡る

石積み、壁上などに対して、生土をあつかう道具がそのまま用いられている。その道具とは、型枠(18)やピゾワール(19)にとってかわる堰板《せきいた》であり、これによってコンクリートはいっそう強固に締め固められる。毛管上昇はこのコンクリートの土台のおかげで歯止めがかかるため、塗壁に多少のセメントが含まれていても建物正面にうまく密着したのである。

かかる建築物においては、生土に添加剤を加えることもまた、特段の補強対策を軽減し、水で劣化しやすい脆弱性に対処するためにはるか以前から行われてきた工法である。すでに一二、一三世紀には、同工法は西欧の地中海沿岸諸国において大々的に採り入れられている。その代表例は「タピア・レアル」(全体的な安定処理)、あるいは防衛的・軍事的な建造物だけに用いられた「タピア・カリカストラーダ」(表面的な安定処理)の呼称で知られる土と石灰の混合物をつかったスペインのアルハンブラ宮殿である。二〇世紀には土とセメントを混ぜ合わせる同様の工法が発展し、今日では「セメントレンガ」あるいは「ジオコンクリート(20)」はごく一般的である。時としてこの工法をめぐっては、使用される土が完全には元に戻らず、リサイクルも再利用もできないと批判されるが、他方で同工法は、無筋コンクリートや一枚石

ローヌ渓谷地方サン・ランベール・ダルボン近くの練り土とコンクリートづくりの家屋
この練り土とコンクリートを組み合わせる技術が普及したのは20世紀初頭以降である．練り土と同様現地で調達される砂礫を材料とするこのコンクリートを，グルノーブル産のセメントと混ぜ合わせて用いることで，土台や基礎部の施工はより迅速化した．この技術はまた，角や窓枠といったもっとも脆弱な部分の補強を可能にするものだった．粗骨材コンクリート施工のために版築用型枠を用いたことは，今では世界中で知られた施工法である型枠コンクリートの起源となった

を使用した建築物にも引けを取らない、よりモダンな佇まいの建築物実現への野心をはらんでいるのである。

クラテール(CRAterre) フランソワ・コワントローを範として

一九七〇年代初頭、グルノーブル国立建築大学の学生たちによって、練り土による版築の工法とともに、ドーフィネ〔グルノーブルを州都とする仏南部の旧州〕の建築遺産の核心が発見される。その密集状態ならびに保存状態の良さ（その建造物の大半は今も住居その他に使用されている）から、同遺産がヨーロッパ有数の価値を有することは今日では周知のとおりである。一八世紀末以降、多くの著作をとおして版築の促進につとめたリヨンの建築家にして建築請負人のフランソワ・コワントロー[21]の足跡をたどりつつ、グルノーブルの若い建築家・エンジニア集団[22]は「われわれの足下にある」土という建材がもつ驚くべき可能性を究明すべく、一連の研究にのりだす。彼らはいわば、今日なら「エコレスポンサブル〔環境に責任をもつ〕」と呼ばれるものの先駆者であった。

マヨット島マムズの小分譲地
最初に住宅設計プロトコルを定めた後，クラテールによる建材(圧縮土安定化ブロックレンガ：BTCS)の開発，レンガ工場設置，作業者たち(石工・現場監督・建築家)の育成という技術面での協力のもと，マヨット不動産会社による大規模な公営住宅プロジェクトが発足した．この不動産プログラムは賃貸住宅，ついで公営施設(小中学校など)・民間施設の建設を含むものとなっていく

ドーフィネの遺産であるそのヴァナキュラー建築から得られた認識、ついで高名なエジプト建築家ハッサン・ファトヒーとの特筆すべき邂逅と交流をもたらした国外調査によってはぐくまれた知見を手がかりとして、この若い建築家集団は一九七九年に「クラテール CRAterre（土建築国際センター）」を創設し、『土で建てる *Construire en terre*』[24]と題したマニフェストというべき著作を上梓している。一九九六年からクラテールはグルノーブル国立建築大学の研究所として知られるようになり、土建築専攻課程の教育にも携るようになる。この課程は、今日ではその修了証たる建築分野専門免状（DSA）の名「土の建築」で呼ばれている。

こうした教育・研究活動のかたわら、クラテールはNGOとしての性格を保ちつつ現場活動をつづけ、とりわけ発展途上国でのプロジェクトに幾度となく関与している。その最重要なもののひとつは、一九八〇年代初頭のマヨット設備不動産会社との合同プロジェクトである。マ

仏イゼール県ヴィルフォンテーヌの《大地の領地》
住宅省建築計画本部からの援助とクラテールによる技術面での協力のもと，イゼール県土木建築局とリル＝ダボー公共機関（EPIDA）によって1984年から1985年の間に建てられたこの65軒の住宅集合体は，2008年にロナルプ地方における45の「持続的発展財」のひとつに選ばれた

ヨット島における公営住宅の発展に資するそのプロジェクトは、いまなお存続している現地生産産業の創出[25]とあいまって二〇年間で二万軒近くの住宅を建てるという成果へと結実している。一九八五年にはイゼール県リル＝ダボーのニュータウンに住宅六五軒が建てられるが、これは土の建築の現代性を推進するクラテールが参画した別の主要プロジェクトである。

以来、グルノーブル国立建築大学の「土の建築」課程の卒業生たち、またユネスコチェア[26]のネットワークを利用してフランス本国や欧州にはとどまらない世界各地の機関出身の人々がクラテールに新加入したが、これらのメンバーの尽力のおかげで、土の建築への関心の著しい高まりを呼び起こすにいたっている。われわれを否応なく質素な社会へと導いていく環境問題もまた、従来とは異なる土のイメージを育みつつあり、いまや土は「未来の建築資材」として浮上している。変化の明白な兆しは、国際的な建築事務所のいくつかが生の土をつかった建築に着手していることにも見てとれる。たとえば「レンゾ・ピアノ・ビルディング・ワークショップ」は事務所初となる生の土の建物をエクサンプロヴァンスに建設中であり、「ヘルツォーク＆ド・ムーロン」が二〇一三年にリコラ〔ハーブ専門会社〕からの発注でバールを予定地として設計したのは、生の土を建材とするものとしては欧州最大のモダニズム建築である。二〇一二年にプリツカー賞を受賞した中国の建築家の王澍《ワンシュウ》は、建設地で入手できる資材を好み、建造においては中国伝来の建築文化からの着想を重視しているが、生の土がお気に入りの資材であり、二〇一二年にはクラテールが技術面で協力するかたちで杭州の中国美術学院象山キャンパスに《水岸山居》[27]を建設している。

これと並行して、生の土に関心をよせる建設土木会社も出てきている。仏企業ラファルジュが近頃、アフリカ諸国の子会社に支援セミナーをもちかけたのは、圧縮土レンガブロック（BTC）の製造とそれによる建築の関連産業を組織化し、その「新たなマーケット」を発展させるためである。他方で仏テレアル・グループは、屋内用パーティションのため

中国杭州の《水岸山居》
版築による耐力内壁からなるこの巨大建造物は，その建材開発に対するクラテールの技術的協力のもと，2012年プリツカー賞受賞者の中国の建築家王澍によって同年に建設された．この作品は，中国の伝統文化を，現代建築の表現として再解釈することをめざした「寧波五散房」の一環である

の無焼成レンガを開発している。国際的な次元でも、生の土をもちいた建築システムの発展をめざす研究所や産業界の取り組みが増えてきている。

「適正技術〔アプロプリエート・テクノロジー〕」[28]という考え方の浸透を背景として、クラテールはその創立時からどちらかといえば請負業者に向けてもっぱら技術面での情報を発信するＢＡＳＩＮ（ビルディング・アドバイザリー・サービス・アンド・インフォメーション・ネットワーク）所属の他組織と協力関係を結んできた。その一環としてクラテールはとくに圧縮土安定化ブロックレンガ（ＢＴＣＳ）の製造技術の促進を行ったが、それをきっかけに、途上国のプロジェクトに現地で協力し、同レンガによる建築技術者の（育成者の育成を含めた）育成を託されたのである。

当時は技術偏重と映ったかかる目的に達しえなかった限界は、今日ではますますはっきりと理解される。圧縮土ブロックレンガの場合、最貧国を含むある種の環境では、同技術に欠かせない初期投資を呼び込むことが困難であるだけに、その建築にかかる総費用があまりにも高くつくことが判明したのである。

思潮の変化

こうした事実確認をふまえてクラテールが向かった他の方向性のうちで特筆すべきは、製造も利用もきわめて容易なアドベ[29]〔砂・砂質粘土・藁などを混ぜ合わせた建材〕による建築を推進するという方向性である。じじつアドベを用いるには木製あるいは金属製の型枠と左官道具があればよく、ある程度の高さの建造物であればそれらに足場を加えるだけでよい。だがここでも、なにかしらの工法の推進と発展というのは結局のところ、純粋に技術的

なものではないことが経験から明らかとなる。たとえばマヨットでのような公営住宅建築プログラムの成功を分析してみて分かるのは、その成功の大部分が、現地の力能の強化と生産・建築関連産業の発展とをうまく組み合わせたシンプルかつ現地に根ざしたアプローチの実施によるものだということである。そのプログラムは、経済面にも社会・環境面にも好影響をもたらしたのである。この事例は、従来のアプローチにおける利点と不備について再検討をうながし、とりわけ(ローカルな建築文化の特性にもとづく技術・戦略・組織上の)軌道修正を可能とする段階的かつ反復的な設計法をとおして、より適切で効果的な介入の枠組とはいかなるものかを明確にしてくれるものである。

クラテールによって練り上げられたアプローチは、現代の争点(グローバリゼーション・都市部の過密化・気候変動など)が自分たちの発展モデルを根底から見直すようわれわれに否応なくせまるものであるだけに、いっそう今日的な意義

オルレアン近郊アルドンの国立農業研究所(INRA Centre Val de Loire)
2014年にオルレアン国立農業研究所のために建設されたこの土壌標本欧州施設は，建築事務所「デザイン＆アーキテクチャー」と「NAMA アルシテクチュール」によって設計された．欧州各地から採取された3万点以上の土壌標本の保存・分析を目的とするこの建造物は版築でつくられている．同技術が必要とされたのは，その将来性，良好な耐湿熱性，美しさによってである．風雨にさらされる外壁は5%の石灰を加え安定化されている．施工は10年以上にわたって生の土による建築を専門としてきた会社「エリオプシス」と「キャラコル」による

を有している。ことは単純ではない。というのも秩序はすでに確立され、規範によって保護されていることがしばしばである一方、不完全雇用や資源の浪費あるいは「オーバーサイジング」は地球とその住人に深刻な打撃を与えているのだから。われわれ人間の既成秩序は、われわれの生産様式とその利用法をとおして、環境悪化現象を引き起こしている最悪の元凶のひとつであるにもかかわらず、需要は増大しつづけているのである。質素化のアプローチが必要不可欠なのであり、このアプローチは、とりわけ過去の人間たちの営み、なによりもめいめいの土地に根ざした資源を最大限に活用していた営みを着想源とすることで活路がひらかれるのである。

これこそ、多種多様な文脈で功を奏しているクラテールのアプローチであり、二〇〇二年から二〇一〇年にかけてのマリのバンディアガラ圏を中心としたプロジェクト、あるいはハイチでのプロジェクトはその一端である。二〇一〇年の地震でポルトープランス周辺地域に深刻な被害を出したハイチにおいて、学校や住居といったインフラへの住民の需要にふさわしい応答は、現地に息づく文化的遺産、そしてそこから得られる教訓を考慮に入れることによって見出されたのである。現地や国外の協力会社とともに、クラテールは四年間で三〇〇〇軒以上の住宅を再建ないしは修復するという成果に寄与したのである。マヨットにおいてと同様、このプロジェクトは、現地の技能の発展を手助けし、提示される諸々の解決策を最大数の人々が利用できる体制をとることで、持続の一部たらんとするものであった。まさしくこの行動原理こそ、いまでは国際赤十字・赤新月社連盟（ＦＩＣＲ）(30)によって大々的に支持されているものである。自然大災害後の緊急住宅支援プログラムをコーディネートするＦＩＣＲは、とりわけハイチでの成果にもとづき、ローカルな建築文化のもつ可能性について協力会社にいっそうの注意を払うよう喚起しはじめている。[31]

今日、未来のために何をすべきか

グローバリゼーションの到来によって、もしわれわれが警戒を怠れば、ローカルな人間的知性のすべては、地上の大森林と同じように急激に失われてゆくだろう。このあまり目立たないプロセスは破滅的な影響をもたらすが、逆説的にもそうしたローカルな知こそ

上 マリのバンディアガラにおける洪水災害後の再建プロジェクトによる家屋
再建された家屋はすべて，住人が最優先する必要に合わせて設計された．技術面では伝統的な工法を大いに着想源としつつも，とりわけメンテナンスを軽減する新たな工法も多く採用されている

下 ハイチ再建プロジェクトにおける規格住宅の試作モデルの一軒
最初のいくつかの試作モデルにもとづき、様々なパートナー会社と協働するなかで決定された再建の方法論は，「コンビット」と呼ばれる伝統的な相互扶助の仕組みに依拠するものである．4年間で3000軒以上の住宅が再建ないし修復された．今日では公共事業省によって認められた同様の建築方針のもとで平屋建ての小学校がつくられている

（医学・薬局方・農業など）他分野のうちに保存され、あるいは特許権を得ている。こうした変化は一九世紀末に始まり第二次世界大戦後に加速したが、その背景には、一部建築工程の工業化、またはその活用だけに特化した教育（エンジニア学校や専門技術教育）の普及がある。こうした動向のなかで、二つの世界のあいだの間隙は掘り崩されていく。二つの世界とはすなわち、現代性をとりいれて生活様式を変える「金持ち」の世界と、伝統的な住宅モデルを維持しつつも、みずからの経済力とは相反するメディアの圧力のもとで「いたしかたなく」劣悪なイミテーションを建てるか、しばしば不適切で時には危険でさえある諸技術の寄せ集めを試みるほかはない「貧者」の世界である。二〇一〇年一月の地震のさいにハイチで看取されたのもこの種の問題の恐るべき実例であった。死者を出したのは伝統的な小家屋ではなく、建築基準を充たしていないことがあまりにも多い「現代的」とみなされた建築物だったのである。

もっとも、そうした国際的建築基準はなおも重視されつづけているが、ほぼいたるところで同様の結果を招いている。大災害が起こるたびにますます強く気づかされることがある。まとまった災害調査報告によれば、大半のケースにおいて、純粋に伝統的な建物のほうが、自然災害への耐性があるか、少なくとも人的被害が少ない、ということである。だが、伝統的モデルから再建プログラムを着想すべきにもかかわらず、一部の国々ではそれを違法とみなし、禁止してさえいるのである。

技術面での規範のみならず、建築や文化の規範もまた重視されるようになってきている。たとえば区画の中央に立つ「メゾン・ブロック［家族の生活と農業の営みが一体化した家屋］」は、（土地資産や空間使用などの観点からは）配置が不適切なものに映ることが多い。とりわけ優美な芸術的かつ詩的な効果を生みだしてきた数多くの文化的実践もまた、平板で陰気な外観のために消滅しつつある。したがって土地に根ざした建築文化とその変遷をより深く究明することが急務である。建築に関する教育という点でも、土地整備についてより適切に思考するためにも、それらを考慮しなければならない。

こうしたポテンシャルはほとんどの場合、潜在的なものにとどまるのであり、とりわけ各地の建築文化について、詳細な調査・理解・リバースエンジニアリング(32)という観点からたゆまぬ研究への取り組みが不可欠である。また、土地それぞれの特異性を背景として今まさに発せられている需要や要求に応えることのできる適応方法についても分析しなければならない。さらには、その土地にしかない技能やそれを担っている人々の仕事が本来有している価値を、財政的な観点からも社会的評価という観点からも回復することのできる解決策を見出さねばならない。そのためには、局地的に応用可能な方法を考察しつづけなければならない。大規模工事へと移る前に、その枠組みとなる規範と技術面での確かな有効性にいたるべく、オペレーション方法に関する技術的・社会的な実験と研究に裏打ちされた考察を行わなければならないのである。かかるプロセスはまた、建築文化の評価方法について根底から再考すること、したがって現行の参照基準や特徴づけの方法を見直し、研究所またはモデル化によって得られた結果と、当地で確認されたじっさいの持続性とを一致させることが求められる。すなわち、評価基準としてパフォーマンス的なアプローチ(33)を採用しなければならない。

ついで、技術とその技能を教える育成や徒弟制度についても再検討したほうがよいだろう。父から息子へ、親方から徒弟へ、ごく早い時期から現場で実物に触れさせるかたちで行われてきた知識の「伝統的な」継承が良質なものであったことは歴史的に明らかである。もしこの徒弟制度が復活するならば、「手を使って考える」革新的な教育の場の創出が推進されるにちがいない。研究者や実務家や教師、そして様々な学校や大学の学生たちが集うヴィルフォンテーヌのグランザトリエ[34]〔科学・技術・教育の分野にまたがるプラットフォーム〕は、そうした新たな教育法の革新的な一例である。このグランザトリエにおいて特筆すべきは、斬新な発想も伝統的な考えも、偏見抜きで論議することのできる諸々の研究所から構成されている点である。

最後に言及しておかなくてはならないのは、最大の学びは多くの場合、現地でただその環境を観察し、実りの多い問いを自他に投げかけ、そこから教訓を導きだすことで得られるということである。観察対象を正しく理解することは、当地がかかえる問題に適切に対処するために不可欠である。しっかりと見るすべを学ぶことで、かつての世代が必要にせまられて素朴なイノベーションを生み出してきたという教訓から着想を得ることができるようになる。かかる視座において必要なのは、行動する前に不断に自己形成することである。クラテールが土で建てる権利のためのマニフェスト『土に住まう *Habiter la terre*』[35]を二〇〇九年に上梓し、そこで推奨している事柄が世界各地のますます多くの組織によって実践されるべく行動してきたのは、以上のような観点においてである。

訳　谷口清彦

(1)シロアリのコロニーによる蟻塚はその最も感動的なケースだが、齧歯類による水生環境を含む巣づくりなど他にも数多のケースがある。

(2)無焼成レンガ(ないしはアドベ)だけについていえば、単に丸めただけのもの、パンの形や円錐型のもの、さらには直方体のものまで、形も大きさも多種多様である。

(3)不燃建材としての土というこの特徴は、紀元前七〇〇〇年における中央アナトリアのチャタル・ヒュユクではすでに都市なるものの基準のひとつだったと考えられる。

(4)発見された他のきわめて合理的な方法のなかでも、これは紀元前三千年紀の始めにユーフラテス河畔に興った都市国家マリの遺跡からマルグロン教授によってきわめて明確なかたちで見出された方法である。

(5)カナートとは主に、山系の麓の自由地下水を都市や農業地帯へと運ぶための長い地下水路である。「カナート」文明の発祥地とされるイランには、カナート遺跡のなかでも最長七〇キロメートルにおよぶ「ザラック・カナート」がある。

(6)しばしば分厚いつくりと関連させて考えられる土の建築だが、この制約は利点に変えることもできるのである。

(7)農耕は人間と土(あるいはむしろ人間をとりまく土地)との深い関係性を否応なしに生じさせる。年間をとおして多様な含水量の(乾いた・湿った・粘り気のある・どろっとした)土を耕せば、それぞれの組成や特性(可塑性・圧縮強度・剪断抵抗など)、さらには浸食作用の受けやすさなどがただちに意識される。

(8)バオバブのような一部の草木は、その乾燥させた葉をすりつぶし、水に浸すことによって、粘着剤をつくることができる。

(9)生体高分子は「多糖」「脂質」「タンパク質」「その他の複雑分子(樹脂やタンニンなど)」の四種類に分類されるが、この最後のものは、凝集力や親水性を改善したり、粘土がより高い粘着力を「発揮する」ようにするなど、様々な作用をしめす。

(10)たとえばスーダンあるいはインドでは、土と乾燥させた牛糞の粉末を混ぜ合わせたものが定期的に床のメンテナンスのために敷かれる。

(11)男は建築の軀体工事を担い、女は装飾や仕上げ塗装やメンテナンスに従事する慣習は西アフリカではありふれている。こうした文化のなかでもとりわけ示唆的なのは、ガーナとブルキナファソの国境（ティエベレ村とシリグ村）に暮らすNankansi族とカッセーナ族の文化である。

（12）同様のモスクはマリ北部のほぼすべての村にあり、いくつもが世界遺産に登録されている（ジェンネ、ガオ、トンブクトゥ）。近年建て替えられたニオノのモスクは一九八三年にアーガー・ハーン建築賞を受賞している。

（13）ロナルプ地方に多く見られる土の建築技術の「版築〔ピゼ〕」とは、やや砂利を含み、湿り気をおびた土を、「バンシュbanches」と呼ばれる移動式型枠で締固めるというものである。壁は、その型枠を用いて八〇センチメートルほどの高さの層を積み重ねていくことで施工される。

（14）われわれがよくこの英デヴォン州に由来する英語の言い回し（“All cob wants is good boots and good hat”）を用いるのは、その簡潔さとすぐれて教育的な含蓄のゆえである。

（15）薄い瓦やスレートでつくられる一種の垂直屋根。

（16）繊維を混ぜ込んだ粘土がよく用いられる土の塗壁は付着力にすぐれている一方で、雨にさらされる度合いに応じて多少とも定期的なメンテナンスが欠かせない。当初は様々な添加物、のちには石膏・石灰・セメントなどの鉱物結合剤をつかっていっそう長持ちさせるための努力がなされたのはそれゆえである。

（17）これは氷蝕による砂礫の堆積物であるモレーンによってつくられる。

（18）移動式型枠であり、これによって高さ約八〇センチメートル、長さ約二五〇センチメートルという寸法のコンクリートがつくられる。

（19）長い柄のついた締固め用タコの一種。

（20）この「セメントで固めた土」はいくつかの名称がある。約三パーセントのセメントを混ぜ合わせることで基本的な効果が得られるが、建設現場の環境如何では五―六パーセントまで増やしたほうがよい場合もある。とはいえこれは基体となる土の性質しだいである。時には水に強くするために分量を八―一〇パーセントまで上げることもある。

（21）一七四〇年リヨン生まれのフランソワ・コワントローは一七六五年に建設請負業者、一七七〇年に建築家となる。農村世界に親しみ、版築づくりの建物に多大な関心をよせたコワントローは「新たな版築」について、また田舎の住居や農地を改良する他の方法について、六〇以上もの論考や小冊子を著している。また小型の土ブロックの製造方法を発明してもいるが、今日ではＢＴＣ(圧縮土ブロックレンガ)の名で知られる一般的な技術となっている。有名な『田園建築学校 *École d'architecture rurale*』(一七九〇年)の第四ノートは、英国、ついで米国とオーストラリアで英訳が出版されているほか、その他の言語への翻訳も多く(ドイツ語・イタリア語・デンマーク語・フィンランド語・ロシア語)、その著作は国際的な影響力を有していた。一九世紀さらには二〇世紀前半をつうじたコワントロー思想の普及は、それらの国々における数々のプロジェクトの実現を促した。

(22) パトリス・ドア、フランソワ・ヴィトゥー、アラン・エー、シャルル・ボワイエ・ド・ブイヤーヌ。

(23) アースレンガによる多くのプロジェクトの設計者たるこのエジプトの建築家が著した『人民とともに建てる *Construire avec le peuple*』(一九七〇年に J. Martineau 社、ついで一九七七年に Sindbad 社より刊行された同仏語版は一九九六年に Sindbad-Actes Sud を版元として « La bibliothèque arabe » 叢書の一冊として再販されたが、現在は絶版状態)はクラテールにとって必須の参照文献である。

(24) Patrice Doat, Alain Hays, Hugo Houben, Silvia Matuk et François Vitoux, *Construire en terre*, Paris, Alternative et Parallèles, coll. « AnArchitecture », 1979.

(25) 主要都市へのレンガ工房の設置、そしてむろん耐力壁・非耐力壁・仕切壁といった様々な用途を可能にする組積工事を担うことのできる石工の育成によってマヨット島に定着したのは、圧縮土安定化レンガブロック(ＢＴＣＳ)づくりの技術である。

(26) ユネスコチェアのユニット「土の建築・建築文化・持続的開発」は現在、世界約三〇カ国出身の四一人のメンバーで構成されている。

(27) 一連の大きな版築壁によって支えられた屋根組みは、斬新でありつつも伝統的建築から想を得ており、王澍が好む廃材などの「再利用」が実践されている。

(28) 「適正」とは、様々な地理学的・社会経済学的文脈に「適っている」という意である。

(29) アドベは、ごく容易であるために世界中に普及した工法であり、混合物の粘土からできたレンガを、しばしば同じ材料からなるモルタルを使って組み立てられる。様々な形状やサイズのアドベが存在するが、最も一般的なのは直方体の形状のものである。

(30) 緊急住宅支援プログラム(シェルター・クラスター)は、現地における諸プロジェクトの円滑な連携のために、復興作業に携わる主要な担当者を定期的に招集している。

(31) この件については複数のパートナーが共同で宣言文(https://craterre.hypotheses.org/180)を発表しており、最近ではFICRおよびNPOカリタス・フランスとの提携のもとでクラテールが実用ガイドを公表している(*Assessing Local Building Cultures for Resilience Development*, http://craterre.hypotheses.org/999)。

(32) リバースエンジニアリングとは、既存のテクノロジーの動作と限界とを究明し、その正式な使用法を見極め、場合によっては改良へと導く研究である。

(33) パフォーマンスのためのパフォーマンスの追求ではなく、技術・利用しやすい価格・快適さ・雰囲気といった観点から、必要に応えるのみにとどめるという発想である。

(34) 建築をめぐる教育・研究拠点たるグランザトリエの教育法は実験とプロトタイピングに立脚している(http://www.lesgrandsateliers.org/)。

(35) 「一万一〇〇〇年前の大昔から人類は、生の土を使って建てる驚嘆すべき能力を発揮し、知識、熟練の技能、大胆さ、芸術的センス、そして名人技の結実として極めて多彩な成果をもたらしてきた。にもかかわらず、一部の人々は新たな建築規範を掲げてそれらを認めようとせず、破壊し、さらには禁止さえもする。
自然環境の保護、文化の多様性、貧困の撲滅に関係するその極めて重要な争点を前に、数多の当事者がクラテールに合流しつつ、土の建材使用は不可避にして掛け替えのないものだと主張し、土で建てる権利を要求したのである。

二〇〇九年発表の『土に住まう 生の土で建てる権利のための宣言』は、国際社会に警鐘を鳴らし、南側諸国でも北側諸国でも[土による]エコレスポンシブルな建築が可能だとする大いなる挑戦を掲げるものであるが、それは、複数分野にまたがる繊細なアプローチを採用しつつ(中略)現地の文脈の特殊性を十分考慮することによって実現しうるのである」

全文はクラテールのホームページ(http://www.craterre.org)を参照。

土と左官から見た日本の建築史

多田君枝

一般社団法人日本左官会議
事務局長

Kimie Tada

高温多湿で四季があり、植物がよく育つ日本列島。国土の三分の二を森林が占めている。この風土を反映して、木造建築が発展してきた。

伝統的な木造は、自然石の上にそのまま柱を立て、梁《はり》、貫《ぬき》などと組み合わせた木組みを構造とする。石や煉瓦を積み重ねた壁を構造とする組積造と異なり、水平垂直の「線」で構成されている。地震が多いことからも、石造や煉瓦造に比べて木造には利があった。

この伝統の軸組における壁として発達したのが、「小舞《こまい》」を下地とした「土壁」である。小舞とは、竹やヨシなどの細い材を間隔を空けて配置し、藁縄《わらなわ》などでからげて格子状にしたもの。柱と柱、あるいは柱と貫の間など、木組みの間の空洞を小舞で埋め、そこに土を塗りつける。身近にある材料と手作業で賄える極めて単純で原初的な方法だ。この原理に基づく壁づくりは、先史時代まで遡れるのではないだろうか。

業界誌『左官教室』の編集長を長くつとめた小林澄夫は『左官礼讃』(石風社、二〇〇一)のなかで、「野良のはずれにぽつんと建つ泥壁の納屋は」「技術以前の技術、手の延長であるようなわずかな道具と手仕事でつくられている」とし、そこに「名づけえぬヨロコバシイもの、ひとの心を魅了してやまないものがあるのではなかろうか」と書いている。人間も自然の一部であったような風景がそこから見えてくるようだ。

小舞を用いない土の使い方もあった。団子状あるいはブロック状に固めた土を積み重ねたり、土と石を交互に積み重ねた小屋や土塀は、特に西日本で多く見られる。法隆寺や龍安寺をはじめ、版築《はんちく》という工法による土塀も多い。

土間もまた、長い間、日本の家に不可欠であった。薪で火を焚くかまど、井戸から汲む水を入れておく水瓶、流しなどが必要な台所は、農家でも町家でも必然的に土間となる。農家では土間は、稲こき、豆打ち、縄ない、ムシロづくりなど作業の場としても使われた。土間の上に籾殻《もみがら》やムシロを敷いて、居室とした地方もあった。

土間は「三和土《たたき》」といって、砂利や砂の混じった土に石灰とニガリを混ぜて敷き、叩き締めることを繰り返してつくられる。土だけを叩く場合もあった。人が日々歩き、作業をするため、土間には凹凸ができる。湿気を与えたり土を補充したり、手入れや修理をしながら使った。

左官とは、これら建物内外の壁や床などをつくる職人およびその技術を指す。刷毛《はけ》やローラーを使う塗装と異なり、鏝《こて》という道具で材料を厚みを持って塗りつけることが特徴である。左官という言葉が文献に現れるのは江戸時代初期以降で、それまで壁を塗る専門職種は「壁工」「壁塗」「泥工」などと呼ばれていた。その語源には、宮中の工事を行うため「屬(さかん)」という官位を与えられたところから、大工が右官というのに対して、など諸説あるが、決定的なことはわかっていない。

山田幸一は、『壁』(法政大学出版局、一九八一)のなかで、世界最古の木造建築とされる法隆寺金堂外陣に描かれた壁画の下地である土壁を「壁画も描きなおされていないとすれば、」「わが国最古の左官工事遺構である」と指摘している。これは、ヒノキの小割材と藁縄の小舞下地に、下塗り、中塗りと土の粒度とスサの配合を変えて塗り重ねた後、白土を上塗りしたもので、この工程は、現在と基本的に同じであるという。

平安時代の寝殿造りでは室内は屏風などで仕切られ、高級な仕上げは紙であり、左官はさほど普及していなかったようだ。もっとも庶民は素朴な荒壁の家に住んでいたに違いなく、貴族階級や権力者階級が享受していた文化と庶民の暮らしの間の大きな隔たりは、以降もずっと続く。

鎌倉から室町期にかけては、土の防火性が注目され、貴族の邸宅だけでなく、裕福な商家でも土蔵がつくられるようになった。現存する日本最古の民家、神戸市の箱木千年家《はこぎせんねんや》の母屋は室町時代の建立と推定されている(一〇一頁図版参照)。移築、復元され、入母屋造《いりもやづく》り茅葺《かやぶ》きの大きな屋根に守られた外壁は、土塗りの大壁になっている。

桃山期以降、漆喰《しっくい》工法が完成し、城郭建築が発展する。城は敵の侵入を拒み、城主の権威の象徴であることが重要だ。壁は厚く頑丈であることが求められ、漆喰で美しく仕上げられた。山田幸一は前述の著書に、戦国時代末期に来日した宣教師の報告書に、松永久秀の居城について「甚だ白く光沢のある壁を塗りたり」「天国に入りたるの感あり」との記述があることに注目している。その白さは、西洋のように石灰に砂を加えず、紙スサを混ぜていたことが大きな理由であった。高価な米糊に代わって海藻糊が使われるようになったことも漆喰の普及につながった。

城郭と好対照なのが、千利休によって完成した草庵茶室である。利休より以前、村田珠光の四畳半茶室の壁は、白い鳥の子紙の張り付け壁だった。そこに利休は、「あら壁に懸物面白シ」という新しい価値観を持ち込んだ。つまり、当時の庶民の住まいや小屋に見るような荒壁に、美を見出したのだった。

江戸期には、防火の面から土蔵づくりがさらに盛んになり、裕福な商人たちの求めや好みに応じて大工や左官の技術もさらに発展した。とくに鍛冶技術の発展によって鏝の形が進化した江戸末期以降、土壁はきわめて平らに塗られるようになったと推定される。

西本願寺三世覚如上人の伝記を叙した南北朝時代の絵巻『慕帰繪々詞』. 建物内は畳敷きで，竹の縁がまわされている．外壁は土壁で，土が落ちたところから小舞がのぞいているように見える明治期、洋風建築の導入とともに、左官技術はそれまでの蓄積をベースにしながらさまざまな施工に応用されるようになる。漆喰を用いた蛇腹引きや天井中心飾り、セメントを用いた人造石仕上げなどだ。現場を渡り歩く職人も出現し、技術は各地へ普及していく。

大正一二(一九二三)年の関東大震災以降はとくに、建物の耐震、防火は更に重視されるようになり、鉄筋コンクリート造や鉄骨造の採用が始まる。いっぽう、明治から昭和初期においては、旦那衆が職人を抱えて普請を楽しむ文化が醸成される。日本の左官技術はこの頃、全盛期を迎えたといえるだろう。

風土に合わせて発展した小舞土壁

世界では、もともと土を主体とする建物が三割以上を占めるといい、中近東やアフリカのみならず、ヨーロッパ、アジア、南北アメリカにも土の建築はある。土を積み上げて叩き、壁を形づくっていく練り土積み、大きな型枠の中に少しずつ土を入れては上から叩き締めて壁をつくる版築、手で持ち運びできる小さな型枠

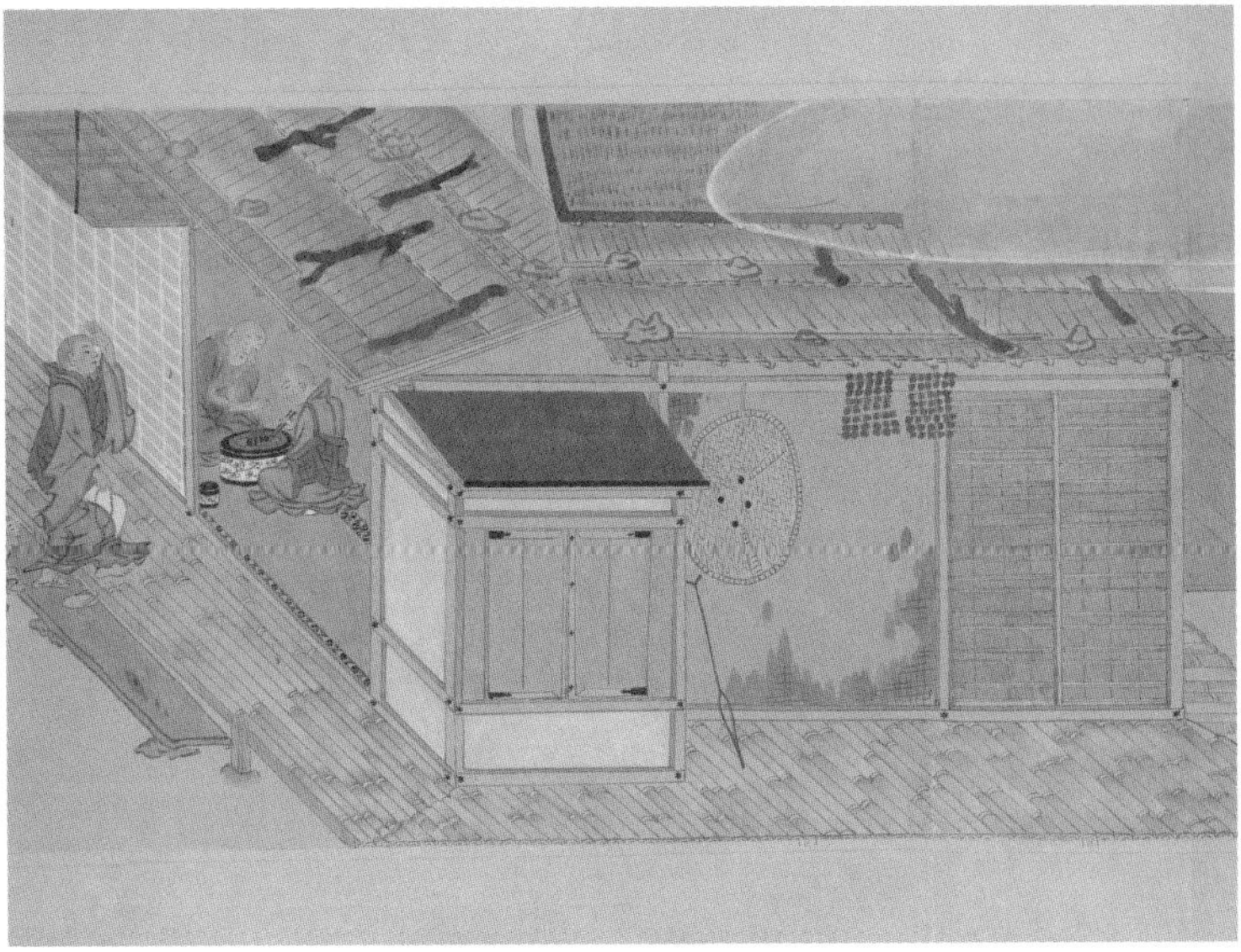

に土を入れて成形し、乾燥させる日干し煉瓦を積み重ねる日干し煉瓦造など、構法はさまざまだ。土は豊富に手に入りやすい材料であり、高度な技術や道具、動力がなくても施工できるからである。

しかし、左官という観点から見た場合、日本の土壁はなかでも特異な発達を遂げたといえる。木の枝や竹、ヨシなどを組み合わせた下地に土を塗るという、日本の小舞と同様の原理を用いた構法も世界中に見られるが、それらはたいてい素朴で粗く、凹凸があったりムラになっていたりするものだ。これに対して、日本の土壁は見事に平らで肌理《きめ》が揃っている。極限まで繊細さ、均質さを追求するのは左官だけではなく、和紙、漆などにも見られ、日本のものづくりの特性といってもよいのかもしれない。

もともと壁になるためにつくられたわけではない自然素材を用いて繊細に仕上げるためには、熟練の技術が必須となる。材料の調合の仕方、塗り方、そのタイミング、さらには時間を経ても柱と壁の間に隙間ができないような端部の処理、まわりを汚さないための道具の使い方など、左官職人の技術は細部にまでわたって完成されてきた。これが、一朝一夕で身につくものではないといわれる所以である。

前述のように、伝統的な小舞土壁はまず間渡し竹を、土台、柱などにあけた小さな穴に差し込んだり、貫に釘で打って固定し、そこに縄で小舞竹を編み付けて格子状にする。これを「小舞を掻く」という。東北、長野など、竹ではなくヨシを使う地域もある。

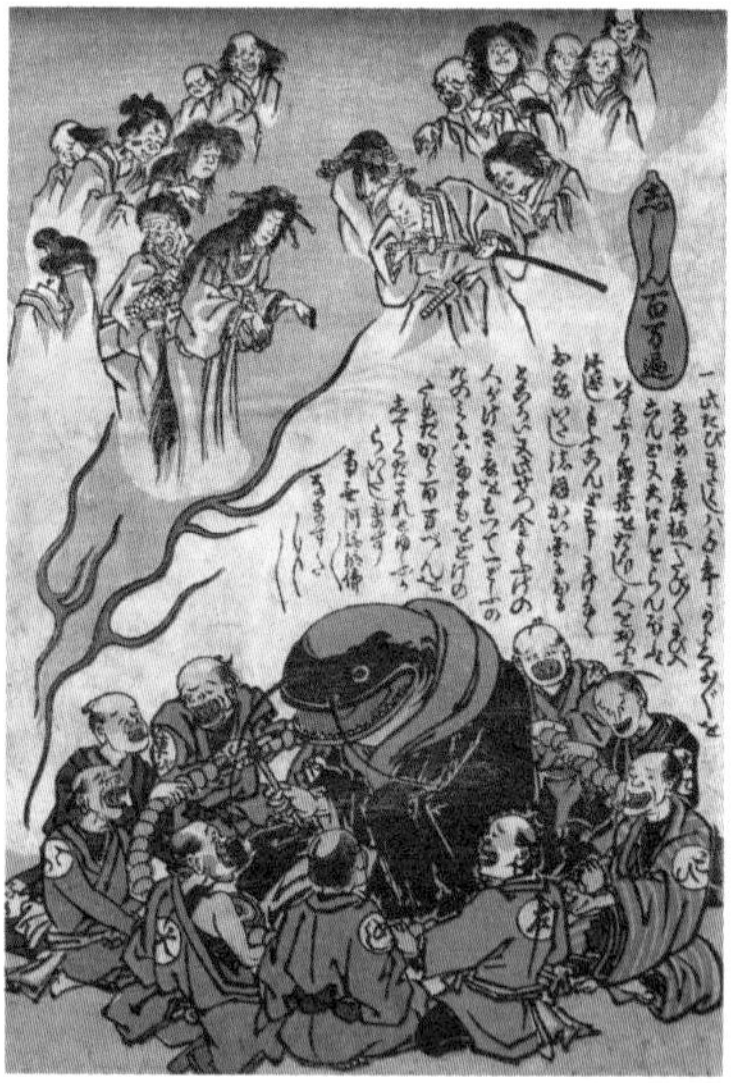

安政２年(1855年)，江戸を震央とする地震が起こった後に，「鯰絵」という版画が町民の間で流行する．地震の元凶とされる大鯰が題材になっているものが多く，そこには職人も登場する．大工，左官，鳶，瓦屋などが鯰に感謝しているのである．建物が壊れると，職人が儲かることを風刺していて興味深い(《じしん百万遍》 安政２(1855)年，国際日本文化研究センター蔵)

小舞に最初に塗るのは、粘土分を多く含む土に粗い藁スサを入れた「荒壁土」だ。かつては山土や田んぼや川の底土が用いられ、集落ごとに管理されていたという。これに藁スサを混ぜて足で踏んだり、鍬《くわ》を用いたりしてよくかき混ぜ、練り返しながら寝かせる。そうすると藁が溶けて発酵し、粘りが出る。色も変わり、独特のにおいを放つようになるが、水に強くなるといわれる。

荒壁の施工には、この荒壁土にまた新しい切り藁を入れて練る。それを小舞に、向こう側に顔を出すほどぎゅっと塗りつける。この作業は、かつては村人たちが総出で、結《ゆい》で行っていたという。左官職人は荒壁も鏝で塗るが、素人は手を使う。材料を練る、手で丸めて泥団子をつくる、手渡しで運ぶ、小舞にぶつけるという一連の作業は、大勢の人たちが協力しあえば行うことができた。それはどろんこになり、体力を使い果たしながらも、祭りのような楽しい作業だったに違いない。

荒壁を塗り終えたら、裏返しがしやすくなるよう、裏側にはみ出た土を平らに押さえておく。荒壁を外側から塗るか内側から塗るか、乾かしてから裏返しをするか、乾かさないうちに行うか、などは地域や左官職人によって異なる。裏返しとは、

箱木千年家(神戸市)．室町時代後半に建てられた，現存するなかでは日本でもっとも古い民家．厚い土壁に塗りくるめられている．もとは山田川流域の舌状台地にあったが，ダムの建設により現在の場所に移築復元された(重要文化財)

小舞の反対側から土を塗ることだ。小舞を土でサンドイッチし、一体にするのである。これを塗り終えたら乾かし、表面の細かな割れやひびを整える。

次の層が中塗りだ。原土をふるって乾燥させた土に、砂と短めの藁を加えた中塗り土などが使われる。鏝板に土を載せ、鏝ですくい、一定の厚みになるように壁に塗りつけていく。これは素人には真似のできない技術である。壁は平らになり、このままで十分に美しい壁となる。原則として下塗りには強くねばい材料、上塗りにいくほど弱く、より細かで表情が出る材料を使う。

左官仕上げの種類

仕上げの種類の多さも、日本の左官の特徴だろう。施主の好みや建築家の意向に従って、色土や漆喰、砂などで上塗りがなされる。中塗りで既に平滑な壁はできているから、この層自体は薄い。薄いといっても一層とは限らない。一度塗って、乾かないうちに塗る、おさえる、磨くなど、目的に合わせてタイミングをはかりながら仕上げていく。その水引きには中塗りの状態も関係している。湿度の高い日本では、乾燥した地域に比べて土が乾くのが遅く、それが多様な仕上げの発展にもつながった。

まずは、色土から見ていこう。昔から知られる色土には、茶褐色の聚楽《じゅらく》土、黄色系の稲荷山黄土、赤系の大阪土、黒っぽい九条土などがある。

聚楽土は京都の二条城の北側、秀吉が営んだ聚楽第の跡地あたりで採れる土だ。色もさることながら、粘りがあり、水持ちがよく、堅牢なことから昔から最上品として知られ、数寄屋造りの内外などに塗られてきた。原土は乾燥させ、杵《きね》で搗《つ》き、ふるい、細かで滑らかなパウダー状にして使われる。壁になった後に錆が出る土もあり、さらに珍重される。

　この土に砂とみじんスサを入れて塗ったのが聚楽壁だが、現在、この名称は聚楽土に限らず、細やかに塗られた土壁仕上げの意味でも使われている。この肌を真似た既調合の製品をじゅらく壁と呼ぶ建築家や工務店も多い。

　この聚楽壁ひとつをとっても話が尽きないところに左官の奥深さが現れる。現代左官の中興の祖といえる淡路島出身の左官、久住章《くすみあきら》は、「世界の土壁の中で、もっとも繊細にして緻密、かつ表現豊かな聚楽壁」には、「日本人の美意識と品性が映されており、その精神文化が体現されているといえる」と書いている(『土と左官の本4』「コンフォルト」二〇〇八年一二月別冊・建築資料研究社)。

　聚楽壁の仕上げには、「水捏《みずご》ね」「切り返し」「糊土」などがある。「水捏ね」とは、粘土と砂とみじんスサのみで、糊を使わない方法だ。丹後ちりめんに見立てた「ちりめん肌」と呼ばれる繊細な表情を持ち、各工程に綿密さと高度な技術が必要だ。明治末期までの京壁をある意味で完成された壁とし、その追求に生涯をかけた京都の左官、奥田信雄はこの水捏ねにこだわった。糊を使わない水捏ねは、「二〇年、四〇年、六〇年、八〇年、一〇〇年と、時代ごとにそれぞれの表情が出てくる。それがほんとの味わいですわ。そのためには壁が丈夫でなかったらあかん。聚楽土が本来持ってる強さを生かしてやらな、もったいない」と語っている(同前)。

　「切り返し」は、水捏ねよりも粘土や砂が粗く、みじんスサより大きなひだしスサを使う。水捏ねより少し粗い表情が出る。山田幸一は、京都の桂離宮の左官壁は、「パラリ」

と切り返しであると解説している（『壁』）。パラリとは漆喰の一種だが、平滑に仕上げるのではなくあえて粗粒あるいは斑を生じさせるものだ。切り返しに使われているのは、「後年、大阪土の名で喧伝される赤色系の土」とのこと。これらの要素から、桂離宮に込められた世界観を想像するのも興味深いだろう。

土壁に使われる材料．基本は，土，砂，藁スサ，水で，海藻を煮て濾した糊を加えることもある．それぞれの材料は工程や仕上げに応じて細かさを使い分ける．（右上から左下へ）中塗り土，本聚楽土，稲荷山黄土，城陽砂，荒スサ，藁スサ（小），みじんスサ，黒葉銀杏草

糊を加えるのが「糊土仕上げ」だ。水捏ねは水引きが早い、つまり早く乾燥してしまうが、糊を入れると水持ちがよくなる。これは塗りやすくなるばかりではない。「水捏ねの五倍以上の表現が可能になる」「表現者である職人によって無限に広げられるのである」と、久住は書いている(『土と左官の本4』)。スサや砂の種類や長さ、細かさ、それぞれの割合、などを掛け合わせれば、思い通りの壁がつくり出せるということだ。

表面にさざ波のような模様を出す「引《ひ》き摺《ず》り」、蛍が飛んでいるような斑点を味わう「蛍壁」「錆壁」と呼ばれる仕上げもある。施主と左官や大工の間で、土の表現が究極まで追求されてきたことが窺える。

これらの聚楽壁をはじめとする壁は「京壁」とも呼ばれる。昭和二(一九二七)年、東京生まれの左官、榎本新吉は、「大正から昭和にかけて京壁は最高の壁といわれて、料理屋、邸宅、数寄屋建築や茶室に塗られた」と語っていた。いい壁を塗りたい、京壁が塗れたら数寄屋もできる。若き日の榎本はその技術を身につけたいと念願していて、京都で修業した山崎一雄に教えてもらい、終生その恩を忘れなかった。京壁という言葉には特別な響きがあったことだろう。

色土が豊富な京都に対して、東京で発達した仕上げは漆喰だった。漆喰の基本の原料は、消石灰、海藻糊、麻スサである。消石灰は石灰石や貝殻を焼いて得られ、日本でも自給できる。もちろん石灰は、ギリシャ、イタリア、イエメン、モロッコ、中国など世界中で使われてきた。しかし、海外では石灰は砂を入れるなどして厚く塗られるのに対し、日本の伝統的な漆喰仕上げは、平滑な中塗りの上にごく薄く塗られる。石灰が貴重品だったためもあろうが、もともと日本では、正確で端正な仕上がりが好まれたのではなかろうか。

漆喰と色土を合わせたのが「大津壁」だ。土壁よりも強度があり、表面が滑らかである。おさえて仕上げるのは「並大津」だが、「大津磨き」は、先の水捏ね仕上げと並び、別格とされる難しい仕上げだ。材料のつくり方や鏝をあてるタイミングなど多くのコツが必要で、自分の顔が映るほどの美しい仕上がりは職人の誇りとなる。

色砂をふるい、ニカワ、ツノマタなどで練って塗りつけるのが砂壁で、座敷などの格の高い部屋で使われる。全国にはこのほかにもたくさんの左官の工法、仕上げがある。

厚い壁の土蔵と薄い壁の茶室

木造建築は火事に弱い。そこで発達したのが、壁を厚く土で塗り籠《こ》めた土蔵である。現代では想像しづらいが、土蔵は米、穀物、味噌などの食物、文書や掛け軸、屏風などの調度品、冠婚葬祭用の食器、着物、道具などを貯蔵したり、酒や醤油、味噌を製造するなど、暮らしに直結する、あるいは財産を守る大切な建造物であった。格式の高い座敷を有する座敷蔵もある。敷地内にいくつも土蔵が立つ裕福な家もあった。

商店と住居を兼ねた見世蔵《みせぐら》は目に付きやすいが、母屋の中から出入りする「内蔵」や敷地の奥にある蔵もある。たとえば輪島では、蔵の中はほこりが立ちづらいため、漆職人の

作業場や漆器の保管場所に内蔵が使われてきた。これらの多くは細長い敷地の奥にあり、通りからは見えない。秋田県横手市増田町には、見事な黒漆喰磨きと漆塗りが調和した内蔵を持つ家が軒を並べる区域がある。これも雪から守るために「鞘《さや》」と呼ばれる建物ですっぽり覆われ、家の中に入らないと蔵の外観は見られない。

山形には、蔵の中全体が仏壇になったような「仏蔵」もある。日常の暮らしや利便性とは無縁の次元で想像を絶する手間をかけてつくられたこれらの土蔵を目にすると、先人たちが現世にとどまらない時間の感覚を持っていたことが感じられる。全国の土蔵を実測し、記録している建築家の渡邉義孝は、土蔵は家のステータスを示す象徴であり、かつ「その家にとって最も秘められた場所」と指摘している(『コンフォルト』二〇一六年六月号)。

土蔵も構造の基本は木造で、小舞土壁であることは住宅と同様だが、外部に柱が露出しない大壁となる。そのほかのつくり方も住宅と大きく異なる。一般的に壁の厚さは二〇—三〇センチメートル。これだけの厚さにするために、丸竹で小舞を掻き、土が何層にも塗られる。土の層の間には、下げ縄、樽巻というように、縦に横に縄が塗り込まれる。火災時に火が入り込まないよう、扉(戸前)の召し合わせ部分は階段状になり、密閉できる仕組みだ。この段々の扉自体が竹と縄と土と漆喰を主体としていることには驚かされる。合板などの面材は使われていないのだ。

外壁の仕上げは漆喰が多く、一部または全面の壁に平瓦を貼り付け、目地を漆喰で盛り上げるなまこ壁もよく見られる。妻面や扉や持ち送りなどには、火災を防ぐ願いを込めた「水」や「龍」といった文字、家紋、屋号、波、七福神、鶴や亀、兎、桃といった漆喰装飾や鏝絵《こてえ》が描かれていることもある。黒漆喰磨きの角の面だけを白く塗り残し、何本もの

埼玉県桶川市で小舞土壁を改修中の住宅．竹で小舞を掻いたところ．設計施工ははすみ工務店．左官は白石博一

線の美しさを強調した東北の土蔵、カラフルでユーモラスな絵を描いた九州の土蔵など、地域性が見て取れるのも興味深い。戸前の掛け子や装飾的な要素には、家の誇りや威信、願いや祈り、それを任された職人の意地や気骨も感じられる。

滋賀県出身の左官、小林隆男は土蔵修復の折、扉の片隅に職人の名前が書いてあるのを見つけた。いたずらとは思えず、「見どころのある若い左官がいたので、主人が育ててやろうと思って名前を書いておけって言ったのではないか」と想像する。こんなふうに修復時、職人たちは過去の職人と会話し、多くを学ぶ。その連鎖が、技術を進化させてきたのだろう。

土蔵の内部は常にひんやりと保たれ、窓の少ないその内部は暗く、厚い壁によって外部から隔絶される。お年寄りからは、「子どもの頃、お仕置きとして閉じ込められた」という話も聞く。土で覆われた蔵は、異世界でもあった。

いかに厚く頑丈な壁をつくるかを追求した土蔵に対し、薄い壁を極めたのが茶室である。使う柱が細いので、壁もそれに合わせて薄く、四―五センチメートルとなる。薄いからといって工程を省くわけではない。むしろ手間をかけるのであり、このあたりも日本独特の感性のようである。

書院造ではヒノキの柾目《まさめ》の角柱が使われるが、茶室など数寄屋造では、雑木、皮付丸太、錆丸太など、自然の木の味わいが好まれる。それらは元と末で径が違い、曲がっていたり節の跡があったりもする。それをどの程度までやわらかく見せるのか、野趣を求めるのかなど、主人によってその意図は異なる。それを受けた大工の仕事ぶりに応じて、左官は柱がきれいに見えるようにおさまりを考え、壁の材料の配合や塗り方を考えるのである。

長スサが浮き出た大徳寺玉林院蓑庵《さあん》の壁の再現に尽力した奥田信雄は、よく言われるようにその表情は偶然の結果ではなく、当時の主人や左官が明確に意図したものであると語っていた。土蔵や茶室を仔細に見て行くと、先人たちの思考の深さ、思いの強さを感じることができる。

左官の現在

戦後、日本の左官の仕事は、セメントを扱う比重が増していく。建築の高層化は住宅にも及び、日本の建物から土はだんだん遠くなっていった。さらに高度経済成長期以降に普及した石膏ボードと石膏プラスターの出現が小舞土壁の衰退に追い打ちをかける。

石膏ボードを下地に石膏プラスターを下塗りすれば、すぐに上塗りができてしまう。住宅需要が高まるなか、乾かすのに時間がかかる小舞下地の土壁は敬遠され、ボードに替えられていったのである。土のかまどが据えられた土間の台所は、板間のキッチンとなり、さらにフローリングのシステムキッチンになっていく。土壁も土間も、暗く古臭く、前時代的と見なされた。薄暗く寒く不衛生で、機能的でないという問題もあった。

もっとも、高度経済成長期にも左官業界は隆盛していた。コンクリートの精度が粗かった当時、補修する左官は欠かせない存在で、ビルなどの現場でセメントを塗る野丁場《のちょうば》の左官が増えていった。役場でも学校でも工場でも、床も壁も天井も階段も、仕上げるのは左官だった。住宅の外壁にはセメントモルタルが塗られた。左官が自分で調合しなくても材料が簡便につくれるように、メーカーが既調合の左官材、繊維壁材や聚楽壁風の壁材などを開発し、流行した。その頃まではなお、壁は左官がつくるという意識が日本人には強かっただろう。

一九八〇年代になると、ビニルクロスの品質が向上、既調合の左官壁までも置き換えられていった。経年によりボロボロと落ちる繊維壁は、左官の評判を落とすことになった。ビニルクロスはデザインが豊富で洋風の雰囲気になり、施工に時間がかからず、熟練の技術も必要なく、圧倒的に安価で済む。土壁のように見える無機質壁紙やビニルクロス、塗料も登場する。ポリ合板やメラミン板がなかった時代は、平滑で比較的水に強い大津壁や漆喰が重宝されたが、もはやその必要もなくなっていた。土間も不要とされ、小さな玄関だけになっていく。日本の住宅や店舗、オフィスの壁や天井では、ビニルクロスが圧倒的なシェアを占めるようになり、現在まで続いている。

とくに東北や関東では、土壁はいち早く姿を消していった。現在、土壁の家が比較的多く施工されているのは、香川、愛知など材料を供給するための生産体制と職人が残っている地域である。また、伝統構法を意識して残す、好む施主、建築家、職人によって、土壁は受け継がれている。

一方で左官の壁は、商業施設や公共建築などで特別な存在として扱われるようになった。その端緒となったのが先述の久住章である。数寄屋、漆喰彫刻、土蔵などの名工のもとを訪れてさまざまな技術を身につけた久住は、一九八〇年代後半から梵寿綱《ぼんじゅこう》、長谷川逸子、象設計集団などの建築家と組んで、斬新な壁を生み出した。左官が建築の個性づくりに大きく寄与したのである。INAX XSITEHILL（一九九五年）、青森県立美術館（二〇〇六年）など、土を大胆に使った仕事も多く手がけ、左官を知らぬ世代にも大きくアピールした。

環境問題が注目されるようになった近年では、土を使う左官は自然の感性や職人技術の象徴として使われるようになる。小舞に使われる竹は数年で育ち、稲藁は毎年採ることができ、壁土は落として再利用することも可能で、伝統的な土壁はサステナブルの見本のような存在でもある。若い施主や職人は、土壁を環境共生型の技術、新しい仕上げとして捉えているようだ。自然素材による工法を推進する海外の建築関係者と日本の左官が交流することにより、その独自性が改めて認識されるようにもなってきた。土を塗りつつ平らな仕上げとなるため、モダンな空間にも似合うとして、日本の技術が注目されている。

女性の左官職人も活躍するようになり、自分で土壁を塗りたいという需要も高まってきた。文化財建造物を商業施設に活用しようという動きも活発化しており、そこでは土壁が修復されることも多い。ホテルやレストラン、マンションのロビーなどで、土壁がアートとして象徴的に扱われることも増えて来た。

左官職人たちは、土壁は深くてたいへんだが、おもしろい、と口を揃える。材料の調え方、段取りの組み立て方、道具の使いこなし方など、追求すればするほどキリがない。土を塗ることそのものも、理屈抜きに楽しく気持ちがいいらしい。実際、土塗りの現場は見ていて飽きず、気持ちよさが伝わってくる。そうしてできあがった空間は、当然のことながら居心地がよい。

色土は採れる量や色のよいものが減ったり、土や藁スサを扱う業者が廃業したりといった問題も抱えつつ、土壁はまだ柔軟に考える余地がある。日本人はずっと木と土の家に住んできた。ふたたび土を生活空間に持ち込むことは、これからの豊かさにつながると思う。

工業用セラミック分野での主な進歩

アンヌ・ルリッシュ

オー＝ド＝フランス工科大学(ヴァランシエンヌ)教授

Anne Leriche

セラミック、は知られている限り最も古い素材に分類される一方、その研究開発は最も新しいという特徴をもっている。実際、これまでに発見されている最古のセラミックは二万八〇〇〇年近く前のものであるのに対して、その用途は第二次世界大戦まで、耐火材と電気絶縁体を除けば、ほぼ家庭用のままであった。当時は戦略的に重要な金属(ニッケル、クロム、モリブデンなど)を、より希少性の低い地下資源で代用するための研究が集中して進められた。たしかにケイ素とアルミニウムはセラミックの金属成分としては最もありふれたものだが、地殻に最も多く含まれる物質でもあり、酸素と結びついて地殻重量の七〇パーセント近くを構成するということは知っておかねばならない。この研究はまず、セラミックと金属を混ぜ合わせた複合素材サーメットの開発で成果を上げた。それは主にコバルトで結合した炭化タングステンである。次に初のアルミナ(酸化アルミニウム)製切断工具の開発に成功した。並行して、セラミックの電気・電子分野への応用事例も増えていった。絶縁体(電気機器用セラミックとアルミナ)以外の機能も次第に果たすようになり、例えばスピネル型結晶構造をもつフェライトの磁石機能、ペロブスカイト構造(1)をもつ酸化チタンの強誘電体機能および圧電効果が挙げられる。

一九七〇年代の石油ショックと一九八〇年代に始まったエコロジー運動の盛り上がりにより、先進主要国の指導者らは省エネルギーと公害対策を意識し始めた。その結果、セラミック生産に関しては、断熱ディーゼルエンジン(2)や陸上用タービンエンジンなどの「セラミック化された」エンジンの開発を目指す大型補助事業が立ち上げられた。事実、セラミックには金属で想定できる温度より高温で機能する能力がある。現在、全部品がセラミック製の完全な断熱エンジンは実現不可能で、サイエンスフィクションの域を出ないと考えられがちだが、一九七〇年代末に行われた各種の研究と一九八三年から一九八八年にかけての「セラミックス・フィーバー」が、新セラミックの特性（硬度、高い融点、耐食性など）を利用した熱機械への応用の裾野を大きく広げるのに貢献した。

工業用セラミックは主に酸化物、窒化物、炭化物、ホウ化物の粉末を原料に、その特性を自在に利用しながら、非常に高度な成形と硬化の技術を使って作られる。過去約五〇年間の工業用セラミックの発展は、以下に挙げる二つの革新が同時に起こった結果である。

- 化学産業の進歩により、良質の合成原材料を潤沢に生産できるようになった一方で、天然鉱物資源の精製も可能となった。
- 全ての応用分野で、ますます高性能の資材への需要が恒久的に高まった。

応用分野別進歩

生物医学に応用するセラミック

セラミックの最初の臨床適用は一八世紀末、磁器製歯冠による歯の修復分野にまでさかのぼる。そして一九世紀末には、整形外科分野で石膏が骨の補塡材として使われた。工業用セラミックは一九二〇年、リン酸カルシウム[3]製の吸収可能な骨置換材として利用され始め、次いで一九六五年、アルミナ（酸化アルミニウム）のようにいっそう耐久性に優れ、化学的に不活性なセラミックが整形外科、特に人工股関節に使用される。現在、これらのセラミックは義歯や人工関節、それに骨補塡材としても広く使われている。

［義　歯］

セラミック・金属製義歯は、金属製土台とその上に据え付けられた磁器製の被覆冠によって構成されている。この組み合わせは、金属製土台の力学的強度とセラミックの美しい外観を一つの歯冠にまとめることを可能にする。こうすれば、自然な見た目、抜群の耐摩耗性、良好な耐破壊・耐食機能を達成できる。この種の歯冠はいまでも恒久的な義歯と見なされている。

このセラミックと金属を使用した義歯は、見た目の美しさが完璧といえない（特に金属の土台が透明さに欠ける）だけではない。最大の欠点は金属と磁器の熱膨張率が異なることであり、その結果、残留応力が部分的な層間剝離[4]あるいはセラミック製被覆冠の破損を引き起こす可能性がある。最も興味を引く進化は、総セラミック製の歯冠である。その美しさはほぼ完璧で、力学的強度も向上し、熱伝導性が低く、抜群の生体適合性を示す（大部分の金属ではこうは行かない）。磁器を主成分とした義歯の改良のために数多くの努力がなされたが、この素材は割れやすく、使用には限界がある。そこで今日では、大部分の歯冠はアルミナ（酸化アルミニウム）かジルコニア（酸化ジルコニウム）で構成されており、その力学的強度と靭性はかなり向上している。

セラミックの歯科分野への応用例のもう一つはインプラントで、歯根の代わりに顎の骨の中に埋め込まれる。三ヶ月から六ヶ月後には骨と結合し、強度のある支持体となる。この用途に使われるセラミック素材はジルコニアであり、通常、酸化イットリウムを加えて安定化されている。これは生体不活性で白く、また吸収されることのない素材であり、二

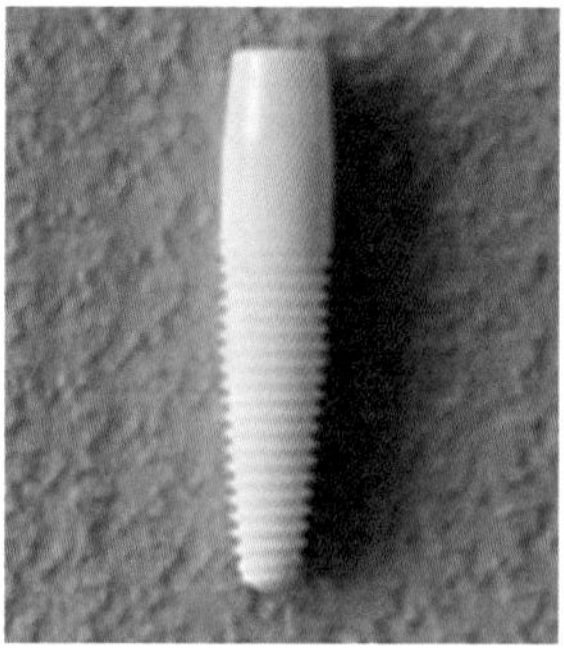

図1　イットリア安定化ジルコニア製インプラント

五〇度以下では他のセラミックよりも優れた力学特性を示す(図1)。

［人工関節］

現代の人工股関節はカップと大腿骨頭で構成されるが、いずれもセラミック製(主成分はアルミナ、安定化ジルコニアあるいはアルミナとジルコニアの化合物)で、後者がチタンでできた金属製の軸に固定されている(図2)。非常に硬質で、しかも摩擦係数が極めて低いセラミックを金属あるいはポリマーの代わりに可動部に使うと、人工関節の寿命を大きく伸ばせる。アルミナに比べてジルコニアは、人工関節に生じた亀裂が広がりにくいという利点があるはずだ。ところが、ジルコニアは大変有望な素材であるにもかかわらず、水分子の存在で不安定化したことによる破壊が相次ぎ、アルミナ・ジルコニア複合材料に取って代わられてしまった。後者の靱性は、ジルコニア粒子をアルミナ基の中に圧入することで強化される。現在進行中の研究開発は、アルミナやジルコニア以外の素材の使用を対象としている。例えば窒化ケイ素や炭化ケイ素も同様に良好な力学特性を示す。また、アルミナあるいはアルミナ・ジルコニア製の部品を人工膝関節、椎間板インサートといった他の装置に組み入れる研究も進められている。

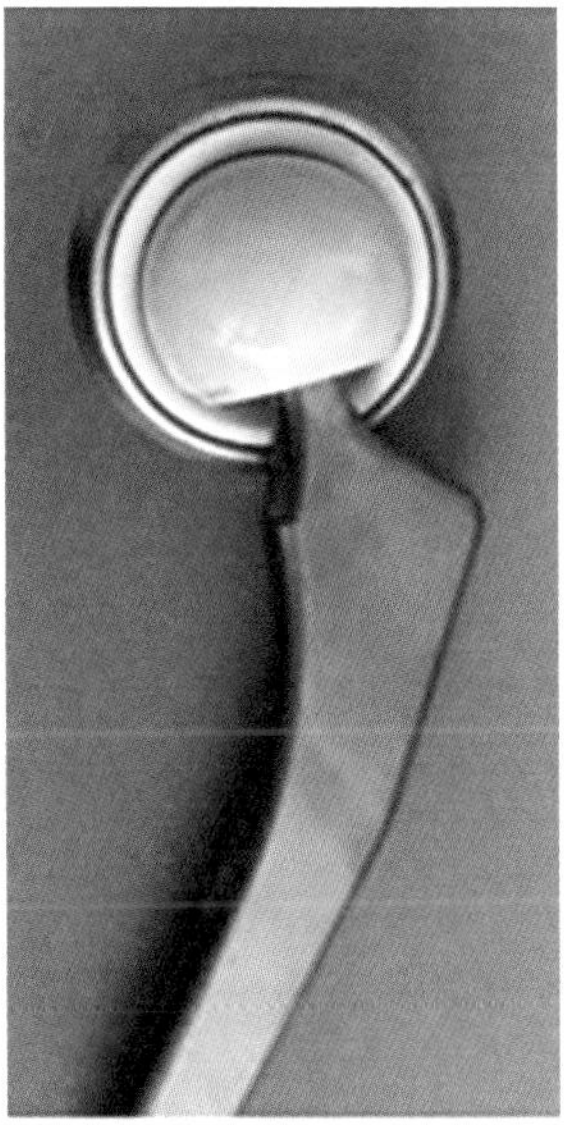

図2　チタン製軸の上に取り付けたセラミック製寛骨臼と，セラミック製カップとで構成される人工大腿骨

［骨置換材］

バイオセラミックのもうひとつの応用例は、外傷、腫瘍摘出、退化による骨の不足の一時的補填である。この補填材は骨の再建に必要なミネラル分を供給し、移植後数週間で完全に、あるいは部分的に消滅しなければならない。リン酸カルシウムを主成分とする合成骨置換材の使用は着実に増えている。なぜなら自家移植（患者自身の腸骨稜から採取した骨の一部で補填すること）と比べて侵襲性がより低い外科手術になるという利点があり、しかもこの置換材は大量に手に入るからである。置換材は粉粒体、あるいは連通多孔体を呈しており、これに生細胞がうまく定着し、血管が新生するよう、サイズ、形状を調整すればよい。置換材はハイドロキシアパタイト［HAP, $Ca_{10}(PO_4)_6(OH)_2$ (Ca/P比 = 1.67)］やβ-リン酸三カルシウム［β-TCP, $Ca_3(PO_4)_2$ (Ca/P比 = 1.5)］の市販の粉末、あるいはこれら二相の混合物を原料に製造される。これらのセラミックピースの成形は、さまざまな多孔質化技術を駆使して行う。例えば、有機発泡体にセラミック粉末の水系懸濁液を浸透させたり、ポリマービーズで作った構造体にセラミック懸濁液を浸透させたり、有機質粒子をセラミック懸濁液に加えたり、あるいはセラミック水系懸濁液を一方向凍結させたり、さらに最近ではセラミックレジンの3Dプリンティングのように積層造形の製造技術も使われている（図3、4）。

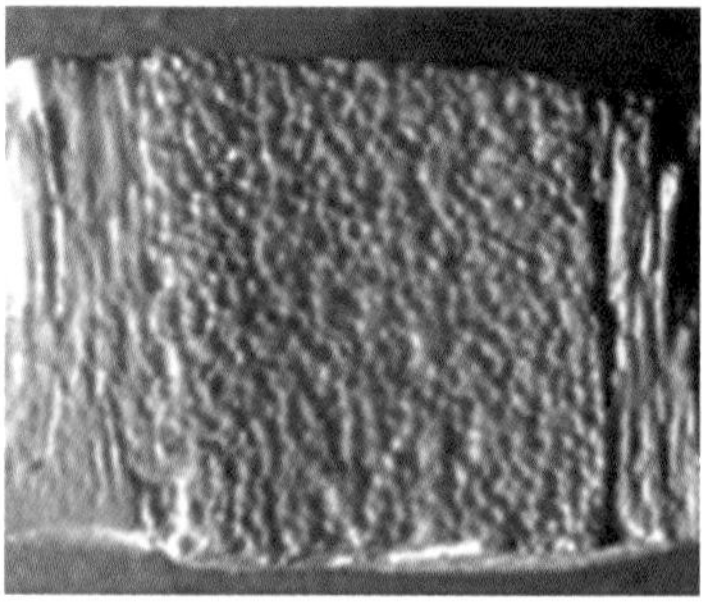

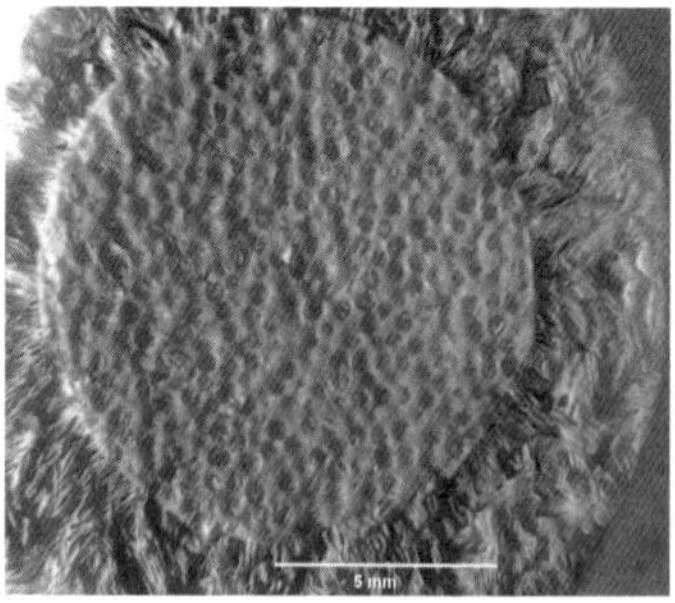

環境に寄与するセラミック

環境の保護は至上の命題となり、セラミックはその化学不活性から、特に推奨されている素材である。例えば汚染感知器、汚染除去剤、さらにはクリーンエネルギー生産のために開発された装置の部品などに最適である。環境分野での応用例のいくつかを以下に詳しく紹介する。

[電気化学感知器]

電気化学感知器の中で、セラミック素材は固体電解質[5]の役割を演じ、金属製の電極間を移動するイオンがここを横断している。これらの電極は電気化学反応の場であり、その大きさは電気的性質の測定(電位差、電流、容量など)によって評価できる。酸化/還元カップルで機能する酸素検知器を例にとってみよう。セラミック製酸化物電解質の表面に酸素濃度の変化が起こると、セラミックを通じて負イオンO^{2-}がもう一方の表面に向かって放たれ、電場Eを誘導する。発生した起電力(ΔE)の測定といずれか一方の電極部分の酸素分圧を知ることで、そこからもう一方の電極の酸素分圧も推定することができる。検知するガス(O_2, NO_x, NH_3など)の性質とそれらのイオン伝導率(10^{-6} Ω·cm超でなければならない)に応じて、さまざまなタイプのセラミックが固体電解質として使用できる。最もよく使われるのが、AgI, Na_2CO_3, NASICON ($Na_3Zr_2Si_2PO_{12}$), β-アルミナ、イットリア安定化ジルコニア(Y_2O_3を8 mol%添加されたZrO_2)

右 図3 中心部の海綿骨の構造を模したβ-TCP製骨置換材(ポリマービーズ構造体浸透技術)とその周辺部の緻密骨(一方向凍結技術)

左 図4 3Dプリンティングで製作したβ-TCP製骨置換材(オーストリア,ウィーンのLithoz社許可の下,写真掲載)

である。この最後に挙げた素材は、三元触媒を備えたガソリン自動車エンジン内に設置の「ラムダ・センサー」と呼ばれる酸素センサーの中で能動的機能を担っている(図5)。この酸素センサーの役割は、空気と燃料の化学量論的組成[6](λ)が1に最も近くなるよう調節することで、これにより、窒素酸化物を窒素と酸素に還元する一方で、炭化水素と一酸化炭素を酸化させるという触媒の機能が最適化されるのである(図6)。

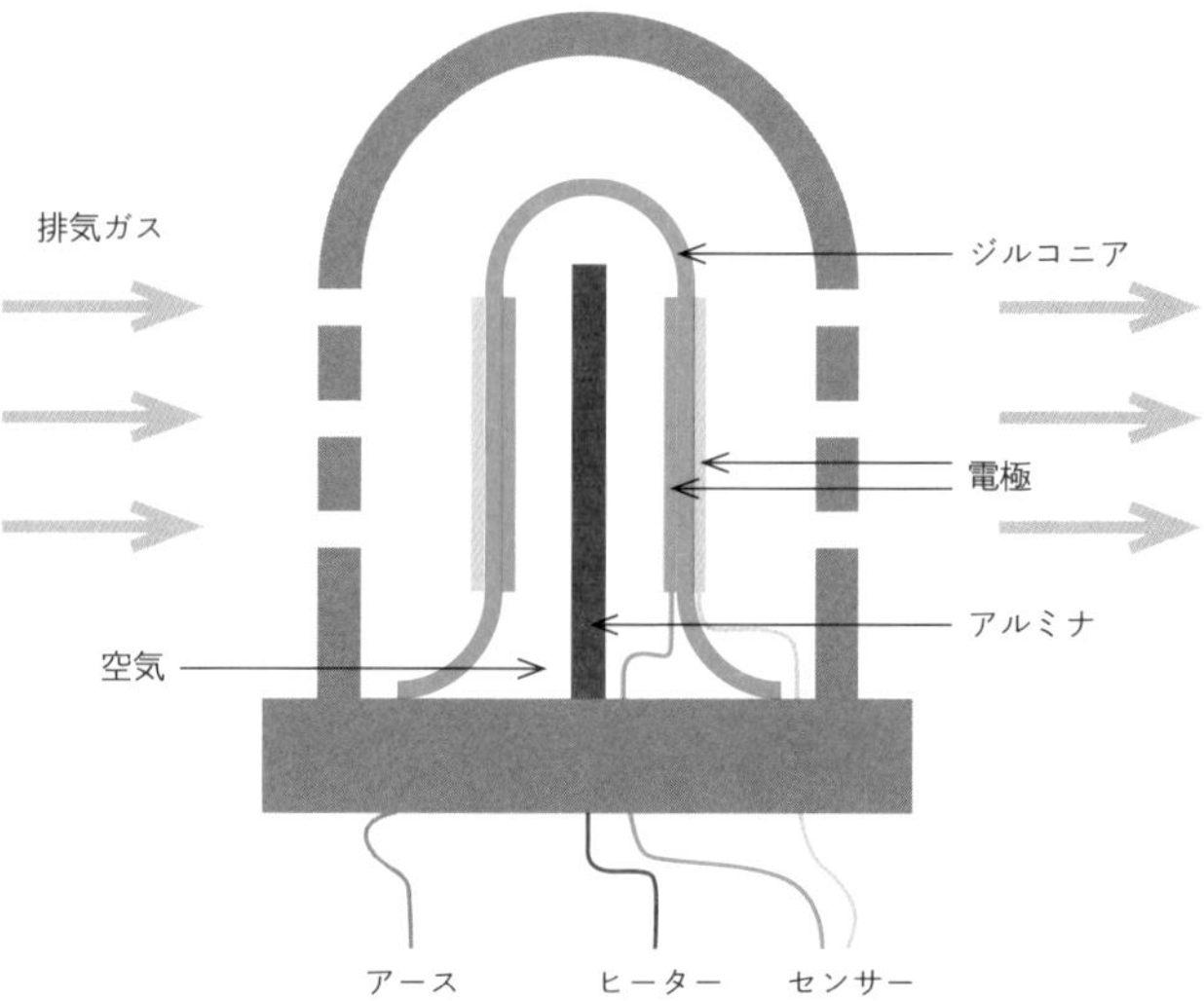

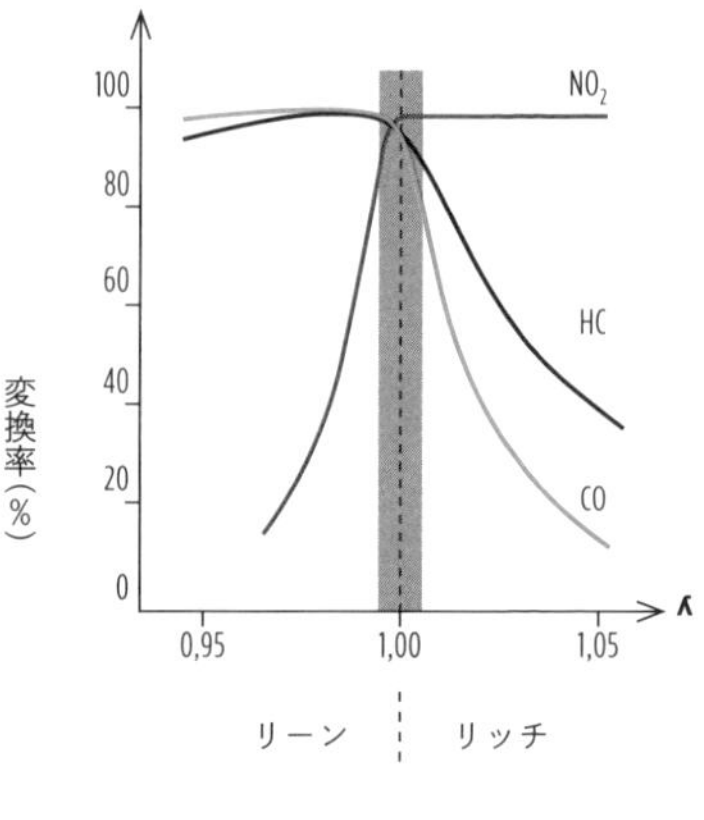

上 図5　ラムダ・センサー機能図

下 図6　ガソリンエンジン稼働中の主な汚染ガスの変換率(%)(CO から CO_2 へ，N_2 から NO_X への変換，炭化水素の酸化)，グレーで示した域はラムダ・センサーの調整ゾーン．(横座標は燃料量／空気量比．空気／燃料比＝14.7 のとき，λ＝1) リーンとは空気が過多になっている配合のことをいう

［ガス分離膜］

セラミック膜は、産業分野では高温または侵食性の環境で流体を分離するために使われる。特にエネルギー生産過程において一平方センチあたりの流量を五―一〇ミリリットルまで増やすために、この膜はますます薄くなる傾向にあり、二〇〇マイクロメートルだったものが二マイクロメートルまでになることもある。したがってセラミック膜は薄膜塗布技術によって製造されるが、これには湿潤法（シルクスクリーン）、乾燥法（物理蒸着技術、つまり Physical Vapor Deposition（PVD）、あるいは化学蒸着技術、つまり Chemical Vapor Deposition（CVD））、ゾル・ゲル法がある。これらの極薄の膜が力学的にまとまっていられるよう、多くの場合、膜と同じ性質の多孔質セラミックを使う。

酸素分離膜は、通常ペロブスカイト構造（ABO_3）の酸化物（例えば$Sr_{0.8}La_{0.2}Fe_{0.2}Co_{0.8}O_{3-\delta}$）を原料に作られ、燃焼過程で空気と引き換えに酸素を供給する空気分離装置（ASU）の中に組み込まれている。この装置は窒素酸化物の排出を抑制し、二酸化炭素の回収を容易にする。この種の膜はまた、合成ガス（H_2+CO）製造のための触媒リアクターの中に組み込まれることもある。

水素分離膜の主な使途は、天然ガス改質の過程における純粋な水素の抽出、および火力発電における炭化水素（木炭あるいはバイオマス）の気化である。しかしながら石油化学製品と芳香族化合物の製造分野での可能性は、まだ研究途上にある。

［燃料電池］

セラミック膜を使った燃料電池は、固体電解質の種類によって二つに分かれる。一つ目がＳＯＦＣ（solid oxide fuel cell 固体酸化物型燃料電池）、二つ目がＰＣＦＣ（protonic ceramic fuel cell プロトン伝導性セラミック燃料電池）である。前者は酸素イオンO^{2-}の移動と高温（六五〇度以上）での機能を特徴とする。後者は四〇〇度から六〇〇度で水素プロトン（H^{+}）の移動により機能する。これらの燃料電池の原理は、一方の電極（陰極）[7]上で酸素の還元、もう一方の電極（陽極）[8]上で水素の酸化反応が起こり、これに続いてクリーンなエネルギーが供給され、熱と水分子の発散を引き起こすというものである。セラミック素材の用途は電解質に留まらず、電極にも及ぶ。前者の例はイットリア安定化ジルコニア、後者の例は陰極に$La_{1-x}Sr_xMnO_3$、陽極に$Ni-ZrO_2$のようなセラミック金属化合物あるいは$La_{1-x}Sr_xTiO_{3+\delta}$型のセラミックがある。現在産業や交通の分野で使われている燃料電池は近い将来、われわれの住まいの戸別暖房システムのボイラーに取って代わる可能性がある。

［センサー＝アクチュエーター］

素材によっては力学的ストレスが与えられたときに電荷を発する能力を備えたものと、逆に電場が印加されたときに変形するものがある。この特性は圧電効果と呼ばれるが、一八八〇年に単結晶上でジャックとピエール・キュリー兄弟が発見したもので、結晶内の原子配列（中心で左右非対称でなければならない）と関係している。この圧電挙動の効果はいくつかの素材において観察されるが、特に次のようなものを主成分とするセラミックに顕著である。すなわちチタン酸バリウム、あるいは結晶学上無極性を示すよう十分低い温度（場合に応じ一三〇―三五〇度以下）で固溶体にしたチタン酸ジルコン酸鉛（ＰＺＴ、化学式は$PbZr_xTi_{1-x}O_3$）とニオブ酸鉛（$PbNb_2O_6$）である。無鉛圧電セラミックスは現在研究開発中であるが、鉛化合物を主成分とするセラミックの性能に達していない。圧電セラミックスは既に多くの装置内に組み込まれており、その応用分野は以下の例に示す通り、絶えず広がっている。

- マイクロフォン、スピーカー、ソナー、超音波発生・探知装置(例えばエコグラフィー用)、検圧機(特に車両タイヤ圧検査用)、体重計、電子ドラムのような音響トランスデューサー。
- ナノポジショニングや振動発生に使用するアクチュエーター(図7)など。
- 近年の研究開発はまた、振動エネルギー(歩行やダンスフロア、機械の振動などに由来するもの)の回収をも目指している。ポータブル電子機器や構造物安全診断センサーを充電するためである。

超高温セラミック

超高温セラミックの主な機能は、他の素材が有効でない条件(温度、腐食、摩耗など)の下で各種ストレスに耐えることである。セラミックは大型部品、あるいは他素材(金属または

図7　機械振動からのエネルギーを回収する螺旋型圧電センサー

ポリマーなど）の保護被覆材として使用される。以下に挙げるタイプのセラミックがこれらに該当する。

- 耐摩耗適用の酸化物（例えばアルミナ）、断熱適用の酸化物（例えばジルコニア）。それぞれ理由は高い硬度と特別に低い熱伝導性である。
- 炭化物、窒化物、ホウ化物（SiC, Si_3N_4, B_4C）。いずれも硬度と高温での抜群の力学的持続性を有する。

しかしながらセラミックは、その脆弱さゆえに応用分野は制限される。事実、金属は破壊前に塑性変形するのに対し、モノリシックセラミックは弾性領域内で、非常に低い変形率で壊れてしまう。したがってセラミックピースは、その弾性領域を超えるストレス下に置いてはならない。しかしその限界値は、場合によってはかなり上がり得る（高温下で圧力を掛けられた窒化ケイ素のセラミックピースのひずみ応力は、一〇〇〇メガパスカルを超えることもある）。そのいくつかの応用例を次の各段落で取り上げることとする。

［切断工具］

切断工具用素材は穴あけ、加工、切断を行うために使われる。そのため、これらの素材は非常に硬く、摩耗してはならない。力学的衝撃および熱衝撃に耐え、高温でも安定し、切断対象の素材及び周囲の流体に対して化学的に不活性でなくてはならない。従来からある工具はセラミックと金属の化合物（サーメット、あるいは超硬炭化物と呼ばれる）で、コバルトのマトリックス中に噴霧された炭化タングステン粒子でできている。このコバルトのマトリックスは、研磨力のある炭化タングステン粒子間の結合剤となる。これらの素材は高性能であるが、温度と硬度の面で限界がある。立方晶系の窒化ホウ素はダイヤモンドに次ぐ硬度をもち、高温では後者よりも高い安定性を示す。他のセラミックで硬度は劣るが、より廉価なものとしては、アルミナ単体か、これをジルコニア、炭化チタン、炭化ケイ素、窒化ケイ素といった、他のセラミックと化合させた素材もよく使われている。ずっと高温(一二〇〇度まで)でも普通に作業ができるからである。

[タービンブレード
あるいはベアリング]

窒化ケイ素(Si_3N_4, SiAlON)を主成分とするセラミックは、原子間が一つの共有電子対によって強く結合していることに加え、結晶相に取り囲まれた柱状粒子が絡み合うという特殊な微細構造が発達していることから、高い硬度(一八ギガパスカル以上)、良好な曲げ強度(六〇〇—一〇〇〇メガパスカル)、耐熱衝撃性($\Delta T = 700$℃)と破壊靱性(5-10 $MPam^{1/2}$)、および高温での良好な持続性(一四五〇度まで)によって、他に抜きん出

図8　SKF社(フランス，ヴァランシエンヌ近郊プルーヴィ)製航空機エンジン用窒化ケイ素ベアリング

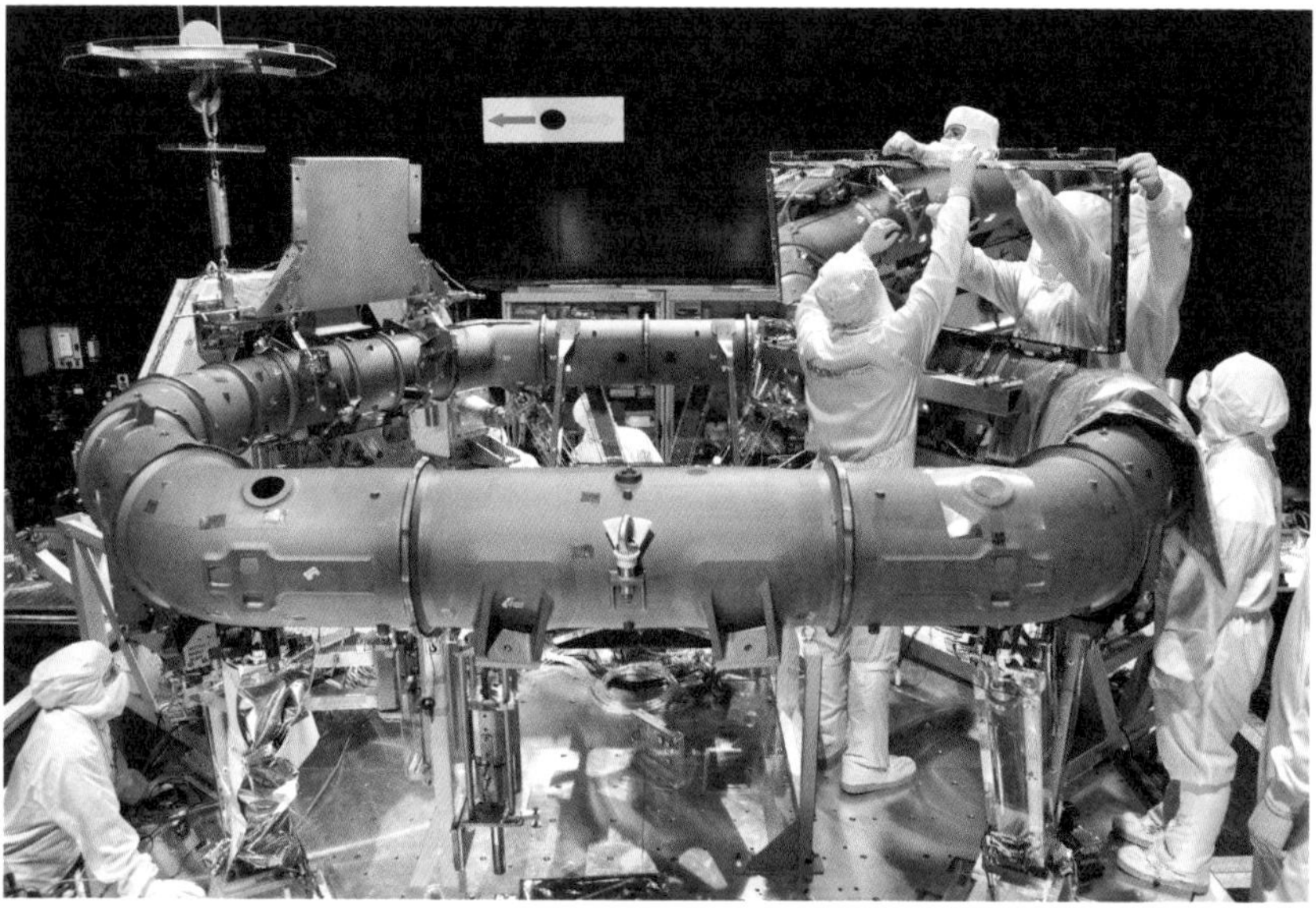

ている。したがってこの素材が、航空機エンジンのタービンブレードやベアリング(図8)のような、高温の腐食環境で稼働する機械部品に使われていても驚くにはあたらない。

[宇宙光学機器]

宇宙光学機器とは、惑星や流星を観測するために打ち上げられて軌道上を周回する宇宙望遠鏡(ハッブル、ハーシェル)をはじめ、低高度の軌道を周回する人工衛星(上空五〇〇—一〇〇〇キロメートル、自然災害を観測・管理するヘリオス、スポット)や静止軌道人工衛星(気象衛星)、そしてレーザーによる衛星間光通信にまで及ぶ。使用素材は高温下での高い安定性(これは熱伝導率と熱膨張係数との間の比

図9　天体位置測定衛星ガイアの組み込みの様子．鏡と構造部は炭化ケイ素製．Boostec® (出典：メルセン・ブーステック／エアバス・ディフェンス・アンド・スペース)

の高さに相当する)と、可能な限り高い特殊な硬度(弾性率と密度の比)を備えていなければならない。炭化ケイ素は完璧にこの二条件を満たす。なぜなら放射線の影響を受けず、極低温でも等方性媒質が維持されるどころか、かえって向上するという特質を有しているからである。フランス企業メルセン・ブーステックは、宇宙望遠鏡用の鏡の設計と製造における世界的リーダーである(図9)。

訳　阿部成樹

(1)　ABO_3(AとBは陽イオン)という一般的な化学式の酸化物の多くに共通する結晶構造。これらの酸化物は、AとBに何を選ぶかによって実に様々な特性を示す。例えば強弾性(例えば$SrTiO_3$)、強誘電性(例えば$BaTiO_3$)、反強誘電性(例えば$PbZrO_3$)、強磁性(例えば$YTiO_3$)、反強磁性($LaTiO_3$)など。

(2)　外的環境との間にいかなる熱伝導も起こらない(熱交換のない)装置のことをいう。

(3)　骨の主成分。

(4)　層状複合素材の層の重なり目がずれる特性。

(5)　液体あるいは固溶体の状態で、イオンの移動により電流の通過を可能にする物質あるいは化合物。

(6)　存在する複数の反応物の量の比率が化学方程式のそれと等しい状態のことを、化学量論的組成という。

(7)　陽イオンないしカチオンが(電場によって)向かわされる電極。

(8)　陰イオンないしアニオンが(電場によって)向かわされる電極。

日本典型

柴田敏雄

写真家

Toshio Shibata

Ⅱ　土とつくる

技術、欲望、分類、恐怖

——土と向き合う現代日本のアート

バート・ウィンザー＝タマキ
アート・視覚文化研究者

Bert Winther-Tamaki

地球上の生命が生き延びるためには肥沃な土が必須だ。だが汚染、採掘、都市化、侵食、海水面の上昇、そして戦争によって、肥沃土は恐ろしい勢いで減っている。土を使うアーティストたちが、このようなエコロジー上の切迫した問題に取り組む重要な役割を担っているとは思われていないだろう。だがアート作品の鑑賞者が土と向き合う機会は増えている。素材が土である作品に、土を表現した作品も加えれば、土に焦点を合わせた作品の数はさらに増える。人類が作り出し、集めてきたオブジェのほとんどは、土壌圏から取り出されたものを素材としている。足元の地面から得た素材を、凝った装飾やツヤのある表面で見えにくくしたものに比べれば、土の美を前面に打ち出す作品は、土壌に向けられる意識をはるかに先鋭化させる。日本の現代アートには、日本の環境と社会における土の問題を芸術的な側面から表現した作品が実に多様にそろっている。

英語の'dirt'とは違って、日本語の「土」が汚いものを指すことはあまりない。「土」という言葉は、まずは健全な大地を意味するが、その健全な大地が頻繁に汚染によって脅かされている。土のアートは幅広く、また明暗の両面を持っている。表現媒体や歴史的なジャンルを超えて、火で焼かれた土器から、放射能汚染された表土の写真、美術館のインスタレーションとして並べられた土まで、すべて土のアートに含まれる。そうした作品へのエコクリティシズムのアプローチとして、アートと土の関わりを次の四つの面から見ていこう。(一)土を素材とする技術、(二)肥沃な土に触れる欲望、(三)多様な土の分類、(四)土が突きつける生命への恐怖。これら四つは一つの作品の中で絡まり合っていることが多いのだが、一つずつ代表的な例をあげながら、一九六〇年代から二〇一〇年代まで時代順に見ていく。技術、欲望、分類、恐怖とは言うものの、土は必ずしも常に人間の営為を受動的に受けるばかりではない。むしろ、素材としての土が持つ頑なさや潜在能力が、しばしば人間の意図に反して作品の性格を決定づける。

技術

土を使う伝統的な技術としては、まず「火と土」とも呼ばれる陶芸が挙げられる。陶芸家になるには、多くの場合、生涯をかけて、粘土を火で焼いて得られる微妙な美的効果を追い求めなければならない。京都を拠点として一九四八年から一九九八年まで活動した陶芸家グループ走泥社《そうでいしゃ》は、「土の味」という陶芸の新たな視点をきわめて創造的に生み出した。八木一夫ら発足メンバーは、一二―一三世紀の宋代の鈞窯《きんよう》の陶芸様式である、ミミズが泥を這った跡という意味の「蚯蚓走泥紋《きゅういんそうでいもん》」から走泥社というグループ名を取った。八木はシュルレアリスムのオブジェなど欧米の先例の影響を受け、伝統的な陶芸の素材や技術と新しいフォルムを融合させた「オブジェ焼き」という新たなジャンルを作った。その一例である一九五九年の作品《雲の記憶》(図1)は、滋賀県の信楽の土を使いながら、茶碗や土鍋のような器としての機能は持っていない。官能的な人体を思わせる胴部から四つの蔓状のものが伸びる繊細な造形物だ。半乾きの状態で鋸歯状の道具で筋がつけられた表面は、細かな網目状になっている。そこに信楽焼の特徴である長石粒が見えたり、あるいは粒が落ちた跡の小さな穴が見えたりしながらも、フォルムのしなやかな曲線が保たれている。《雲の記憶》に見られるフォルムの力強さと繊細な職人芸は八木に独特のものだが、一九五〇年代の後半から一九六〇年代の前半にかけて、走泥社のメンバーたちや他の日本の陶芸家たちは、「「純粋性」を明瞭に認め（中略）土というメディウムの性質を強調」[1]という傾向で共通している。《雲の記憶》では、土の素材感は胴部から伸びた、先の尖った突起部分にはっきりと表れている。太い部分より細い部分の陶磁が早く加熱され、より短時間でガラス質化するため、輝きを帯びた暗褐色の四つの先端部分が陶磁器独特の美しさを示している。陶芸美術の批評家・研究者である乾由明《いぬいよしあき》は、土感のある陶芸品を熱心に奨励し続けたが、その乾が八木の作品を「「純粋に土をみつめていこう」とし（中略）原始の工人のように素朴な態度で、土へ立ちもどり、土それ自体の声をすなおに聞くことから仕事をはじめる」[2]と高く評価している。その土の声を聞こうとする八木の想像力を写真を通して解釈し、独特な作品集を発表したのは写真家の奈良原一高だ。[3]奈良原は《雲の記憶》を雨の日に緑濃い苔の上に置き、二つの突起の先端に小さな雫ができた瞬間をとらえた。この写真は大地から立ち現れたナメクジの「雲の記憶」を思わせる。

八木の陶芸は現代的な美しさを持っていたが、走泥社の後輩の一人にとって、その美しさを日本の急激な環境変化の中で維持していくことはできなかった。戦後の経済発展の圧倒的な力が恐ろしい環境破壊を起こしていることへの社会的関心は高まり、政治的課題と

図1　八木一夫《雲の記憶》
（1959年，撮影　奈良原一高）

もなっていた。一九七〇年の臨時国会は公害対策が集中的に討議され「公害国会」と呼ばれた。一九七一年から一九七三年に判決が出た四つの公害訴訟では、大企業の垂れ流す有害物質の犠牲者たちである原告側が勝訴した。[4] 汚染物質がもたらす苦しみや死に至る病についての詳細な記事がメディアを埋め尽くした。このような状況で、陶芸家の里中英人は一九七一年から一九七九年まで走泥社とともに展示会に参加したが、八木の想像力にあふれた有機的メタファーや陶芸の歴史の匂いを感じさせる風格とはまったく異なる道を切り拓いた。たどり着いたのは、産業によって汚染された大地という当時の現実だった。里中はカリスマ性のある八木に深く心酔していたが、八木への憧憬ゆえに自分が次第にオブジェ焼きから離れ、「捨て去るべきヘドロのようなものに、人一倍執着することになったのである」[5] とのちに回顧している。里中の「ヘドロ」という言葉には重要な意味がある。「反吐《へど》」と「泥」の混成語は、作品を作った際にバケツに残る泥を指すとともに、河口や海岸線に堆積する産業廃棄物を含んだドロドロの物質をも意味する。「東京はあと二九年で終りだ」という暗い予測を耳にし、里中は『うずくまる』『ひび』『なだれ』とかいって少しは慰さめてくれた」「かっての風変りな茶人達」に拒否感を抱くようになった。「自然と人間の共存をほんのちょっぴり信じて」きたが、その信念を「どうしょうもない」と、里中は捨て去ってしまった。[6] この絶望的な心境の中で里中が作ったのが《シリーズ・公害アレルギー》と題する作品だ（図2）。規格化されたほぼ同じ形のシンクが六つ、それぞれに蛇口が付いている。それを陶器で手作りしたものだ。八木の有機的メタファーとは距離を置き、いわんや茶器の古めかしい美しさとは程遠いものだが、この作品には土の匂いを感じさせる彩色や形の歪みが与えられている。六つのシンクは同型だが、蛇口部分に使わ

図2　里中英人《シリーズ・公害アレルギー》（1971年．撮影　畠山崇）

れた粘土の金属酸化物の混じり方の違いによって、ひとつひとつ異なった火の入り方をしている。蛇口は炉の中で捻じ曲がり、うちひとつはすっかり取れている。シンクの壁面にぽっかりと残された穴から、腐食性の液体が滴り落ちている様子は、水道水の質への懸念を示唆している。焼いたときに生じる金属酸化物の量による違い、それは日本の河川のヘドロの汚染具合を連想させる。水俣湾の水銀汚染のため、一九七一年二月までに四七人の命が奪われ、七四人が病を負った。ある評論家は里中のこの作品について、「陶でなければできないこと、陶本来の性質に根ざし」た技術で「現代工業のもたらす公害を告発している」と称賛している。(7)

土を使う技術は陶芸が唯一ではない。土そのものを使っているわけではないが、写真も土に触れる感触やコンクリートやアスファルトに覆い尽くされた土のありさまを伝えることができる。またインスタレーションは一九六〇年代から七〇年代にかけて前衛芸術として登場し、一九八〇年代には日本の美術館やギャラリーでもお馴染みのものとなり、見る者に実際の土の色や匂いを経験させる新しい手法となった。だがこうした芸術手法は土を利用しながら、通常は芸術とはまったく関係のない土壌工学にも目を向けさせている。たとえばアーティスト・グループのヒスロムは切り土や盛り土によって地形を変える造成地に着目している。土と関わる技術が日本の環境に与えた影響を視覚化するのに、写真は特に有効な媒体となる。山腹や河川の地崩れ防止の土木工事を被写体とした柴田敏雄の写真(本書《日本典型》参照)、石灰石を切り出し平らになった山を被写体とした畠山直哉の写真、この二つの例だけでも土木技術を考え直す多くの材料を提供してくれている。

欲望

土をめぐる芸術作品を生み出す原動力のひとつは、都市化や工業化によって日常生活から切り離された豊かな土に触れたいという欲望だ。戦後、多くの人々が仕事を求めて田舎の村を離れ、東京などの都市に移り住んだ。固く舗装された地域がどんどん広がり、都市生活者たちは子供の頃に慣れ親しんでいた土の感覚を失ってしまった。一九八七年、ある美術館の学芸員は土をテーマとする特別展示が、土と切り離された辛さへの癒しになると述べている。

泥土が、足の指の間をニュルリと通り抜ける時の、くすぐったいような感触を知っている人は、どれ程いるだろう。靴を履き、アスファルトの道路を自動車で走る。空を飛ぶ。文明の進歩とは、大地と我々の間に、幾重もの隔たりを生むことでもあったのである。しかし、泥遊びに熱中する幼児の姿を見ても分かるように、土は、今でも人

間と最も根源的な関わりを持つ物質の一つである。(8)

土のアートはこの健全な土への郷愁を伝え、今日の生活に欠けている土の手触りを補おうとする試みだ。

一九六五年の写真家細江《ほそえ》英公《えいこう》と舞踏家土方巽《たつみ》のコラボレーションは、土への情熱をきわめて鮮明に表現した。二人は東京から東北へと旅し、そこで細江は土方の肉体が農耕地の土と官能的に交わる様子を写真に収めた。それらを含む三四枚の二人の旅の写真は、一九六九年に写真集『鎌鼬《かまいたち》』として出版された。これ以前にも細江は都会を舞台として土方の舞踏を写真に撮っている。しかしこの写真集で土方を秋田県へと誘ったことについて、細江はこう語っている。「私としてはもうひとつ、同じ東北という私と似かよった土と血を共有する土方巽の血と舞踏を触媒として、私の「記憶」を「記録」することができるのではないかという淡い期待があったからである(9)」。この旅は、都会暮らしの中で絶たれてしまった遠く離れた郷里の土との心理的な深いつながりを呼び覚ますためのものだった。「私の「記憶」を「記録」する」という言葉は、東北の田舎へ帰る土方を写真に撮ることが、細江自身にとっても個人的な意味を持っていたことを語っている。

写真集のタイトル『鎌鼬』は民話に登場する妖怪で、田舎に住む恐ろしい生き物だ。細江や土方の世代の人々は、鎌鼬が起こすつむじ風が人の皮膚を引き裂くという言い伝えを子供の頃から覚えている。鎌鼬は写真家の方だと土方は主張したが、土方を鬼と見る者は多い(10)。土方が演じるトリックスターは、幼い子供をさらい、若い女を陵辱し、田畑で排便するといった騒ぎを起こす。ただし、こうした常軌を逸した行動は、本来、鎌鼬が住む田舎ではなく都会にいるときから始まっている。写真集の最初の六枚は東京で撮影された。土方はベビーカーの赤ん坊と女性を怯えさせ、三輪車に乗った男の子を睨みつけ、狭い道で若い女に迫り、アパートの前を旭日旗を持って走る。この物騒な振舞いは秋田でも続く。田舎でもさらに子供を襲い、奇妙な行動で大人たちを喜ばせる。ここに住む土方の子供の頃の隣人や親戚のような人々は、おそらく過疎化や貧困という問題に直面している。田舎の貧困は、皮肉なことに農業の機械化が要因だ。同じく秋田で、そうした農村の問題に心を寄せて記録に残した写真家に英伸三《はなぶさしんぞう》がいる。[11] だが細江と土方の作り出すドラマの中には近代化された農業の痕跡はない。都会を後にした写真家と舞踏家が突き進んでいった世界にあるのは、大地と風雪にさらされた木造の家屋と破れた障子、そして藁だ。撮影地域に耕運機、脱穀機、トラクター、稲刈り機や田植え機があったとしても、こうした道具は画面には収められない。日本の農家の直面する経済的、社会的問題に関心を向けた英とは対照的に、細江と土方はズカズカと農村に入り込んでいった。二人のフォト・パフォーマンスは「東北の土方の故郷とそこに住む人々への反逆」と見られ、まさに「日本の皮膚を切り裂く[12]」旋風だった。だが『鎌鼬』はそれとは相反する衝動も抱え込んでいる。欧米化された東京と距離を置き、「自らの出生に戻り、自らの生を肉体の状態の変化で再構成する[13]」という舞踏家土方の欲望が、この写真集には反映しているとも捉えられる。この写真集には、詩人であり美術評論家でもあった瀧口修造の序文と、三好豊一郎の詩が付されている。これらは精緻な言葉による土の図像学だ。その文章でも土への回帰がはっきりと語られている。瀧口にとって鎌鼬とは、「地底への渇きを指し示さずにはいない」「毛むくじゃらの真空」に喩えられる「土の精」だ。瀧口はこの土の精の欲求をこう表現する。「こ

の恍惚の幽霊の源泉に到達するには、日を追って、いよいよ深く掘り進まねばならぬ[14]」。一方、三好は鎌鼬の霊を「杉の林の歯朶の下から」から聞こえてくる声だと語る。三好はこの写真集を見る者に「血の声と地の声を聴け」と命じる。なぜなら「突如　地の霊は／躍りあがって／天の股間を／蹴る[15]」からだ。大地とは抑制されないセクシュアリティと暴力とを是認する、謎めいた深淵な力だ。

写真集の前半、アスファルトとコンクリートだらけの都会を後にしてから、土方は鎌鼬の土着的精神に入りこみ、自らの肉体を秋田の土にぶつける。一五番目の写真では、土方が花柄とおぼしき薄布から体の線を浮かび上がらせ、耕したばかりの土の中を這いずって

上 図3，左 図4　細江英公『鎌鼬』(1969年)より

いる(図3)。魚眼レンズを使っているため、地面も地平線も凸面状に湾曲している。土方は地面に腹這い、頭部は土に隠れており、アーチ状の大地が大きな身体のように彼の体を受け止めている。二四番目の写真では、土方の裸体が布をはためかせながら、枯れ草が風になびく畑を走っている。評論家種村季弘はこれらの写真について次のように語ってい

る。

凶兆をはらんだ暗黒の空の下をなまめいた女の薄物をひるがえしながら、狂気のヘルマフロディトスが魔のように疾走する。風景は卵形にたわみ、中心に穢された白い肉体が胎児の姿勢で跼蹐《きょくせき》したまま大地母神の凌辱におののいている。野面はふしぎな白い光に満たされ、その仄光の下で土はたぐいようもなくエロティックな物質に変貌しはじめる。(16)

種村の解釈は性差を曖昧にしながらも、大地に身を委ねる行為が、女性化した大地への凌辱であるというイメージを生み出している。夜になると鎌鼬は畑に戻ってくる(図4)。照明の高い位置から撮った写真で、土方は全裸で畑の畝《うね》の中にうつ伏せに横たわっている。照明の効果によって、土方の身体と大地との儀式めいた性交を、暗闇に浮かんだ満月の明かりが浮かび上がらせているように見える。東京から離れ、犯罪にも近い奇行と魔術的雰囲気に彩られたこの旅は、よそよそしい都会から逃れたいという欲望に突き動かされているようだ。生まれ育った土地と身体を交わらせ再生することによって、その逃避は完全なものとなる。月光の下での大地との一体化の後に続く二枚の写真の中で、土方は試練を経験して老い、疲れ切ったかのように、老人の姿で現れる。夕日に照らされた水田を前に背を丸めて歩み、次の写真では、闇の中、リヤカーに横たわり、目は閉じ、手は腹の上に置かれている。大地に埋葬される前の遺体にも見えるが、後に写真家細江はこれを埋葬ではなく転生だと語っている。「写真集の最後の写真は明日への道を表しています。赤ん坊は未来を表します[17]」

分類

土と合体したいという欲望には、健康的なものから毒々しいものまであるが、やがてそれを体系的に分類する必要が出てくるだろう。分野別に見ても、「土」という言葉の定義の幅は広い。たとえば工学においては、土は「地殻の表層部分で採掘できるあらゆる物質[18]」を指す。アート作品に出てくる腐植土、砂、砂利、粘土は、通常、地表から採取したもので、アーティスト自身が掘り出してくることもある。一方、素材を袋詰めにして販売する業者から購入することもある。店で買った油粘土や耐火煉瓦の材料であるシャモットを「土」と呼ぶことに違和感を抱く人もいるだろう。だが足元にある土も、しばしば人間が作り出したものなのだ。現実に、人間の営みの影響を受けていない「処女地」を探すのはもはや不可能で、どんなに遠隔の森林に行っても、マイクロプラスティックや放射性物質が成層圏から雨に混じって降り注いでいる。穀物栽培から炭素隔離まで様々な用途のために合成的に作られた土もあれば、解体工事現場から出た廃材や産業の副産物である煤塵が地面にあふれている[19]。土壌学者の分類によれば、土は古代の古土壌から新たに人工的に改変されたテクノソルまで多岐にわたり、粒子の大きさ、深度、酸性度、鉱物組成、湿度、有機残渣、バイオマスなど、測定可能な指標に従い何万種類にも分類されている[20]。科学者は土壌の特定や変化測定のために元素の同位体を精密測定する「フィンガープリント法」という手法を使っている[21]。美術史家はそのような方法は持ち合わせていない。だがアーに用いられている土に着眼すれば、数え切れぬほどのニュアンスの違いが見えてくる。しかし百科事典的な網羅的記述よりも大切なのは、分類学的視点を導入し、アートにおいてこれまで見落とされがちだった土の違いを見極めることだ。土の分析的分類に熟達すれば、個々の作品をエコロジーの視点から評価できる。今日、人新世がもたらした災いについては広く意識されているが、それ以前から日本のアートにおいては、土の価値に強い関心を持つ人々が無数にいた。彼らが土をどのように見極めるかが、職業、世代、ジェンダー、出身地、民族に関わるアイデンティティの形成において、しばしば重要な要素となっていた。

アートにおける土の分類整理に最適なのは美術史家だろうが、アーティスト自身が土を創造的に分類している例もある。栗田宏一は審美的に土を分類する素晴らしいシステムを作り上げた。その特徴を表す二〇〇七年の《ソイル・ライブラリー／岩手》では、岩手県各地から四〇〇種類の土のサンプルが集められた(図5)。栗田はサンプルをひとつずつ丁寧に乾かし、汚れを取り除き、岩手県立美術館の床にしつらえられた格子状の台の上に、きちんと四角い色見本として並べた。土を使った綿密なインスタレーションを栗田は日本全国、さらには海外でも行っている。採取した地名付きのサンプルを、薬用のガラス瓶やシャーレのような小皿に入れたり、あるいは規則正しい小山にして几帳面に並べると、科学的体系を示すような雰囲気が生まれる。土壌科学者にとっては土の色はそれ自体、価値はあまりない。「すべての茶色の土について考察しても、茶色いということ以上に言えることはない」[22]。だが栗田にとっては、土の色がすべてだ。土の美を見出すという使命感に支えられ、土に強い愛着を持つゆえに、色合いや風合いのわずかな違いを栗田は大切にする。「結局のところ、この地上に汚い土はありません。すべての土が美しくて、愛おしいので

図5　岩手県立美術館における Soil Library Project（2007年）で土を展示する栗田宏一（写真　栗田かず子）

す」[23]と栗田は二〇一三年に書いている。

栗田が最初に土の美しさに目覚めたのは、一九九〇年代の初頭に石川県能登半島に旅し、よくある茶色や黒っぽい土よりもはるかに多様な色の土がむき出しになっているところをたまたま目にした時だ。その多彩さは驚くほどで、紫、青、赤い層もあった。栗田は土の本来の色を摑み取るために様々な実験を試してみた。土をパルプに混ぜ込み紙にしてみるとか、液体に溶かしてドロドロにしてみたりしたが、それでは土の色が濁ってしまうとわかった。土を陶器に焼くこともしてみた。しかし家の近くで見つけた縄文土器の破片を眺めたあと、窯で焼いて変形させてしまうのではなく、シンプルに乾かしてふるいにかけるのが、もともとの色を引き出す最善の方法だと判断した。日本全国四七都道府県をすべて旅し、二〇〇三年までに一万の土のサンプルを収集した。そのコレクションはまさに日本の土の色を収めた事典だ。「関東はいわゆる土の色に近い。福岡はピンクやオレンジ系。西になるにつれて、鮮やかな色合いが多くなる[24]」

栗田の分類が地理的、民族誌的、そして審美的であるのに対し、アーティスト・グループのヒスロムはより身体的なアプローチで土の違いを表現した。京都精華大学の学生時代、ヒスロムのメンバー二人はグループ結成前に、自分たちが子供時代を過ごした地域が、造成工事で大規模に姿を変えるのを目の当たりにした。重機が入って山腹の林をすっかり刈り倒し、巨大な傷のような切り通しを作る。この立ち入り禁止地区に、冒険好きな学生たちはいやおうなく引き寄せられた。もうひとり友人が加わって三人で、土が削られ、コンクリートの堤防や調整池が作られ、地滑り防止の杭が埋め込まれ、暗渠、下水道、排水路が掘られ、そして植栽がなされるのを観察した。急激に変化する地形を探検しながら、メンバーたちは身の危険を顧みず、現場でアクロバットのような大胆なパフォーマンスをし、その記録を撮った。この工事現場からインスピレーションを得て、三人の若者はアート・グループを結成し、グループ名をヒスロムとした。ヒスロムは「ヒステリシス」と「スラローム」の合成語だ。ヒステリシスとは物理学で、物体に加わった力が時間差を置いて現れてくる現象を指す。スラロームは左右に方向転換を繰り返すスキーの滑降だ。[25] 他の仲間もしばしば加わりながら、メンバーたちは造成地の現場を、プライベートなスキー場に見立て、そこで見出したオブジェや素材の物理的な特性を用いた実験をした。ただし彼らの「スキー」を滑らせるのは雪ではなく、造成地の様々な形をした土だ。

ヒスロムのメンバーたちは工事中こそ立ち入らないが、現場の昼も夜も、雨の日も晴れた日も、雪降る冬も、ジメジメとした暑さも経験してみた。林が姿を変えて、山積みの枯れ枝や根になるのを目撃し、生々しくえぐり取られ、平らにされた地面に切り株が積み重ねられるのを目にした。やがて整った地下下水道やトンネルが、新たに形作られた土地に張り巡らされた。体を張ったゲームや思いつきの探索をしながら、メンバーたちはこの現場の多種多様な質感を事細かに体感した。二〇一〇年から二〇一二年にかけてネット上に投稿された《Documentation of Hysteresis》と題されたビデオ全一八巻では、その場で思いついたゲームや、走ったり跳んだり、我慢比べなど、あらゆることをやってみせる。現場に入り込むことは許可されておらず、違法行為の可能性もあるので、地名は伏せられている。ヒスロムの三人と仲間たちは、プラスチックのコーンをふざけて投げつけあいながら、切り出されたばかりの急な坂を登ったり、埋め立て地から突き出したグニャグニャ曲がる配管に体を入れたり、砂地の中ででんぐり返りをしたり、ブルドーザーで切り開いたばか

りの崖の、雨上がりですべりやすい地面を降りるために、メンバーの身体を組み合わせて滑り台を作ったりする(図6)。造成現場のむき出しの土の上ではしゃぎ回りながら、ヒスロムはその変化を詳細に理解した。ビデオに付されたレポートではこう書いている。

どでかい岩盤、花崗岩、粘土岩など、もともとあった山の地質は崩されている。砂利、砂、土が運び込まれ新しく地質が造られ、表層にアスファルトが敷かれるのだろうが。まだ土の地面のままになっている。
各エリアによって砂利の大きさや、土の種類など造ら

図6　ヒスロム《Documentation of Hysteresis》(2013年. 撮影 ヒスロム)

れ方は少し違っていて。それによってか雨天時にはだいたい決まった場所に水溜りや泥濘ができる。降水量が増すにつれて水溜りはじりじりと拡大して流れとなり、土砂を削って下へと流れていく[26]。

体を張ったアクションでこのような地質への洞察が得られ、エコロジーを破壊する造成地に独特な土の分類がなされている。土木エンジニアが造成地を計画し、労働者が重機を操作し、やがてここには家が建てられ人が住むようになる。だが彼らには見えないものを、ヒスロムのメンバーは土を知ることによって、現象学的に鋭く見通している。

恐怖

土砂崩れの破壊力にせよ、汚染された工業地から噴出する有毒なガスや浸出水にせよ、大地は数多くの脅威をもたらす。家庭菜園用の腐葉土でさえも腐敗した生物の死骸や排泄物を含んでいるかもしれない。だが大地は死や腐敗を新たな生命のための栄養へと変える魔法の力を持つ。前述した栗田宏一のように多くのアーティストが、土の忌まわしさや土への恐れを乗り越えて、土を美しいものへと作り変えようとしている。だが一方で、粘り強い探求精神ゆえに、あるいは生命を脅かす危険性ゆえに、次第に大きくなるさまざまな土の危険を直視しようとする人々もいる。

Chim↑Pom from Smappa!Group（以下、Chim↑Pom）という六人のアーティスト・コレクティブを最も広く知らしめたのは、東日本大震災が引き起こした問題に取り組んだ大胆な作品だろう。しかしフクシマの四年前にすでに六人はカンボジアで土についての衝撃的なプロジェクトを成し遂げていた。このプロジェクトのために彼らが日本から遠く離れた国へと旅立ったのは、ちょうどアジア各地の土壌を危険にさらす日本の「公害輸出」が話題になっていた時期だ。最も悪質なのは、マレーシアに拠点を置く、三菱化成の関連会社エイシアン・レアアース社が精製工場から出た放射性副産物を不法投棄し、クアラルンプールで訴えられた事件だ。土壌の放射能汚染は白血病を引き起こし、乳幼児の死亡率を高めたと考えられている。日本人女性たちの活動団体プルトニウム・アクション・ヒロシマの代表は次のように断言している。

日本の公害輸出の典型。放射線の危険性を改めて考えさせられる。被害者は補償を受けられず、廃棄物はそのまま。もっと多くの日本人に関心をもってほしい(27)

海外に採掘拠点を置くという三菱化成の戦略によって、日本の土壌が汚染から免れるだけではなく、マレーシアで採掘されるレアアースを使ったテレビなどの製品により日本の消費者は恩恵を受けている(28)。

三菱の公害輸出はあまり話題にならなかったのに、カンボジアの地雷には関心が向けられた。カンボジアの地雷については日本人に明確な責任がないからであろう。地雷に苦しむ国は数々あるが、なかでもカンボジアは不発弾がもっとも密集して埋められている国だ。地雷は地面をマトリックスにして、爆弾を埋め、爆発させる軍事技術だ。一九六〇―七〇年代のヴェトナム戦争、一九七〇年代のクメール・ルージュ、そして一九八〇年代の内乱、その結果、何百万という地雷がいまだにカンボジアの地にばら撒かれている。二〇一三年時点でも、カンボジアの約四五〇〇平方キロメートルの土地に、地雷やそのほかの不発弾が残り、何百人もの人が毎年、負傷したり命を失ったりしている。[29] この問題は広く報道され、地雷除去のために多額の寄付がなされた。たとえば二〇〇六年、『朝日新聞』は、寄付を呼びかける高校生や、風景画の売り上げを寄付する女性画家の活動を報じた。千葉大学教授らによるカンボジア地雷対策センターなどの現地調査も報じられた。これは地雷原付近に赤外線センサーを搭載した小型無人ヘリコプターを飛ばし、湿地帯や低木で覆われた地域の地図を作成して、除去作業を支援するというプロジェクトだ。[30]

こうしたカンボジアの地雷除去のための日本人による熱心な活動と比べると、二〇〇七年のChim↑Pomによる「サンキューセレブプロジェクト アイムボカン」は異彩を放っている。このプロジェクトで彼らは、カンボジア現地の危険に日本人として身をさらし、メディアで喧伝される慈善家たちのご都合主義的な動機に疑問を突きつけている。プロジェクトを発案したのはChim↑Pomの紅一点のメンバーとして目立つエリイで、彼女は遊び心のある自己演出でセレブリティ気取りを決めこみ、ダイアナ妃かマドンナか、はたまたアンジェリーナ・ジョリーかとでもいうように、地雷除去という人道的活動でメディアの注目を集めようとした。一九九七年の事故死に先立つ数ヶ月前、アンゴラの地雷原に行き、犠牲者たちを思いやるダイアナ妃のフォトジェニックな表情がメディアで報道されると、一気に反地雷の機運は高まった。エリイとChim↑Pomのメンバーたちはのちにメディアでも注目されるようになるが、この時点では無名の存在だった。セレブリティたちのチャリティの旅とは似ても似つかぬ、カンボジアへの一ヶ月の格安旅行の資金源はアルバイトと借金だ。カンボジアでは啓発のための「地雷博物館」を共同設立した元兵士アキ・ラーとともに活動した。アキ・ラーは戦争の後遺症の治療とカンボジア地雷除去支援の資金集めのために、前年に来日していた。

エリイとChim↑Pomのメンバーたちは、自分たちを地雷の犠牲者だと仮想した。プロジェクト名の「アイムボカン」はメンバーの爆死の可能性を連想させる。地雷除去のひとつの方法は爆破処理だが、Chim↑Pomは地雷を爆破する際に東京から持ってきた私物を犠牲にした(図7)。メンバーたちはこう書いている。

吹っ飛ばすべき物は実のところ
僕たちが持っている気がして仕方がない(31)

爆破したのはiPod、プリクラ帖、そして高価なルイ・ヴィトンのバッグ、財布、ベルトだ。このような東京の金持ち相手の商品が、カンボジアの地雷原で象徴的な犠牲になった。日本のきらびやかな消費文化を謳歌していても、人体が戦争の名残である殺傷兵器に触れたらひとたまりもない。セレブ・ポーズのエリイをかたどったマネキン人形のような彫像も爆破され、吹き飛ばされた足の代わりに義足が付けられた。メンバーたちは、日本の豊かさの象徴だったこれらの物の残骸をカンボジアの大地で朽ちるままにさせるのではなく、爆破で吹き飛ばされた土とともに東京へ持ち帰った。Chim↑Pomは、それらの汚い遺物をオークションにかけて売り、カンボジアでの義足や地雷除去のための基金にした。これはアート市場の力を確認する機会ともなり、それと同時に、芸術的自律性を持つと思われているアートもグローバル・サウスの地雷原の危険と無縁ではないことを示唆する機会ともなった。

地震、津波、原発事故の三つが重なった二〇一一年の災害によって、土への恐怖はもはや遠く海外のものではなくなった。福島第一原子力発電所の原子炉メルトダウンによって近隣地域が被曝し、福島の土に注目が集まった。福島市の高校の美術教師である赤城修司は放射線の影響下の環境をカメラで記録しようと決意した。プロの写真家ではなかったが、赤城の写真は芸術にこだわらない分、迫真性があり、汚染された土とともに生きることの心理的代償と社会的意義について独自の洞察を与えてくれる。原子力発電所から六〇キロメートルに位置する赤城の自宅は、避難指示区域外ではあったが、放射能の危険にさらされていた。避難指示の対象とならない地域では、住民が自らの身は自ら守らざるを得ず、多くの人が自主的に自宅を放棄する事態となり、政府の避難指示区域の線引きの仕方が批判された[32]。赤城は家族とともにより安全な地域に引っ越したが、仕事のために福島に通勤し続け、かつて自宅のあった

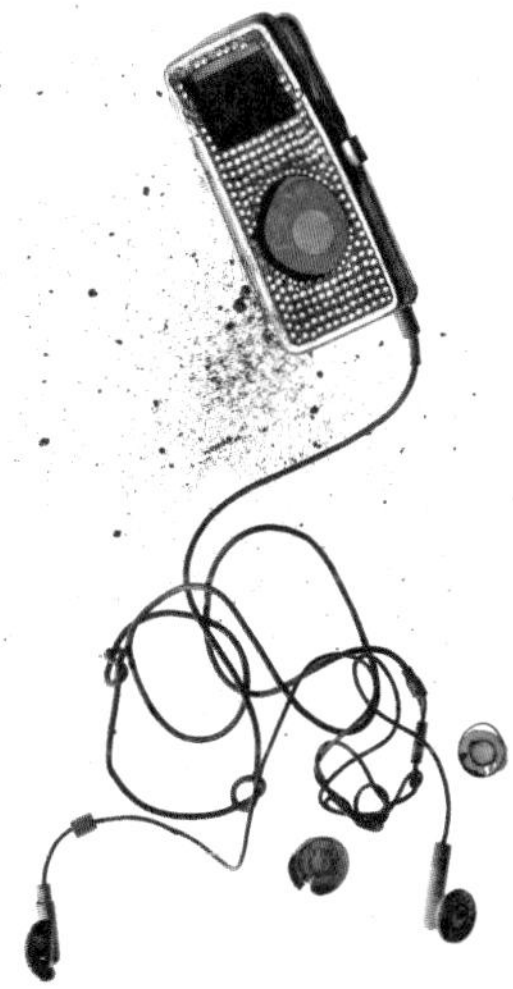

図7 Chim↑Pom「サンキューセレブプロジェクト アイムボカン」(2007年)より，爆破したiPod

地域の変貌ぶりに愕然とした。目に見えない放射能に汚染された土地をどうやって見わけるのか？　さまざまな機関から発せられる矛盾した情報のどれを信頼したら良いのか？赤城はこうした問いへの取り組みとして、二〇一一年から二〇一三年まで、短い日記のようなコメントを添えた写真をTwitterに投稿し続け、その記録はのちに一冊の写真集として出版された[33]。片手に持ったカメラで、もう一方の手に持った線量計を撮っただけの写真も何枚か含まれている。柔らかな土についた自分の足跡の上にかざした線量計が五・七四マイクロシーベルトを示している写真もある。人体組織に吸収される一時間あたりの放射線量の測定値が二四・二マイクロシーベルトに跳ね上がっている写真もある。この写真には線量計の位置が「泥から…15cm」であるという説明が付されている。危険を測ろうとする福島住民の立場からすると、住民の年間被曝量の限度を一ミリシーベルトから二〇ミリシーベルトに引き上げた政府の方針のために、線量計が示す変わりやすい数値はますますわかりにくいものになった。

汚染地の写真を撮るためには、僕自身が汚染地に立っていなければならないし、もっと現実的には、その地表に散在している放射性物質を踏まないことには、その場所で写真を撮ることも出来ないのだ[34]。

それでも赤城は撮り続けた。美術評論家の椹木野衣は、汚染地写真家となった赤城に同行するようになり、こう言っている。「私は赤城がガイガーカウンターを身に付けていない姿を見たことがない。そして、なにか気になる土があると、まるで早撃ちのガンマンの

図8　赤城修司による写真.「2013年2月2日　たしかにそこは高いだろうな，と思った」というキャプションが添えられた

ように、それをさっと地に向けて数値を読み上げるのだ」。榧木は赤城の線量計を「ツチボウ」と呼んでいる[35]。

赤城の写真は、シシュポスに科せられた永劫の苦役のような除染という作業の記録だ。ある写真は、防御服、手袋、ヘルメット、マスクで全身を覆った二人の作業員に焦点を当てている(図8)。二人は木の根元にひざまづいて、懸命に除染作業を行っている。芝や表面の土はすでに除去されている。木の背後に見える油圧ショベルがおそらく表土の除去に使われたのだろうが、二人は木の根元に入り込んでいるわずかな土を、テコやプラスチック製の手箕《てみ》などの道具でかき出している。また別の写真では、学校か病院のような建物の窓辺の植栽を小型掘削機が掘り起こしている[36]。「除染跡」と題された一枚では、表土が剝ぎ取られただけではなく、立ち並ぶ木々の幹の樹皮が根本から一五〇センチほどのところまでゴシゴシと洗浄されている[37]。校庭や公園から剝ぎ取られた芝生や表土は、地下数十センチまで掘られた壕の中に入れ、きちんとビニールシートを被せて上から汚染されていない土で覆う[38]。別の写真では地面から剝ぎ取られた表土が、青いビニールシートで大きな食パンのような形に袋詰めされ、しっかりとロープで縛られて、重石代わりの土嚢がのせられている。危険な土のこのような袋詰めが、政府主導で行われた事業とはにわかに信じられない。ベランダに置いた家

具を冬の間、保護するために、便利屋に頼んでホームセンターで買ってきた材料で覆ってもらったように見える。汚染土の大きな包みの横で4人の小さな子供が遊んでいるのを見ると安全性への懸念がわいてくる。[39] 別の場所で赤城が撮った写真では、汚染土が「フレコンバッグ」と呼ばれる丈夫なポリエチレンの袋に入れられている。ひとつ一トンのフレコンバッグは除染地の風景の象徴となった。汚染土をこのように露骨に覆って隠す作業は、トラウマのひとつの症状だと赤城には思えた。「加害者の動揺も、被害者の動揺も、一人一人が隠そうとしている(中略)気づくまいとしている」[40]。多くの人が忘れようとしているものを、自分の写真が白日のもとにさらしていることに気づくと、Twitterに写真を投稿するのは自分たちの町を「ダークツーリズム」の対象として売り込むことになるのではないか、近所の人が自分を「誹る」のではないかと、赤城は心配した。[41]

実際、赤城が写真に撮った汚染土の袋詰めは一時的な方策であり、最終的にそれらの袋は商業地や住宅地からは撤去された。ひとつ一トンの土を詰めた一六〇〇万個のフレコンバッグが福島の立ち入り禁止地域の広大な保管地に運ばれ、古代エジプトの墳墓マスタバのような形の山に積まれている。フレコンバッグが裂けたり漏れたりせずに使えるのはたった三年間とされている。これらの土の保管を引き受けるのは誰もが嫌がる。そのためこの保管地も公式には一時的なものとされている。だが他に代替となる保管場所がないまま、フレコンバッグは耐久年数をはるかに超えて、同じ場所に置かれ続けている。政府が長期にわたる放射能の危険を最小限に評価し、避難者を帰還させ、一刻も早く原子力発電を再開しようしていると批判する声もある。[42] 汚染土を除去する事業は「除染」と呼ばれているが、放射能を無害化することはできない。汚染土を別の場所へと移動させる巨大事業は

「汚染移転」と呼ぶべきだという声もある。(43)結果として、古代エジプト遺跡のような汚染土の山が、変わらない風景の一部になった。ある避難者はこう投書した。「幼少時に遊んだ飯舘村の美しい田畑には、汚染土などが詰まった袋「フレコンバッグ」の山が広がっていて、言葉を失った」(44)。このような風景の変化の写真を赤城は何万枚も撮っただろう。だが彼の写真の中で最も感情が感じられるのは、身近な自宅近辺の風景をとらえた写真だ。二〇一五年の写真集の最後を締めくくる六枚の写真は、彼の住むアパートのベランダから撮ったものだ。アパートの裏庭で汚染土が掘り起こされ、地表からわずかに掘り下げたところに埋め戻される。六枚はそのプロセスを段階的に写している。

細江英公と土方巽の写真と舞踏は、土への情熱に独特でセクシュアルなエネルギーを注入した。また、陶芸、インスタレーション、写真などの分野では、五感に訴える土の価値がさまざまに追求されてきた。だがその間に、有害な土を安全な距離へと遠ざけておくことは、個人にとっても、会社にとっても、国家にとってもより難しくなっている。混じり気のない、汚染されていない土が次第に手に入りにくくなるのにつれて、土の魅力は大きくなるだろう。気温の最高記録更新、ゲリラ豪雨、環境災害、それらの年間記録が発表されるたびに、日本でもその他の地でも、土砂災害に関する環境不安は確実に増大している。国土交通省は「施設の整備等を着実に進めるとともに、施設の能力を大幅に上回る外力に対する施策にも取り組んでいる」と断言しているが、説得力はない(45)。イギリスの環境保護主義者であるマーク・ライナスは地球温暖化をこのまま放っておけば、「かつて一〇〇億人の食糧を供給していた土壌が粉塵の塊と化すか、海へと押し流されてしまい」、地球は最後にはトールキンの『指輪物語』に出てくる荒涼たる地モルドールのようになってしまうだろうと予測している。[46] 近い将来でも、健全な土を当然のものとして享受できる人は少なくなり、ヒスロムのような都会の探検家たちは、土壌の危険性をものともせずに、土にまみれる新しい方法を探ることになるだろう。土壌中の有毒性物質を無害化したり、ごまかしたりする新種の土を開発する人もいるかもしれない。東京のある高級レストランは栃木県産の通気性や水はけの良さで有名な鹿沼土を使った「土のグラタン」や「土のシャーベット」といった土料理で話題を集めた。[47] 土の危険への恐怖が大きくなるほどに、土との融合のシンボルとして味わえる土の人気は上がり、土を美の対象とするプロジェクトやアートへの要望は大きくなるだろう。「再燃、再発」を意味する "recrudescence" という言葉の語源は「生(raw, crude)の状態に戻る」という意味だ。セメントで固められ、汚染された地面を、目や、ひょっとして舌をも楽しませる「土」へと回復させる、そのために土を生の状態に戻すためのより洗練された技術が、必ずや開発されるはずだ。

訳　前沢浩子

（1）渡部誠一「前衛陶芸の成立と展開」『開館記念展Ⅰ——現代陶芸の百年展第一部「日本陶芸の展開」』岐阜県現代陶芸美術館、二〇〇二年、一七頁。
（2）乾由明「陶芸の解放　八木一夫の芸術と思想」『現代陶芸の系譜』用美社、一九九一年、四八七頁。
（3）奈良原一高写真、海上雅臣編『八木一夫作品集』求龍堂、一九六九年。
（4）水俣訴訟についての研究は、Timothy George, *Minamata: Pollution and the Struggle for Democracy*

in Postwar Japan, Cambridge, Mass., Harvard University Asia Center, 2001 が最もよく知られている。

(5) 里中英人「土を焼くことの意味を問う」『美術手帖』第三三巻第四八〇号、一九八一年四月、一九三頁。

(6) 一九七一年の里中のこの発言は、里中英人『陶による新しい造形——思考とテクノロジー』(グラフィック社、一九七六年)の四二頁に引用されている。

(7) 神代雄一郎「日本陶芸展の混乱——日本陶芸が現代芸術になるとき」『芸術新潮』第二二巻第七号、一九七一年七月、六八頁。

(8) 青木正弘「土をめぐって」『土と炎展——今日の造形 新たな展開と可能性』、岐阜県美術館、一九八七年、一三頁。

(9) 細江英公「鎌鼬」『写真・細江英公の世界』、写真・細江英公の世界展実行委員会、一九八八年、三四頁。

(10) 土方の主張については Bruce Baird, *Hijikata Tatsumi and Butoh: Dancing in a Pool of Gray Grits*, New York, Palgrave Macmillan, 2012, p. 109 を参照。

(11) 『英伸三作品展「農業近代化の裏側——一九六〇年代の日本の農村に何が起こったか」』JCII フォトサロン図録、一九九五年を参照。

(12) Baird, p. 106, p. 111.

(13) 湯沢聡「〈鎌鼬〉——その成立と現在を中心に」『細江英公の写真 1950–2000』共同通信社、二〇〇〇年、二二四頁。

(14) 瀧口修造「鎌鼬、真空の巣へ」細江英公写真、土方巽舞踏『鎌鼬』、現代思潮社、一九六九年。

(15) 三好豊一郎 無題『鎌鼬』より。

(16) 種村季弘「暗黒舞踊家・土方巽の狂気」『美術手帖』第二九九号、一九六八年六月、二二一—二二三頁。

(17) Walter Moser による細江へのインタビュー。出典は下記のとおり。*Provoke – Between Protest and Performance: Photography in Japan 1960/1975*, eds. Diane Dufour and Matthew S. Witkovsky, Göttingen, Steidl, 2016, p. 637.

(18) Hans F. Winterkorn and Hsai-Yang Fang, "Soil Technology and Engineering Properties of Soils," in

Foundation Engineering Handbook, 2nd ed., ed. Hsai-Yang Fang, New York, Springer, 1991, p. 88.

（19）ニューヨーク市の調査によってなされたこれらの分類は下記に掲載されている。Richard Bardgett, *Earth Matters: How Soil Underlies Civilization*, New York, Oxford University Press, 2016, pp. 86–87.

（20）土の分類については Bardgett の一一二一頁を参照。

（21）David Kroetsch, "Soil Fingerprint Framework for a Horizon (Topsoil) Characterization in Canada" (paper presented at the ASA, CSSA, SSSA International Annual Meeting, "Synergy in Science: Partnering for Solutions," Minneapolis, November 15–18, 2015).

（22）Soil Survey Staff, Natural Resources Conservation Service, U.S. Department of Agriculture, *Soil Taxonomy – A Basic System of Soil Classification for Making and Interpreting Soil Surveys*, 2nd ed., Washington, D.C., Government Printing Office, 1999, p. 17.

（23）栗田宏一「いのちの土」『コスモス――いま、芸術と環境の明日に向けて(Booklet 22)』慶應義塾大学アート・センター、二〇一四年、八八頁。

（24）白石知子「遠望細見　土が彩る自然美　美術家・栗田宏一さん　全国で採集一万点」『読売新聞』、二〇〇二年一〇月一〇日、西部夕刊、一頁。

（25）服部浩之「hyslom」『美術手帖』第七〇巻第一〇六六号、二〇一八年四月五月合併号、二六頁。

（26）hanare × Social Kitchen「Documentation of Hysteresis」vol. 17, 二〇一二年二月二日 (http://hanareproject.net/media/archive/video-essay-documentation-of-hysteresis/)、二〇二三年五月一日閲覧。

（27）「マレーシアでの放射性廃棄物公害」『朝日新聞』(広島)、二〇〇〇年六月一七日、朝刊、二六頁。

（28）数年後、三菱は八万バレル(およそ一万一七〇〇トン)の放射性廃棄物を山間部の地下倉庫へと移転する未曽有の大規模除去を行うことになった。Keith Bradsher, "Mitsubishi Quietly Cleans Up Its Former Refinery," *New York Times*, March 8, 2011, B4.

（29）Landmine and Cluster Munition Monitor (http://www.the-monitor.org/en-gb/home.aspx)、二〇二三年七月二〇日閲覧。

（30）これらの情報は二〇〇六年の『朝日新聞』の複数の記事に拠る。

（31）Chim↑Pom『Super Rat』阿部謙一編、パルコエンタテインメント事業部、二〇一二年、一七六頁。http://chimpom.jp/project/bokan.html に同一情報あり。

(32) 自主避難も含め、避難者の数や政府の避難指示への批判については下記を参照。Cécile Asanuma-Brice, "From Atomic Fission to Splitting Areas of Expertise: When Politics Prevails over Scientific Proof," in *Planetary Atmospheres and Urban Society after Fukushima*, eds. Christophe Thouny and Mitsuhiro Yoshimoto, Singapore, Palgrave, 2017, pp. 99–101.

(33) 赤城修司『Fukushima Traces, 2011–2013』、オシリス、二〇一五年。

(34) 赤城、一六五頁。

(35) 椹木野衣「61：再説・「爆心地」の芸術（28）種差デコンタ 2016（2）」ART iT、二〇一六年一〇月二一日(https://www.art-it.asia/u/admin_ed_contri9_j/4b62rhFoSDMLPk8VUt3Y/)、二〇二三年五月三日閲覧。

(36) 赤城、一一頁。

(37) 赤城、四二頁。

(38) 赤城、四八、四九頁。

(39) 赤城、一五三頁。

(40) 赤城、一二六頁。

(41) 赤城、一五二頁。

(42) Asanuma-Brice, "From Atomic Fission to Splitting Areas of Expertise," pp. 99–102

(43) Peter Wynn Kirby, "Slow Burn: Dirt, Radiation, and Power in Fukushima," *The Asia-Pacific Journal: Japan Focus*, Oct. 1, 2019, p. 11.

(44) 氏家義一 投書『読売新聞』(東京)、二〇一九年三月一一日、朝刊、一〇頁。

(45) 『令和元年版 国土交通白書』(国土交通省、二〇一九年)第七章第二節「自然災害対策」。

(46) Mark Lynas, *Our Final Warning – Six Degrees of Climate Emergency*, London, 4th Estate, 2020, p. 254, pp. 260–61.

(47) 千葉泰江「土料理って？ 五反田『ヌキテパ』は土を味わう、フレンチレストラン！ 予約して土を味わおう。」Dressing、二〇一七年一月二六日(https://www.gnavi.co.jp/dressing/article/20610/)、二〇二三年五月三日閲覧。

コンテンポラリー・アートにおける土

ジル・A. ティベルギアン

哲学者・美術評論家

パリ第1大学パンテオン＝ソルボンヌにて
美学担当

Gilles A. Tiberghien

土は現存する最も原初的な芸術素材のひとつだ。一九六〇年代からコンテンポラリー・アートはこの素材への関心を甦らせたが、その関心が、プリミティヴィスムの新たなかたちと時に呼ばれたものと軌を一にしていたのはそれゆえのことである。[1] この運動は政治的・環境保護《エコロジック》的省察をともなったが、あらゆるものが芸術になりうると見なされるや、芸術の構成要素自体についての問いかけ、芸術固有の限界についての問いかけをもともなうようになった。

詩においてふさわしいテーマ、ふさわしくないテーマというものは存在しない――ボードレールの「腐った屍」によって、またエズラ・パウンド、ウィリアム・カーロス・ウィリアムズといったアメリカの詩人によって、われわれの近代性はそのことを強く思い出させた――のだが、それと同様に、芸術的加工ができないような素材も存在しない。一九六〇年代に、とりわけミニマリズムを通して表明された既製の素材に対する関心や、大量消費される商品に対してポップ・アートやヌーヴォー・レアリストたちが寄せた関心に平行して、また「芸術の非物質化」が声高に叫ばれるのと時期を同じくして、探求を先鋭化した一部の芸術家たちは、展示形式や使用方法のあらゆる可能性を探り、最も基本的な素材である土を引き立たせようと心を砕いた。

しかし土は、この年代においてはしばしば、何の加工もされずにシンプルな素材の状態のまま、観客に提示されるだろう。ピーノ・パスカーリの《一立方メートルの土》は土を固めた一辺が一メートルの立方体で、一九六七年にローマのギャラリー「アッティコ」での展覧会「火・イメージ・水・土」で展示される。一九六八年、ウォルター・デ・マリアは

図1　ウォルター・デ・マリア《ニューヨーク・アース・ルーム》
1977年，ニューヨーク（ディア芸術財団助成）

最初の《アース・ルーム》をミュンヘンのギャラリー「ハイナー・フリードリヒ」において制作する。五〇立法メートルの土が七二平方メートルの平面を六〇センチの深さで覆っていた。透明の板がギャラリーの入口を塞いでいた。このアーティストは二作目の《アース・ルーム》をダルムシュタットにおいて一九七四年に、そして最後に、三作目でシリーズ最後となるものを一九七七年にニューヨークのギャラリー「ハイナー・フリードリヒ」で制作することになる。その後、ディア芸術財団の支援を受け、一九八〇年からは恒久展示となったその土の彫刻は、三三五平方メートルの床を五六センチの深さで覆っている。この作品は週に一度、土掻きがされている。

日本では、一九六六年一月、グループ「位」が大阪のギャラリー「ヌーヌ」に一二トンの砂利を流し込む。[2] 三年後、ドイツ人アーティストのハンス・ハーケも、コーネル大学のホワイト・ミュージアム〔現ジョンソン・ミュージアム〕における展覧会「アース・アート」で大量の土をインスタレーションに用いる。作品名は《グラス・グロウズ》で、何も生えることはないだろうウォルター・デ・マリ

図2　ハンス・ハーケ《グラス・グロウズ》
初回展示 1969 年，ニューヨーク

アの《アース・ルーム》とは違い、この作品で強調されていたのは草が生えてくる過程で、会期中は常に水やりが必要だった。ここでは、土は、ギリシャ語のピュシスという意味での自然として、つまり、高度に文化的な芸術空間における誕生と生命の力強さとして価値づけられている。

この第一の素材としての土に対する関心は、一九六〇年代末頃に生まれたランド・アートまたはアース・アートの名で知られる芸術的潮流を特徴づけていくことになる。このジャンルの出現は、一九六八年一〇月にドワン・ギャラリーで開催された展覧会「アース・ワークス」と、一九六九年二月にコーネル大学のホワイト・ミュージアムで開催された「アース・アート」展が契機となったと言えるだろう。この二つの展覧会のうち、前者は芸術家ロバート・スミッソンが企画したもので、ここにはカール・アンドレ、クレス・オルデンバーグ、ヘルベルト・バイヤー、マイケル・ハイザー、デニス・オッペンハイム、スティーブン・J・カルテンバッハ、ソル・ルウィット、ロバート・モリスが出展した。ロバート・モリスは《アース・ワークあるいは無題(泥)》という作品名で、大量の土を展示した。その土の中には、ケーブル、棒きれ、金属片などの、街から出た様々なごみが混ざっていて、数年前から彼が取り組んでいたミニマリズムとは対照的な、「アンチ・フォーム」と呼ばれることになるものに寄せる彼の関心をすでに予示している。

しかし、この時期にギャラリーで展示されていたものが証言していたのはとりわけ、主にギャラリーの外での、すなわち砂漠、放置された工業跡地、廃採石場における活動だった。政治的異議申立て、アート市場の見直し、美術館やギャラリーが果たしてきた伝統的な役割の問い直しといった文脈において——とはいえ「自然回帰」と呼ばれるような運動に参加することはせずに――これらの芸術家たちはこの時期から、土をとてつもない豊かさを秘めた素材、そして書き込みができる巨大な平面とみなした。たとえば、ハイザーは自身の展覧会「スカルプチャー・イン・リバース」のカタログの中でこう述べている。「どの素材にも潜在的表現力があるということはわかっている、しかし、私は素材の美しさよりも、その構造的な性質のほうに興味がある。土は最も大きな可能性を秘めた素材だと思う。なぜなら、それは始めからある素材だからだ(3)」

一九七一年、ボストン美術館は四大元素に関する展覧会を開催する。「土、空気、火、水　芸術のエレメント」展である。そのカタログの序文でヴァージニア・ギュンターは注意を喚起している。「今日、多くの芸術家にとって、四大元素は素材であるだけではない。たとえば土は、プロセスであると同様に、素材であり、意味であり、美的な提案でもあるのだ(4)」

土には昔から誕生と死にまつわる重い象徴的役割が与えられてきた。ある芸術家たちは土との身体的で親密な関係を築いてきた。たとえば、白髪一雄は一九五五年の作品から具体美術協会に参加し、泥の中で格闘しているかのように転げまわり、そこに自らの痕跡を残している。チャールズ・シモンズも、一連のアクションを通して自身の身体を演出し、それらは映画や写真に収められている。かくして《生誕》(一九七〇―一九七三)では、このアーティストが泥の中から、まるで最初の人間〔アダム〕のように、徐々に姿を現す様子が見られる。また《ランドスケープ・ボディ・ドウェリング》(一九七三)で撮影されている彼は、裸で土に覆われている。腹部には風景の彫刻がほどこされていて、その中央には粘土のレンガで作ったミニチュアの家並みが作られている。そこで暮らしているとされる想像

上の人間たちのことを、彼は「リトル・ピープル」と呼ぶ。さらに彼は、この人間たちのために小さな住居をたくさん作るだろう。それらはニューヨークの下町にある建物のくぼみに設置された[5]。

ここで、アントニー・ゴームリーの最も有名な作品のひとつ《フィールド》一九九一―二〇〇三が思い出される。八センチから二六センチの背丈の、テラコッタ製の小さな人形からなるインスタレーションで、人形の数は四万体に上り、それらはギャラリーや美術館の床に並べられて空間を埋め尽くしている。どの人形にも顔と目があり、この大量の人形の山に埋もれながらも、ひとつひとつがユニークなものである。しかし、われわれはもはやシモンズの作品のようにフィクションの中にいるわけ

図3　チャールズ・シモンズ《生誕》
1972年

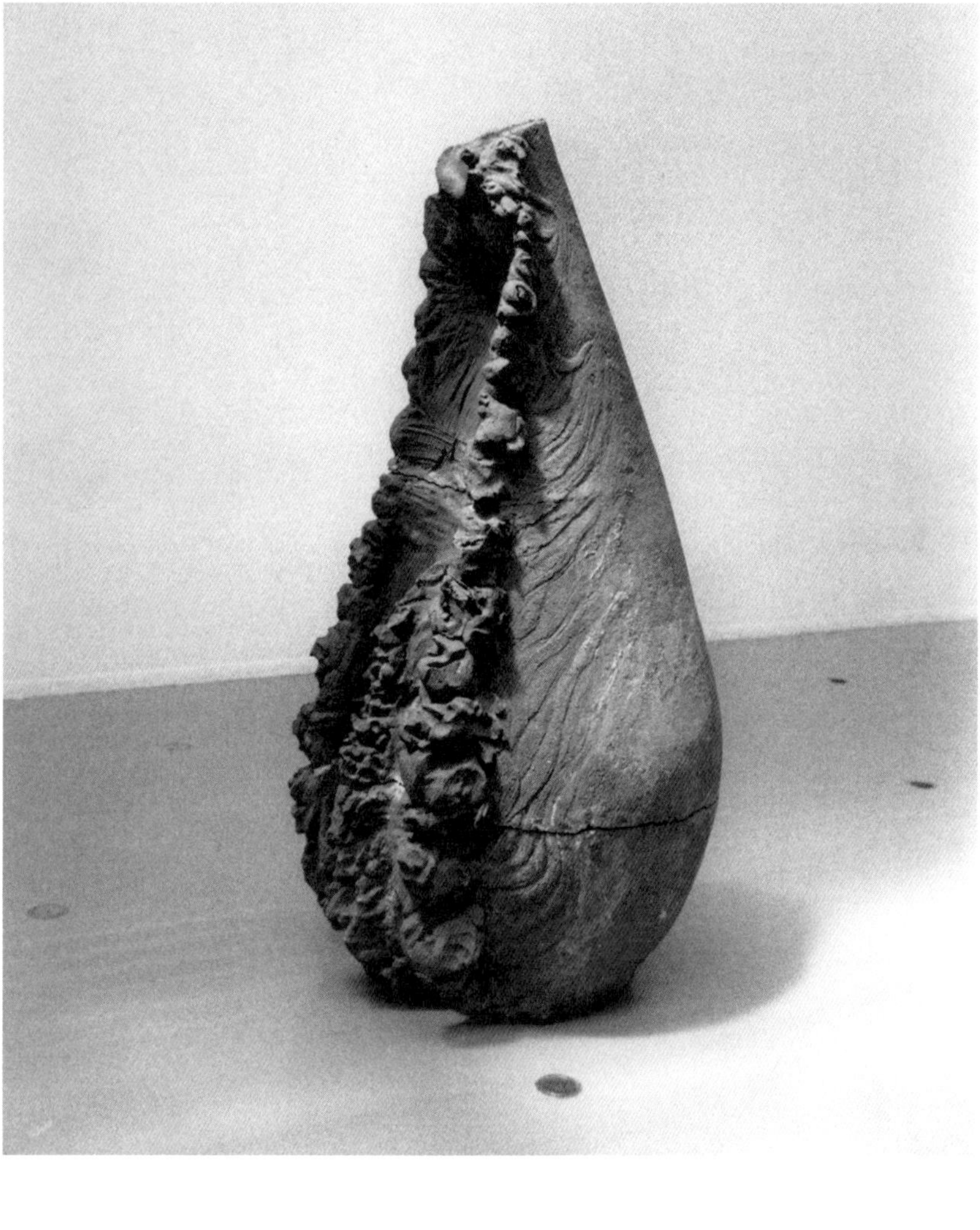

左 図5 アナ・メンディエタ《フンダメント・パロ・モンテ》(シルエッタ・シリーズ)
1980年，火薬を用いた作品，5分55秒

上 図4 ジュゼッペ・ペノーネ《息吹6》
1978年，ポンピドゥー・センターコレクション，国立近代美術館，パリ

ではない。われわれに語られる物語はわれわれ自身のものであり、土は、ここではいわば、われわれを結びつけると同時に区別するものなのだ。

世界の最初の起源として認識される土とのこうした原初的な関係は、イギリス人アーティストのグラハム・メトソンの作品にも見られる。メトソンは一九六九年、コロラド州において、自分の体をぴったり包み込むように掘られた卵形の穴の中で胎児の姿勢を取る自らを撮影する。このアクションは《再生》と題されている。おそらく、土とのこのような関係を、ジュゼッペ・ペノーネの作品《息吹》ほど繊細に表現したものはないだろう。これは身体を口にいたるまで土に押しつけてとった型であると同時に、吐いた息を物質化したものである。つまり息は突然、手で触れられ、目に見えるものとなる。プネウマ、つまりいにしえのストア派哲学者たちのいう呼吸であり生命の原理となった空気は、こうして新しい身体を得るのである。

一九六〇年代、舞台やストリートで展開されたハプニングや実験劇場を経由した身体に対する関心は、ビジュアル・アートにおいて強い影響力を持ち、他の芸術ジャンルで起きていることへも波及していくだろう。こうして、最終的にボディ・アートと呼ばれることになるジャンルが生まれるだろう。この時代では、デニス・オッペンハイムやアナ・メンディエタが実践していたことがこれに近いだろう。

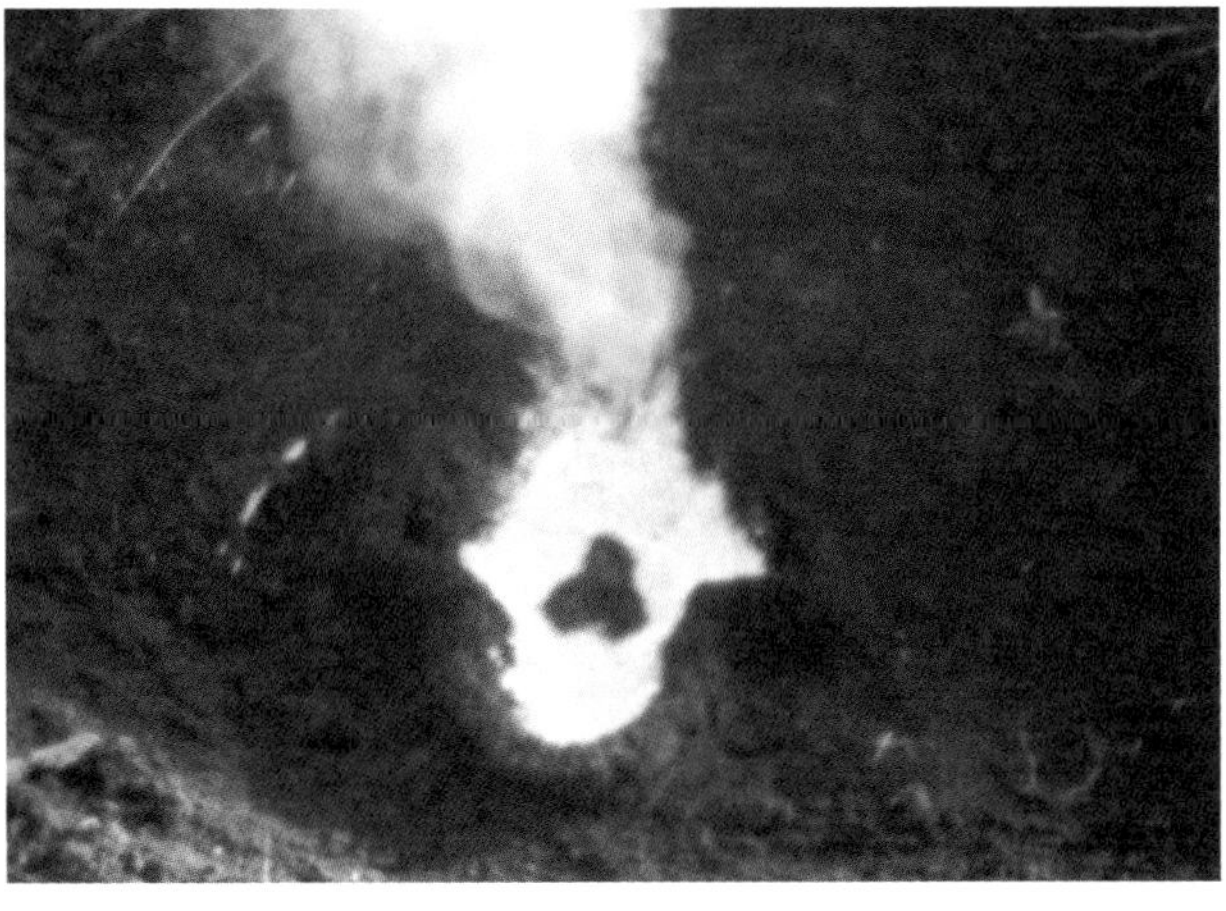

オッペンハイムは《プッシュ＝プル・オン・マッド》（一九七〇）で泥の中に自身の手の跡を残している。また、二〇〇メートルを走っている最中の足跡を残し、それらを《コンデンスト・二二〇ヤード・ダッシュ》に保存している。つまり足跡をプレートに鋳造して積み重ね、自分が走る姿の写真の下に展示したのである。一方で、アナ・メンディエタは、一九七〇年代制作の《シルエッタ》シリーズで自身の全身の痕跡と戯れる。一九八一年のモノクロ映画で二分三秒の作品《誕生》では、ぬかるみに残されたこれらの痕跡のひとつが見られる。また、《生命の樹》シリーズに見られるように、自分の周りの風景にほぼ完全に溶け込んでしまうこともあるだろう。

逆に、土は終の棲家となる場所を表現することもできた。そのことをかなりはっきりと示唆している作品があり、たとえばクレス・オルデンバーグの《静かな市民の記念碑》の写真には、彼が一九六七年にメトロポリタン美術館裏のセントラル・パークに掘らせた墓穴ぐらいの大きさの穴が写っている。このアクションは、当時非常に激化した段階に入っていたベトナム戦争に対する批判的暗示として解釈された。翌年、そこから《穴》と題された九分四五秒のカラー映画が生まれ、ドワン・ギャラリーで開催された展覧会「アース・ワークス」で上映された。当時、地面に掘られた穴をアート作品とする発想は、多くの芸術家に強烈な印象を与えた。ウォルター・デ・マリアは、穴を掘るプランを考えた最初のアーティストたちのうちの一人だった。その計画について述べた二つのテキストは、ラ・モンテ・ヤングとジャクソン・マクロウの編集により一九六三年に刊行された『アンソロジー・オブ・チャンス・オペレーションズ』に、その他の、多くはフルクサスの運動に参加していたアーティストたちのテキストとともに掲載された。これらのテキストのうちのひとつでデ・マリアは、「意味のない」様々な作品を考案し、そのうちのひとつは「穴を掘り、そしてまたそれを塞ぐ」というものだった。もうひとつのテキスト、一九六〇年ののとされる「アート・ヤード」というタイトルのテキストでは、彼は芸術的パフォーマンスとして穴を掘ることを企てていた。

図6　キース・アーナット《鏡を使った自己埋葬》1969年

一九六九年、キース・アーナットは《自己埋葬》を制作する。これは当初は《アーティストの消失》と題されていた。その画像は一〇月一一日から一八日までの間、当時のドイツの全国ネットテレビ局による番組、ゲリー・シュームの『フェルンゼーガレリー(テレビギャラリー)』で、毎回番組の終わりに放映された。《鏡を使った自己埋葬》は同作品のバリエーションで、首まで土に埋まり、鏡に顔が映った姿のアーティストが撮影されている。ここでは、土よりもはるかに、アーティストの身体の消失の方が強調されている。とは言え、やはり彼が埋まっているのは土の中であることに変わりはない。作者の、より広くは人間の問い直しの時代の真っただ中で、その死がおおっぴらに叫ばれていた頃のことである。映画監督で造形美術家のイギリス人、アンソニー・マッコールの《アースワークス》(一九七二)と題されたアクションでは、彼が、穴を掘って出た土を段ボール箱に詰め、ついでその箱でもって穴を塞ぐ姿が撮影されていて、そこにはこうした問題意識の一種のパロディーのようなものが見られる。ベケットが書いた『しあわせな日々』(一九六一)には、その残響が認められる。作品の唯一の登場人物であるウィニーは、劇の第一幕では腰まで地中に埋まっており、第二幕では首まで埋まってしまう。

一九七〇年一月、ケント州立大学のクリエイティブ・アートフェスティバルに招聘されたロバート・スミッソンは、最初のアースワーク、《部分的に埋まった薪小屋》を制作する。木造の小屋に二〇トンの土を、梁がきしんで裂けるまで注ぎ込むというものだ。このアクションは、アーティストのエントロピーに対する執着と関わっていて、土はこのシステムの最終局面を象徴する。そこでは、熱力学の法則に従って、すべては最終的にもとに戻るのだ。数年後、フレデリック・ロー・オルムステッドに関する記事を書いた時には、スミッソンは、彼のことをランド・アートのアーティストたちのいわば先祖として語っているように思われる。スミッソンはセントラル・パークの泥が溜まった小川の掃除を構想した。彼に言わせるなら、「その作業は芸術的観点から、(映画に記録された)『さらった泥の彫刻』であると理解されるだろう(6)」。しかし、この泥を、リチャード・ロングのようなアーティストは、一九六〇年代の活動初期から、壁画を制作したり、壁に手形を残したりするのに使っていた（たとえば《ガロンヌ・マッド・サークルズ》、一九九〇年、ボルドー現代美術館）。彼は自身が育った町、ブリストルを流れるエイボン川の水がたゆたうのをずっと眺めていた思い出からインスピレーションを受けている。

　マイケル・ハイザーのような彫刻家にとって、地面を掘ることは「リテラリスム的（直截的）」とでも呼べるような美学に照応しており、そしてまたこの種の暗示の一切を剝奪されている。一九六九年、ハイナー・フリードリヒからミュンヘンに招待され、ハイザーは、一〇〇〇トンの土を掘削して直径約三三メートル、深さ四・五メートルの穴を掘った。これが《ミュンヘン・デプレッション》（一九六九）で、ここには土の神秘は一切ない。ここでハイザーにとって重要なのは、彫刻（つまり穴）の中央に立つと、周囲の都会の風景が見えなくなること、そして「その素材を展示することで、この彫刻はその場そのものの分析となった[7]」ことだ。続いてこのアーティストは、一九七〇年にネバダで始めた《シティ》でも同じことを行うことになる。中心のスペースは、掘削され窪地になっていて、アーティストの関心を引かないありのままの風景は、そこでは見ることを禁じられる。この巨大な作品は複数の構成部分からなり、最初の三つの区画は「コンプレックス」と呼ばれている。この作品は現在も建設中で、今日では全長約一マイルに到達している。（二〇二二年に完成し、全長一・五マイルとなった。）しかし、忘れてはならないのは「コンプレックス・ワンの場所にあった土が彫刻のベースとなる素材である[8]」ということであり、その土でシティ全体が作られるということである。

　今日、アーティストたちのテラコッタへの関心が復活している。いずれにせよ、一部の芸術家はベルナール・パリシーの作品をこれまでとは違う見方で見始めたことが、ヨハ

左 図8　ガブリエル・オロスコ《私の手は私の心臓》
1991年

上 図7　トーマス・シュッテ《異邦人たち》
陶器，1992年

ン・クレテンやミシェル・グエリーの作品から分かる。クレテンの作品の中には、海底の動物や植物からインスピレーションを得たものがある。グエリーは、ナポリの死者信仰の伝統やSFの要素を取り入れた性的で風変わりな風体の作品を窯からあふれ出させている。これらの彫刻は、最も古くからある技術を復活させた釉と焼き方による、極めて洗練された芸術であることを物語っている。同様に、トーマス・シュッテも一九九〇年から土を用いている。彼は、とりわけ、一九九二年の「ドクメンタIX」におけるように、陶器を用いた人形を制作するようになり(《異邦人たち》)、最近になってからは、《ケラミック・スケッチ》(一九九七―一九九九)で女性の体をとても有機的に表現するようになっている。[9]

屋外で制作されたこれ

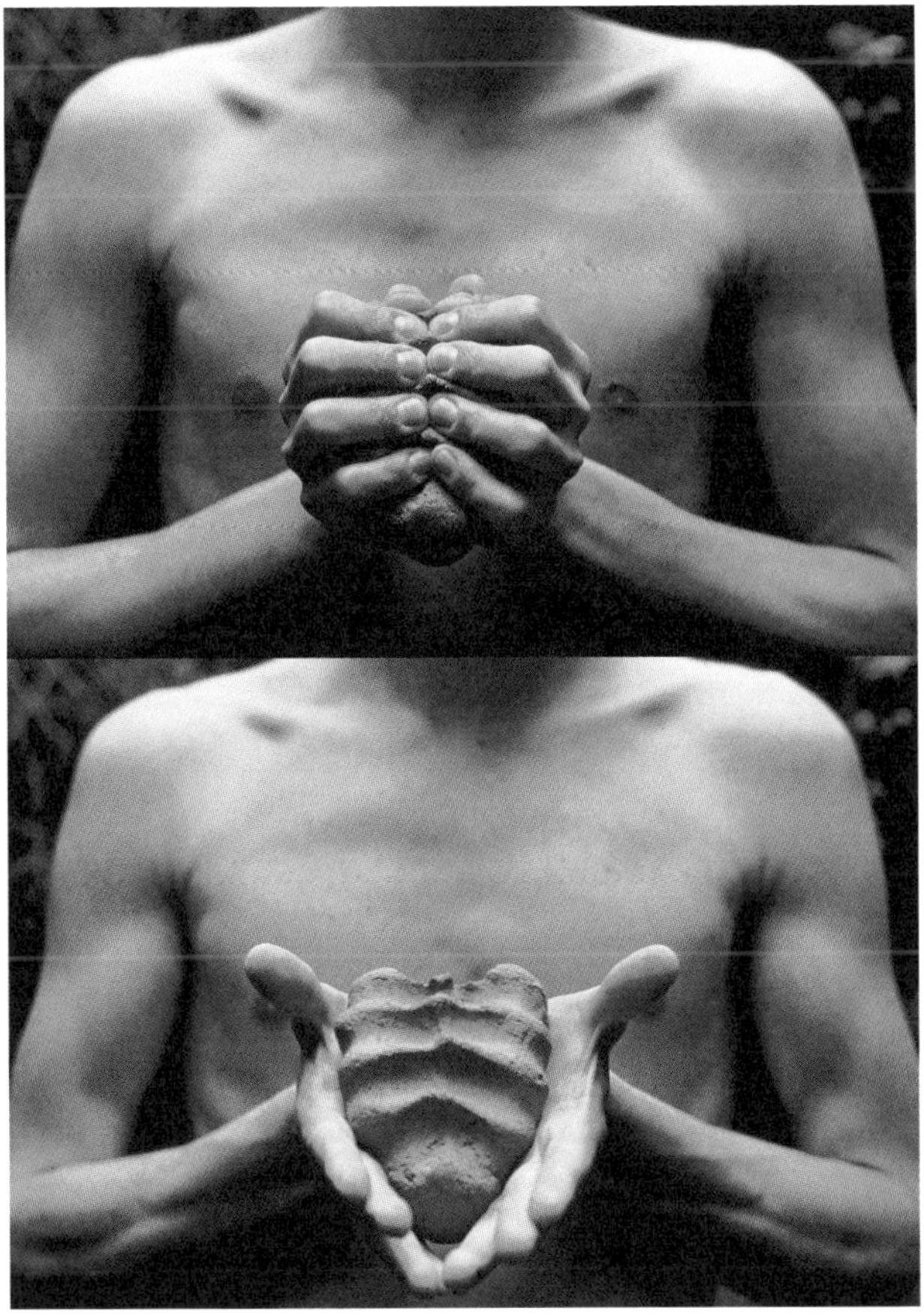

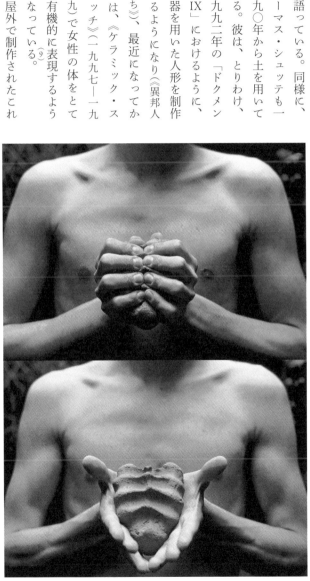

らの大型の作品の他にも、土とのまた違った関わり方がある。それはより私的で、手による作業を直接的に演出できるやり方で、たとえば、メキシコ人アーティスト、ガブリエル・オロスコは《私の手は私の心臓》(一九九一)で、土の塊を自分の指で押しつぶしてハートを出現させている。あるいは、土を収集する方法もある。日本人アーティストの栗田宏一は、もう二五年以上前から、日本やフランスの各地に出かけるたびに必ず毎回ひとつかみの土を集め、ソイル・ライブラリーを作っている。彼は世界中を旅したが、彼が土を収集して展示したのはこの二か国だけだ。[10] しかし、コレクション全体は驚くべきもので、苦行の産物である。そのコンセプチュアルでスピリチュアルな特徴は、深い官能性を感じさせることを妨げるものではない。土の見本は、小さく盛ったものを並べたり、ペトリ皿に入れたり、そろいのサイズのビンに入れてその上に採集地を書いた同じサイズのラベルを貼って展示される〔本書一六三頁、図5参照〕。これらのサンプルは、白から黒にいたるまで、驚くほど変化に富んだトーンの、あらゆる色の変化を見せてくれる。こうした多様性を眺めていると、嬉しい気持ちになり、また同時におだやかな気分にもなる。というのも、これを眺めているうちに、他にもまだ違いがないかと、もっと細かい違いまで探したくなるからだ。それはちょうど、他の人々の思考が想像していたよりもはるかに密接にわれわれに関わりがあると、にわかに思われてくるのと同様なのである。

訳　前之園春奈

（1） Cf. William Rubin, *Le Primitivisme dans l'art du XXe siècle—Les artistes modernes devant l'art tribal*, trad. sous la dir. de Jean-Louis Paudrat, Paris, Flammarion, 1992. それまで現代美術においては公認されていなかった諸文化に対する関心についても問題とされた。この視点から見れば、ポンピドゥー・センターおよびラ・ヴィレット大ホールで開催されたジャン＝ユベール・マルタンが企画した展覧会「大地の魔術師たち」（一九八九）はターニングポイントとなった。この展覧会では、例えば、リチャード・ロングが泥で描いた大きな円の下の床にある、オーストラリアのアボリジニたちが制作した絵を見ることができた。

（2） Cf. Philipp Kaiser and Miwon Kwon (eds.), *Ends of the Earth—Land Art to 1974*, Munich, Prestel, 2012, p. 201.

（3） Michael Heizer, *Sculpture in Reverse* [1984], trad. Raphaëlle Brin aidée de Manon Lutanie, Paris, Lutanie, 2014, p. 49.

（4） Virginia Gunter, "Introduction," in *Earth, Air, Fire, Water—Elements of Art*, Boston, Museum of Fine Arts, 1971, p. 5.

（5） フランス語文献では、例えば以下を参照。*Charles Simonds*, Galerie Nationale du Jeu de Paume, textes de Daniel Abadie, Jacques Lambert, Germano Celant, Paris, Éditions du Jeu de Paume, 1994.

（6） Robert Smithson, « Frederick Law Olmsted et le paysage dialectique », trad. Gilles A. Tiberghien, in Gilles A. Tiberghien, *Land Art*, Paris, Carré, éd. revue et augmentée, 2012, p. 331.

（7） Heizer, *op. cit.*, p. 61.

（8） *Ibid.*, p. 63.

（9） 現代のアーティストがセラミックに寄せる関心について考察するなら、メゾン・ルージュの以下のカタログを参照するとよいだろう。このアートスペースは二〇一六年に、展覧会「セラミックス」をセーヴルの陶磁器工房と同時期開催した。二五〇点の作品を通して、この素材に取り組んだ二〇世紀、二一世紀のアーティストが紹介された。*Ceramix, art et céramique, de Rodin à Schütte*, Gand, Snoeck, 2015.

（10） 例えば以下の展覧会カタログを見よ。*Kôichi Kurita*, cat. d'exposition, Paris, Lienart, 2014.

ミケル・バルセロ

――地形図　アトリエ訪問

ユーグ・ジャケ

技巧を専門とする
社会学者・歴史家

Hugues Jacquet

詩人はこう言った。詩は、フィクションと同様に、絵画と同様に、偽りを装う者の技であると。
私のデッサンのかたわらに、分析も要約も必要ないが、夢は必要だ。それらのデッサンを豊かにする別の夢が……(1)。

シュルレアリストたちは島々について、それらは海の底で出会っているのだと言ったものだ。ミケル・バルセロは、自身が一九五七年に生まれたマヨルカ島を早々と出立した。現実のであれ暗喩のであれ他の島を、つまり荷を下ろし、描き、デッサンし、肉付けする場所を、正当にもしばしば彼と比較されるピカソのそれと同じ切迫感に突き動かされて再発見するためにである。早くから彼は、類い稀な、全身全霊余すところなく芸術家である存在、その生涯と経歴にまったく空隙のない類いの芸術家と認められた。まったくその空隙のなさといったら、彼が一九八〇年代の終わり頃から繰り返し訪れている、暑さのあまり壺の中の絵の具があっという間に乾いてしまうドゴン族の国に住むシロアリどもが食い荒らさない限り、筆の毛一本滑り込ませることも敵わないほど、である。彼は非常に若いうちに、ジョアン・ミロとともにグループ展に出品し、ニューヨークではウォーホルに出会い、バスキアやエルヴェ・ギベールと交わり、領国を経巡るように友情を渡り歩く。自らの感性の赴くところ、肌で感じるところにこだわったまま。この人物は――別格の人々がしばしばそうであるように――慎ましい個人と太陽の如き圧倒的存在との混合物である。彼は土を、自分の土を、あらゆる土を、それが生《き》であると焼かれているとを問わず、川べりで集めたものも、赤でも褐色でも、あるいは彼の生まれた島の中心部におけるそれのようにほとんど白くても、愛している。「あなたの好みの陶器はどのようなものですか」という問いに対して彼は、未完であることが分かるリストの中から青磁の壺をひとつ、一四世紀のジェンネの陶器、あるいはスペインのカランダ村で伝統の手びねりで作られた甕《かめ》を挙げる……。彼の見るところ、青磁の壺の金属で埋められた亀裂の走る表面は、スペインの田舎で油を入れておく日用陶器の凹凸やざらつきと同じくらいに価値がある。彼は読書にもまた貪欲であり、すべてが彼を養うのである。みずから流路を見出す水のように（そして、若い時分、タコを捕らえるために、また自分の限界や島の境界を探るために肺が破れるほど海に潜った時、彼はいつも水の流れを読んだ）、彼は物語や、学説や、美術史の偉大な名前や、可塑的な素材で作られていて作者名を欠いているが光輝ある、あるいは穴の中に横たわって新たに手に取られるのを待っている、作物《オブジェ》に満ちた奔流に洗われることを愛する。つまり、光を当てられるのを待ち、影によって彫琢された、見渡す限りで究極の作品すべてをである……。バルセロ的《バルセリアンな》作品について書くには——それはひとつの形容詞を与えられるに値する——ビート・ジェネレーションのリズム、ヌーヴォー・ロマンのぎくしゃくした文体、ピコ・デッラ・ミランドーラにも似た博識を要すだろう。体を震わせ、顔に風を受けて、走りながら書かなければならないだろう。二本の足を大地にしっかり固定し、体を硬直させ、感じていることを感じながら、立ったまま——ペソアのように——書かねばならないだろう。まっすぐに立ち、力を込めて、斜面に向かって垂直を保たねばならないだろう——この点には後ほど触れよう。

　土で制作するために、ミケル・バルセロは自分の土地に戻った。ご一緒にバルセロの地

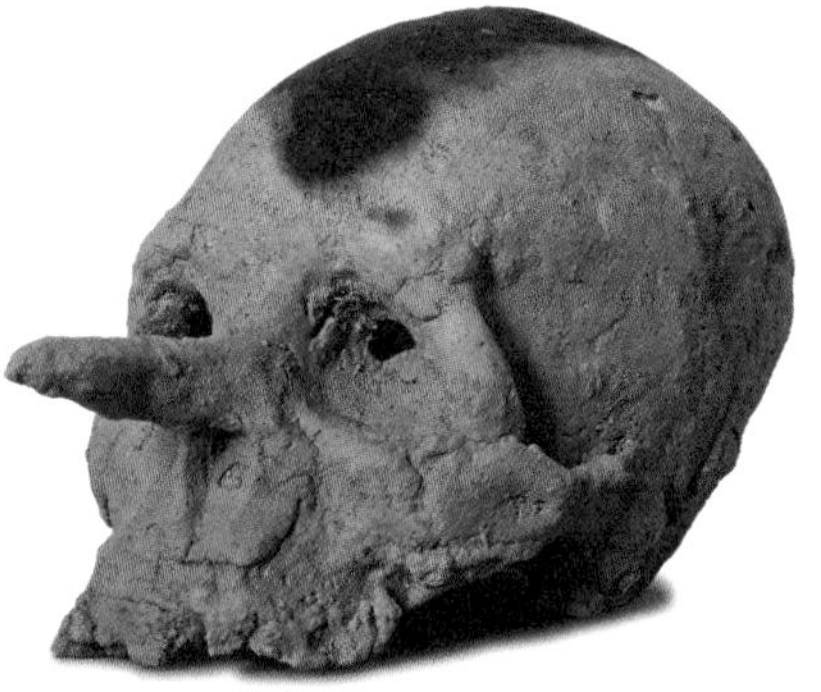

図1《死せるピノッキオ》テラコッタ，1995年

形図を、時を遡りつつ巡っていこう……。マリで、[2]一九九〇年代初頭に、[3]バルセロは薪を使った野焼きで、最初の土製の彫刻群を制作する。一点のピノッキオの頭部、二点のトルソ……が、煙で黒ずみ酸化鉄の赤をまとって、熾火《おきび》の中から現れる。「川はほとんど干上がっている[4]」。周囲の熱気はグワッシュ〔不透明水彩絵具〕を乾かし、水分はすべて蒸発して、ひび割れが色彩を引き裂くに任せる。壺の底には縮小された地形図が現れ、パレットの役を果たす支持体上で顔料が輝きを失い、水分をまったく、あるいはほとんど含まないことを示す光沢のなさに立ち至る。こうした偶然の出来事の絡まり合いを前提として、彼は土による制作に着手し、環境になじんで――環境を利用しつつ、と書くべきだろうか――村の女性たちを相手に青い土と赤い土の違いについて、あるいは土にキビ藁を混ぜて粘りを取る方法についてやりとりをしつつ、野焼きにする前に壺をいかに積み上げるかを教える。陶芸の初歩から始めて、今度は彼が、幾千年も前から、ひとつの世代から次の世代へと技巧の継承を編み上げてきた絶え間ないリレーに参加するのである。「ドゴン族の人たちからは、膨大なことを教わりました。そして私が学んだ製陶技術は、おそらく何千年も前に実践されていたものでしょう。私は顔料や、この種の光沢を出すための植物（中略）、ワックスをかけられ石で磨かれたものが使えるし、レモン汁の類でひびをふさぐことも、石灰分を加えることもできます……。そして傑作な

のは、これらのやり方の名前全部を、ドゴンの言葉でなんと言うか知っているということです。信じられないことに！　まるで私が、これらの仕事を五〇〇〇年前に覚えたように思えるのです[5]」。炎の中から最初の一群の作品が現れた。その一点、ピノッキオの頭像（《死せるピノッキオ》一九九五年）は、後にブロンズで再制作された。作者の手に触れて生命を得た木製の玩具、ピノッキオ。「七、八歳の頃に私が覚えた最初の不満のひとつは、粘土で三五センチほどの人形を作った時のこと。神は〔土で作ったアダムに〕息を吹きかけたと聞いたことがあったので、私はそれに何度もそうしたのです。ところが人形は立ちもしなければ歩きもしない、それどころか体中がひび割れに覆われ、亀裂が生じ、腕と足が落ちてしまった……。それが最初の教訓で、私はその粘土を長いことそのままにしておいたものです[6]」

　その素朴さによって、そして伝説により彩られているがゆえにかくも美しいこの物語において、絵画から陶芸への最初の試行にいたる道筋が切り開かれたのは、マリにおいてのことだったのだろう。ただしそれは、本当には通路というものではない。というのも、ミケル・バルセロにとって絵画と陶芸の間に違いはなく、陶芸はしばしば絵画の母として語られているし、問題はつねに色彩であり、大なり小なり流動する泥状の素材であり、スリップ〔泥漿釉《でいしょうゆう》。陶器にかける粘土液〕、ワニスだからである。「これらの作品〔ヴィラフランカのアトリエで制作されたテラコッタ〕の多くの主題は絵画であり、粘土がいかにして絵画に、キャンヴァスに、デッサンになるかということです。つまるところ、変換です。粘土は絵画になり、すなわちそれ以上に肉身になるのです[7]」

「イマージュをもたらすのは素材であって、その逆ではありません。粘土であっても、それはまったく同じです」[8]。例年同様に乾燥しすぎていたその夏は、素材に取り組む機会となった。実際バルセロは、絵画の二次元の世界に決して満足したことはなかった。つまり何かを加え、盛り上げ、削り取り、素材が内包するものをあらわにせねばならなかった。それは最も深いところにあるものを示そうとする長い探究の端緒であり、何時間かかろうと何日経とうと無頓着で、世界の本質の内奥に向かう移動なき旅の出発点なのである。彼は、ショーヴェの洞窟壁画を堪能しに行きたいと言う。「そこには三度行きましたが、再訪したいとお願いしました」[9]――ここでは人類初期の絵画に立ち返る、つまり大地の深淵部に入り込み、曲がりくねった道を下り、凸凹に沿って滑り、アウグスティヌスの時の矢にさかしまにまたがって山を登らねばならない〔時を遡る、の意〕。それからさらに、これら目の前の雌ライオンたちの絵姿に驚かされるのだが、バルセロがそれを見て、泉の水を飲むように画像からエネルギーを汲み出すことができる様子が見て取れる。そしてそれら一頭一頭を、三万六〇〇〇年以上前にその絵を描いた原始人たちができたように「見分けられ[10]」、それに従って名前をつける様子も。縄張りを共有していたこれらの雌ライオンたちは、対立も協働もしておらず、おとなしくも獰猛でもなかった。彼女たちはそこにいた、与えられた空間に、共存して、たとえ言葉が漂いながら発せられるのを待っていたとしても。彼女たちがねぐらにほど近いところでまどろんでいる、あるいは狩りをしたり発情したりしている様子を見つめられていた昼下がりと、その絵が描かれた夕暮れとの間、この瞬間と、バルセロが図像を眺めているその日との間に、年代を設定することは困難だ――数時間、それとも三万六〇〇〇年？――そして対話がいつ、誰との間に始まったかを指し示すことも。「ゴシック美術については、ショーヴェの洞窟壁画のように、私にはそれ

図2 《パソ・ドブレ》ジョゼフ・ナジとのパフォーマンス，セレスタン聖堂，アヴィニョン，2006年

がどこか他の惑星から来たものとは感じられない。逆に、私はそれがとても身近な何かのように感じるのです」[11]。動物へのこうした関わりは、即座にわれわれの動物性へと目を向けさせる。それは通常言われるように、二本足で立つことから四つ足に突き落としてわれわれを貶めるような、聖典宗教〔ユダヤ教、キリスト教、イスラム教〕がすべてわれわれに遠ざけるよう命じる獣性を意味するものではない。まったくそうではない。ここには、絵を描くポロックのダンス、あるいは地表すれすれで、キャンヴァスと自分を隔てる最初の一メートルを探究するバルセロの振り付けに似たものがある。むしろその動物性とは、われわれが大いなる存在の一部であることを示し、雌ライオン、最初のヒト科、樹木や一茎の草をはじめとする生けるものに対する敬意を刻み込むあり方のことなのだ。《パソ・ドブレ》は、バルセロとナジが焼く前の陶器——この技巧と文化の遺産——を頭から被り、人間の顔貌に隠されていた線の上に新たな線を引いてしばしば動物のかたちを描き加えるときに、このような動物性を吟味し、示すのである[12]。「それはむしろ、動物になる特権です。人間性

の喪失ということではなく、究極の人間性なのです」[13]。この過程は、人間性の多様な諸相を融合するというのではないにしても示してはおり、切り離されるべきでなかったものを再びひとつにする。この点においても、「《パソ・ドブレ》はアフリカから来た[14]」のである。

パフォーマンスのある瞬間に、ほとんど放心とも言える休止の一刻がある。バルセロがエアブラシを手に取り、巨大な画面を白で塗りつぶし、それが新たに描き直されることになる別なページを開く舞台となるときである。陶器もまた、焼成の間は暫時放擲《ほうてき》されねばならない。この変容の一刻は、思慮深いバルセロ（複数の人格を持ったペソアのように、人は分身《アルター・エゴ》を持つものだ）においては、それもまたひとつの道具である。彼は素材からイマージュを引きずり出し、この段階から、建築中の建物を第三者に委ねるのを好む――炎、シロアリ、時間、太陽に……――そしてその後、あらためてバトンを引き継ぐのである。こうした変容――布や紙の上にシロアリが描いた見知らぬ世界の地図、窯の中で燃える薪の炎の効果……――は、彼の作品を世界の外部に堅固に結びつけるためにもたらされる。「バルセロの芸術は、共作でしかない。彼の作品に専有権を主張するものは何もない。反対に、バルセロは、彼が用いる素材と、そして周囲の状況との連携において創造するのだ[15]……」

あらわにする――死に装束としての土

すべては土に由来する。土は常に変容を待っている。耕作に適した肥沃な土になり――ここで、この芸術家が多数描いた「ボデゴン」、つまり果物や野菜を詰め込んだ静物画が思い浮かぶし、マヨルカ島の聖ペトロ礼拝堂[16]内に描かれた瑞々しい上にぱっくり口を開けたザクロの実、春が来ると島を白く彩るアーモンドの木、抜けるような青空に向けて上昇していくミルクの雨のごときその花が想起される……——、彼自身あるいはドゴンの陶工によってこねあげられるのだ……。土は何かと一体になることによっても姿を変える。土の実体変化〔ミサにおいて、パンとワインがキリストの肉と血に変化すること〕はかくのごとしである。なにしろ、中世の戦いの際に、戦士たちは攻撃の前に聖餐のせめてもの代わりとして土を口に含んでいたのだから。土を食べなければならないこともありえるし、実際、食物に含まれるミネラル分を通じて食べている。

すなわち、鉄分の多い土は血がそうなのと同じ理由で、同様に赤い。赤い粘土の鉱脈〔フランス語では、「静脈」と同じ単語〕は——カリフォルニア、マリ、ベンガルで……——血がわれわれの体を巡るのと同じように地を経巡る。ヨーゼフ・ボイスの作品中の血と鉄、錆の反復は、エントロピーの力学を生の跳躍《エラン・ヴィタール》のそれに混ぜ合わせるこの同じ流動に参与しているのだ。バルセロの作品とボイスの作品とは互いに照応するのであり、その作品を通じて、ふたりは対話しているかのようである。つまり、かたや《ボグ・アクション》、ゾイデル海やカッセルの樫《かし》、ミ

図3　聖ペトロ礼拝堂，マヨルカ大聖堂，2007年

ツバチ、オリーヴの木の保護活動に励み、かたやアルクディア湾に売れそうな分譲地しか見ない開発業者の触手から、マヨルカ島北東部の言語に絶する美しさを持つ海岸の保護に、若くして勤しんだのである。[17]

土を他の数ある素材の中のひとつとして扱い、作品において役割を果たさせること、土で土を表現すること、ほとんど干上がった水たまりの中で分離した粘土の薄い層がそうなるようにひびの入った聖ペトロ礼拝堂の大画面はそのようなものである。ミケル・バルセロは、画家のためにメーカーが供給したひと揃いの絵の具で満足したことは一度もない。「私は天然の顔料から絵の具も作りました」と彼は言う。「特に、土色や褐色《オークル》をです」。こうして彼は、初めてナポリに滞在した時、ほぼモノクロームの作品群を描くにあたってヴェスヴィオ火山の灰を使用する。ユビュ親父〔アルフレッド・ジャリ『ユビュ王』の主人公〕の腹に描かれた渦巻きのように、彼が土を使うことで、作品を見る者はヴェスヴィオ山の灰からマリの赤粘土へと、マヨルカ島の中央部にある大規模な鉱脈で瓦やレンガの製造業者が掘り出したほとんど白い粘土を経由して連れて行かれる。彼は観者を土で満たし、世界の循環する元素の偉大な連続体に再度繋ぎ直しさえするのだ。

そして彼はこの世界をくまなく歩き回り、大地と風景を飲み尽くす。マリはもちろんフランスも、スペインも、ニューヨーク、インド、ヒマラヤ山脈も……。そしてある時、生地への旅が、ジョアン・ミロが共同制作し、友誼を交わしてもいた偉大な陶芸家ジョセップ・リョレンス・イ・アルティガスの足跡へと彼を導くだろう。[18] 彼は自らの環境において、想像力をひきつける材料の一部を見出すが、彼はまたその素材を変容するのに役立つ道具を創作するためのあらゆる手段を用いようとする。まだ焼かれておらず変形可能な壺のかたちを変えるために彼が使う道具一式を見ておかねばなるまい――楊枝、金属ブラシ、菓子職人の抜き型(ほとんど使われないが)、木槌、金槌、ナイフ、筆(もちろん毛先も柄も用いる)……これらは商店で見つけたもの、地べたにあったもの、古道具屋で買ったもの、そして《パソ・ドブレ》で使われたものの一部のように、注文して作らせたものである。野球のバットのごときものや、土の舌をもちあげる驚くほど小さなコテ(ユビュ王的な道具だが、それが伝えるエネルギーは子供の喧嘩を貫く類いの興奮とともに手にしたいと思うようなものである)と……もちろん彼の手、指だけでなく、その全身、折り曲げられて壺の肌に沈められた二本の腕(もまた道具であり)、それは今や馬の頭部を、またひとりの女性の骨盤を、そして性器を彫り出そうとしている……。「多くの芸術家が、素材と自分専用の道具を創作していると思うし、それらの道具は私の仕事の一部をなしているのです[19]」。別な道具に固く握りしめた拳があり、一九九〇年代末から陶土の内側を叩き、膨らませ、あまりに平坦な表面から見事な動物たちや化石、無意味なかたちを突出させるために使われている……ついで身体全体も使用される――素材と、自らの周囲を探究し続ける時、人はそれらをとことん知り尽くしたいという、いささか狂気じみた夢想を追求するものだ。《パソ・ドブレ》で起こったことはそれであって、バルセロとナジが拳の一撃で力ずくで開いた粘土の壁から出てきて、その素材をこね回し、投げつけ、突き通し、もう一度覆い、それからまたしてもその中に姿を消す。取り上げられているのは創造行為を示すことでもあり、「活人画」を作ることだが、それはひと揃いの箱の中に異なる有機物を入れて腐るがままに放置するという初期作品《カダベリナ》(一九七六年)について話す中で、かつてジャン゠ルイ・フロマンに打ち明けた通りである[20]。

傾斜、平面図、飛翔

島の中心部、ヴィラフランカの村からそう遠くないところに、ミケル・バルセロが土を加工するアトリエがある[21]。この古いレンガ工場のほぼ中心にある穴の中で、彼はレンガを動物の顔や人物像に、壺を果てしなく続く円柱列に変形し、それらを引き裂き、矢や石で貫き、そのうえ土を土に差し戻す（同種の旅が私たちを待ち受けていることをお忘れなく[22]）。穴の中で、素材は目覚めるのを待つ。「人は、事物の中に自らを再発見する、ということを言うのに性急です。想像力は、現実の目新しさに、素材の啓示に惹きつけられます。想像力は、斬新で深遠なイマージュが現れる機会として絶え間なく到来するこの開かれた物質主義を、愛するのです[23]」バルセロは、建物の中で最も広い床を見せてくれた。そこは、レンガ製造の工程が容易になるよう、軽く傾斜している。建物の裏手では、土が準備され、広間に入れられ押し出し成形機の脇に置かれた荷車に積まれていた。その成形機はもはや床に痕跡を残すだけだが、白粘土でできた腸詰は何キロメートルも続く中空レンガとなり、それは荷車に載せられて乾燥スペースに、ついで下の方の窯へと運ばれていた。ほとんど気づかない程度の傾

図4 《土の大ガラス》(陶芸アトリエのガラス窓，ヴィラフランカ，マヨルカ島)，ガラス上に粘土の掻き落とし，部分，2015年

斜だが、われわれの身体は、それをしっかり受け止めた。そしてミケルは、読書家だった。彼は私に、建築家クロード・パランについて話してくれる。パランはこう言った。「人間は、状況のしからしむところ、危機に立っている。そしてその危機とは、われわれが直角に交わる壁に囲まれて生きているということ、さらにそれを水平の平面図に固定しているという事実に由来する。人間はその中に落ち着き、くつろいでいるということであり、またもし人間がその三〇〇〇年紀をして何事かをなさんというのなら、安定を捨て、不便さ

上 図5, 下 図6　マヨルカ島にあるミケル・バルセロのアトリエ, 2013年

図7 《扉と窓》陶器，2012年

に身を置かねばならぬ。斜めの線とは、そのためにあるのだ[24]!」「そうしてすべてがひとつにつながり、速度を上げる。斜面とその喜び、その不確かさの物語が、全速力で展開するのだ[25]」。レンガ工場の便利な斜面が、われわれを台から台へと導く。それらの上では、表面をひっかかれ、引き裂かれ、石で打たれ、スリップを点々と散らされ、凸部を凹まされ、口を開いた、ひびの入った、あるいは若い肌のように時間をかけてまろやかに磨かれた甕[26]が待ち受けている。

大地の引力がその後を引き継いで、いつも貪欲な窪みから遠からぬ地面にそのいくつかを落とした。煤で黒ずんだひと組の壺——アフリカの、そして陶芸に手をつけた頃の思い出だろうか? いやむしろ、煙突の煙道の記念だろうか(というのももちろん彼が煙道の中を見ていたからで、お気づきではなかったですか?)——眼前にしているのは単に、炎がつけたぼかし模様ではない。これらの壺は、短毛のビロードがもつ官能的な優雅さを示す産毛のような煤に覆われている。それは均一の、底知れぬ奥行きをもつ黒であって、ボマルツォの

右 図8 マヨルカ島にあるミケル・バルセロのアトリエ「潮」，2013年
左 図9 《黒いタントラ》燻した陶器，2014年

オルシーニ家の庭園にある食人鬼の貪婪《どんらん》な大口の中を思わせる。これらの壺は、人を魅する黒さを持つのだ——Ogni pensiero vola、ここではあらゆる思考が消え去る——残るのは、壺を手で撫でることと、それを壊してしまう恐れのみである。斜面がもう一度その効果を存分に発揮して、焼き上がった甕の表面のニュアンスの戯れを前にして思考は消え、意識下の感情の働きに場所を譲る。焼成には、これらの微細な変化を得るために、薪を使う。こうした変化はそれ自体、素材があらわにするべきものを育む役割を持つのである。[27]

この傾いた床と同じ流儀で、バルセロにおける絵画平面は常に混乱を呼び、またそれ自体混乱している。その上絵画の表面は決して平坦ではなく、遠近法の効果との戯れは日常の出来事で、水平線から垂直への移行に見る者は慣れる必要がある。そこにあったものを見せること、あるいは視線から隠すこと、読解の異なる次元を提示し、再提示し、問いに付すことが、彼の作品に切れ込みを入れる。「スペインの記憶は特別な記憶であり、ギリシアとアラブを源泉としながらも、北方から来たある種の影響を刻印された地中海世界の記憶だ。私は、禁欲主義に

ついて、「垂直性」について、そしてスペイン絵画に特有の非常に特別な厳格さについて、しばしば語る」(28)《パソ・ドブレ》の床を作り、また粘土の壁として立ち上がる斜面もまた同様である。その面は仕切り壁の向こう側にいるバルセロとナジの拳によってでこぼこになっているが、徐々にふたりがその面から姿を現し、柔らかい材質を変形させながらそこに化石と脊柱の刻印を彫り込み、スリップのかかった白い肌の下の赤い陶土を剝き出しにしながら彼らの痕跡を残す。彼らは同時に先史時代の人間であり、画家であり、闘牛士、ディオニュソスとシジフォスなのであり、斜面を滑り降りてはまた登り、それを変容させ、そこに飲み込まれる前にまず姿を偽るのだ。

ほぼ毎朝、バルセロは地中海の波立つ海面を突き破り、海の底に到達する。この海を、七年近くの間マヨルカの大聖堂のための作品に従事しつつ、彼は垂直に立ち上げようとしているのだ。その作品は聖ペトロ礼拝堂を装飾している。今またひとつの海面が、彼の面前にある、つまり海とその波とが、垂直に、ゴシックのアーキトレイヴを浸している。今また幾多の参照の熱気が、土の偉大なる官能性が生じる。カナの婚礼、パンとワインの奇

図10 《トニイナ》陶器，2012年

跡、熟れた果実、生命のうごめきと死の測りがたさ、白衣で、胸と、いわずもがなの他の四箇所に傷のあるキリスト像の足元の骨壺。この土肌を、彼はナポリ近郊のヴィンチェンツォ・サントリエッロのアトリエで二年にわたって作り上げることになる。一五〇トンの陶土と二〇〇〇キロのエマイユを支える金属製の骨組みの裏側に隠れて、時折小さなモニターで大壁画の表側を確認しながら、バルセロは裏側からこの大画面を彫り出す。ヴィンチェンツォ・サントリエッロは言う。「彼は、ちょうどキャンヴァスを相手にするように、表面の全体を使いたかったのです」[29]。ヨハネによる福音書から取られたテーマは、「明快な作品」でなければならない。土は白過ぎもせず赤過ぎもしない、肌の色[30]。キリストは等身大で、果実は収穫を待つばかり、皮が食欲をそそる大きな丸パンが裂かれ、豊穣な海は遠慮なく大量の魚を吐き出す。そして椰子の木が空に向かってそびえ、枝を広げる……。陶土の肌には乾くにつれてひび割れの網目が走り、それは偶然まかせでありながら制作の当初から予想されていたことでもあり、この巨大な焼き物の壁を千ものかけらに分割しているが、二〇〇四年の春以降、これらの破片は礼拝堂の壁に固定された金属製の骨壺に納められている[31]。「作品は全体でひとつの塊として制作されています。つまりタイルや陶板を並べてあるわけではなく、二〇〇から三〇〇平方メートルの一枚の表面なのであって、それが自然に割れていくにまかせ、三メートルある断片をパズルのように組み合わせてあらためて壁面に貼り付けているのです。ある種の完全な有機的一体性があるのです」[32]。この大規模なフレスコ画の計画は、テオドール・ウベダ司教の同意と支持により着手された。司教は二〇〇五年五月に、聖ペトロ礼拝堂内に葬られることを望むという遺志を残して逝去した。オレンジだけの食事を表す浮き彫りを含む大皿、逆さになってワインが流れ出る水差し、そして骨壺が、キリスト像の足元で、地上の生に限りがあることを想起させる。残余は沈黙、大いなる事業［錬金術のこと］が間近に迫る時、その濃密さを増すのと同じ厚みのある沈黙がそこにある。

バルセロは丸木舟で「新《ネオ》――」の川を渡り、「――主義」を通り過ぎ、ゴヤとミロに兄弟として挨拶を送り、われわれの瞼の縁にまで近づいてくる。この一文を読み、われわれは矛盾した意識状態だけでなく、その非常に多様な段階や見取り図を紐解いたわけだが、バルセロはそれらを合一の形態にまで、困惑すべき啓示にまで推し進めるのだ。彼はそれらを育む。かくして彼は、潜在的な映像の海を渡って進むのだが、ピカソ、ゴヤ、初期人類といった芸術家たちの偉大な一群が、あらゆる時代性に目もくれずに彼とともにあるのだ……。この薄闇の中で、彼ら芸術家たちは互いに注目し合い、年表の廃墟の上にすっくと立って、絶え間なく揺れ動く目に見えない地図を描いている。彼らはわれわれを見つめ、われわれは彼らを見つめる。彼らが見つめるのは、われわれのためである。そしてわれわれは、「壊れた、脈打つ、闇の中心に近い」(33)ところで汲み上げられたこれらのイマージュを見つめるのである。

訳　阿部成樹

（1）Miquel Barceló, in Paul Bowles et Miquel Barceló, *La Boucle du Niger*, trad. Claude-Nathalie Thomas,

図 11 《家族》陶器，2015 年

Paris, Éric Koelher, 2010 (éd. originale: *Too Far from Home*, 1996).

(2) 「バルセロの最初のアフリカ旅行は一九八八年のことです。約八ヶ月〔原文ママ。約六ヶ月〕にわたることになるとても長い旅行で、この旅行中に彼はアルジェリアからサハラ砂漠を横断してマリのガオに着き、制作のためにここに住み始めました」(Enrique Juncosa, *Miquel Barceló — Le sentiment du temps*, Paris, L'Échoppe, 2003, p. 49)。彼はこの旅行中に後に共同制作者、友人となる彫刻家アマヒゲレ・ドロと出会う。バルセロはマリ、セネガル、ブルキナファソを訪れ、旅行は六ヶ月に及んだ。一九九一年は、バルセロによる最も重要なアフリカ旅行のひとつが行われた年である。コートジボワールのアビジャンからブルキナファソのワガドゥグーへ、さらにマリのセグーへの旅である。一九九一年の一月から三月にかけて、丸木舟のアトリエを作るのに数週間を費やし、それでニジェール川からバニ川へと一四〇〇キロメートルを遡上した。ヨーロッパに戻ってから、彼はニジェール川とその沿岸の生活をテーマとする大規模なタブローの連作を制作した。

(3) 「マリで一九九一年に粘土で制作を始めた頃は、絵画でできなかったことに取り組んでいるのだと思っていました(そして技法を学んでいるのだと。私はいつも何かの技法を学んでいます)。(中略)それから、フォンタナやミロがおそらくそうしたように、自分の絵をこの新しい素材に移し替えたのだと思いました」(Miquel Barceló, *Terra ignis*, Arles, Actes Sud, 2013, p. 8)。

(4) Miquel Barceló, *Carnets d'Afrique*, Paris, Gallimard, 2003.

(5) Catalogue *Terramare — Miquel Barceló*, Arles, Actes Sud, 2010, p. 232.

(6) Barceló, *Terra ignis*, p. 8.

(7) *Ibid.*, p. 9.

(8) *Terramare*, p. 221.

(9) ミケル・バルセロは南仏アルデシュ県にあるショーヴェ洞窟の複製を作るにあたり設立された学術委員会のメンバーとして招聘された。この記事内で引用した出典のない発言は、二〇一六年二月にアトリエを訪問した際にバルセロ本人と交わした会話から抜粋したものである。

(10) 「ショーヴェで驚いたのは、動物たちが決してアイコン《イコニック》的ではないことです。描いた人たちはライオンを描くのにシルエットを繰り返したりしていません。どのライオンも個別のライオンなのです。君も彼らに苗字と名前をつけられますよ。さらにライオンの生活のとても特別な瞬間が描かれています。狩りの直前、においを嗅いでいるところ、あるいは交尾の直前……」(Collectif, *Portrait de Miquel Barceló en artiste pariétal*, Paris, Gallimard-Collection Lambert en Avignon, 2008, pp. 169–170.)

(11) *Terramare*, p. 226.

(12) 逆に、人間はすべてを自分中心に考え、自分の体を物差しとして使い、自分の尺度で、自分の環境に住みついてそれを構成するものをふるいにかける。たとえばわれわれは、子供になった彫られた木片ピノッキオについて、また、「深淵部」「曲がりくねった道」という言葉を使って、大地について書いたばかりである。

(13) *Portrait de Miquel Barceló en artiste pariétal*, p. 172.

(14) *Terramare*, p. 240.

(15) Alberto Manguel, in *Terramare*, p. 38.

(16) その後、聖体礼拝堂と改名された。

(17) 「以前から常に建設業界とは難しい関係にありました。子供時代の天国に、彼らは何百万本ものレンガとコンクリートを積み重ねました」(Barceló, *Terra ignis*, p. 10)。ミケル・バルセロの家は、アラブ人の支配下にあった時代に作られた古い城塞で、地面に沈み込んだような、あるいは地面から突き出たような――その時の気分やそれを見る人による――、巨大だが打ち解けた、重厚だが控え目な、そんな建物である。背後にある山の頂上には植物が生えていない。長さ数百メートルの低い石垣が、広い区画を境界づける。風景の中に城塞の存在を見出すことは、われわれに一匹のアリになったような印象を与え、われわれを本来の位置に置き直す。

(18) 彼が青年であった頃、当時の恋人が、ジョセップ・リョレンス・イ・アルティガスがスペインの伝統的陶芸の歴史に関する著作(*Cerámica popular Española*)で言及した場所や人物を巡ろうと提案したのである。

(19) *Terramare*, p. 236.

(20) 一九七八年、サ・プレタ・フレダ画廊、ソン・セルヴェーラ(マヨルカ島)にて、絵の具で塗りつぶしたキャンヴァスに有機物をつけたもの、デッサン、小さな箱を展示した。

(21) 「古いレンガ工場か瓦工場《テュイルリ》、――マヨルカの言葉では“teulera”――、レンガと瓦を作るところです。ここで働いていた職人たちは瓦以外のものを作ることはできませんでした(後略)。このアトリエではふたつの窯を使っています。ひとつは一〇〇年ほど前のもので、もうひとつは一九六〇年代のものです。古いほうは、私の作品のサイズに合わせて調整しました。(中略)持っているものを生かさなくてはならないと思っていたので、このレンガを使い始めました。機械を再稼働させて、工場を再び操業させました。私たち以上にレンガ作りがうまい人はいないと思っていたし、これはとても有利な点だとも思いました。この時、廃業した会社から二人の陶工を雇い入れました。これがスタート地点でした。こんなふうにして、これらのレンガが頭部に姿を変えたのです」(*Terramare*, p. 221.)

(22)「これは(地面に置いた粘土を)押しつぶし、アトリエの中の好きな場所に頓着しないで放り投げてできた堆積です。幅約六メートル、深さ三メートルの台形のプールのような場所が、数百、数千の失敗した粘土のやつで埋まっていて、それを見ると全体の中に何か名前を付けてもよさそうなものが見えてきます。でも、私はそうはしません」(Barceló, *Terra ignis*, p. 10.)

(23) Gaston Bachelard, *La Terre et les rêveries du Repos*, Paris, Corti, coll. « Les massicotés », 2010 (1948), p. 65.(ガストン・バシュラール『大地と休息の夢想』饗庭孝男訳、思潮社、一九七〇年、六二頁)訳文は拙訳による。

(24) Hans Ulrich Obrist et Claude Parent, *Conversation avec Claude Parent*, Paris, Manuella Éditions, 2012, p. 44.

(25) Claude Parent, *L'Oblique*, Paris, Jean-Michel Place et Sujet-Objet, 2005, quatrième de couverture.

(26)「アウファビアス(aufabies)。私がよく採用するかたちのひとつが『アウファビア』(aufabia)といって、塩漬け豚の骨、オリーヴ、ケイパー、油……などを保存するのに使われた壺です」(Barceló, *op. cit.*, p. 9.)

(27)「窯のあるアトリエを四つ持っていました、いえ、窯は五つです。そして、毎回、素焼き作品を焼いた窯を区別できます。どのアトリエにも個性があります。アトリエの何か、窯によって、焼成のタイプ、粘土のタイプによって……。いつも、とても特別な空気感や感覚があるのです。(中略)イタリアでは、電気窯を使いました。アフリカでは、急場しのぎの窯が陶器に火傷のような黒いしみを残しました。粘土に直接残されるしみで、たとえば、破裂しないよう中をくり抜いた小さなアフリカ人の、粘土(で成形した)頭部がそれでした。その後、窯に入れて四〇〇度で焼成しました。アトリエで使っていた普段の他の窯なら一〇〇〇度、一一〇〇度、一二〇〇度まで出すことができました」

(*Terramare*, pp. 220–221.)

(28) Démosthène Davvetas, "A la recerca de la memòria," in catalogue de l'exposition *Barceló*, *Barcelona*, Antic teatre de la Casa de la Caritat, Barcelone, 1987, p. 16. Cité in Juncosa, *Miquel Barceló*, p. 11.

(29) ヴィンチェンツォ・サントリエッロとの会話(Collectif, *Miquel Barceló—La catedral bajo el mar*, Barcelone, Galaxia Gutenberg-Círculo de Lectores, 2005)。ヴィンチェンツォ・サントリエッロのアトリエはナポリ近郊ヴィエトリ・スル・マーレにある修道院として使われたであろう「倉庫(capannone)」にあった。アトリエはバルセロが望んだように、この土の「キャンヴァス」で制作するに十分な規模の広さがあった。

(30) このテラコッタは、大聖堂の建立に使われた石に似た色にもなる。主の公現を待つというイマージュ——もちろん主の大きな霊的な力もだが——を含んだ素材というこの観念は、パルマ大聖堂の旧内陣の建築においてすでに存在している。多くの聖堂のバラ窓とその周辺部分は完全に平らなファサードから浮き出してくる印象を与える(聖フランチェスコ聖堂)。他の場所では逆に、正面入口上の壁面は、既に存在していた彫刻を見つけ出すために考古学的に発掘されたかのように見える(聖エウラリア聖堂)。偽りであると同時に魅力的なこうした印象は世界中のいくつかの場所で繰り返されており、エローラのジャイナ教の寺院群(インドのマハーラーシュトラ州)では、断崖[ファサードのこと]は寺院を「啓示」するために、頂点から床までひと続きに——なんという力業だろうか!——彫り出されている。

(31) 壁画制作の完全な年表を確認したい読者は、*Miquel Barceló—La catedral bajo el mar* を参照されたい。

(32) *Miquel Barceló—La catedral bajo el mar*, p. 140.

(33) *Terramare*, p. 149.

土と手を合わせる

カネ利陶料《りとうりょう》

陶磁器用陶土製造・販売

Kaneri Touryo

岐阜県瑞浪市《みずなみ》、土岐市《とき》、多治見市《たじみ》の東濃地方は粘土質の豊富な地層に恵まれている。一〇〇〇万―八〇〇〇万年前のものといわれる地層は、かつてこの地域を覆っていた湖の底に風化した花崗岩《かこうがん》が堆積し、長い年月をかけて水の流れやバクテリアの働きによって分解されたものである。地層から掘ったばかりの原土をやきもの作りに合うように配合する陶土製造は、美濃焼の発展に欠かすことができない土をデザインする産業だ。土地の人々は、どのように人間の手に馴染むよう土という素材と折り合いをつけて来たのだろうか。一八三九年創業以来、瑞浪市に拠点を構え、土づくりを続けるカネ利陶料の会長の岩島利幸さんと五代目社長の日置哲也さんを訪ね、美濃焼の原土採掘から陶土製造までを取材した。

原料山《げんりょうやま》より

その日の朝は雨が降っていた。岩島さんの案内のもと、粘土の採掘場に向かっているというのに、私たちはすっきりとしない天気に気を揉んでいた。ところが車で山道を登っていくと、そんな不安を吹き飛ばすかのように次第に雨雲が切れて青空が覗き、光が射し込んできた。

今まで何度も行ったけどね、原料山に行くときには、天気はなんとかなるのですよ。

ああ綺麗だね、晴れたね、と窓の外を見る岩島さん。なだらかな山の稜線に沿うように

漂う雲の間から太陽が見え隠れしている。縦にそびえるというよりも、横に広がるように連なっている山を地元の人は屏風山と呼んでいるらしい。

原料山の管理事務所で手続きを済ませて、さらに空に向かって進む。タイヤが砂利道を進む音に変わったかと思うと同時に、景色が一変して息を呑んだ。気持ちよく続いていた山の連なりがざっくりと切り込まれ、森の木々が生えている部分が剝がされて白い土が露《あら》わになり、さらに階段状に掘り込まれて谷になっている。谷間には大きな水溜りがいくつかあるが、どうやら自然にできたものではなさそうだ。車から降りて長靴に履き替え、ぬかるんだ地面を歩き始めるとすぐに足元に滑《ぬめ》りを感じた。

雨上がりの原料山に強烈な太陽が射し込んで、湿った土が白く輝いている。滑らないように気をつけながらダンプカーが踏み固めた道を選んで歩いても、何度も足を取られて沈んでいく。歩を進めるごとに長靴の縁についた泥がみるみるうちに分厚くなる。泥に足首を摑まれて引っぱられていくようだ。足元に気をつけながら屈んでみると、砂っぽい土の表面にグレーの半透明の粒が一面に散らばっている。

それは珪石《けいせき》でガラスの原料になる鉱物、砂の中の白いものは長石《ちょうせき》、磁器の原料になる鉱物です。こうやって手に取って指に力を入れて押すとどんどん崩れていくでしょう。

砂のなかから白い長石の粒を取り出す。指で押すともろもろと崩れてさらりとした粉のようになった。こうした粘土を美濃地方では蛙目粘土《がいろめねんど》と呼んでいる。粘土中の珪石が光に反射してキラキラと光るようすがカエルの目のように見えるところから昔の人がそう名付けたらしい。白に近いグレーの粘土がねっとりと手にまとわりつく。

雨上がりの原料山は生気に溢れていた。水を含んだ現場は、ダンプカーでさえも身動きがとれなくなるほどの粘りで人を寄せ付けなくなるという。地層の厚さを感じながら、車が通って踏み固められたタイヤの跡を頼りに谷底を目指して進むと、地球の中心に近づいているような感覚になる。ふと顔を上げると私たちが立っている地面よりもずっと上のほうに、かろうじて四角い形を保って朽ちた木の破片が粘土に埋まっている。

あれは昔の坑道の跡、粘土を採掘するときに使っていたトンネルです。昭和初期までは山の斜面に穴を掘り材木を組んで坑道を作り、そのなかにトロッコが入って粘土を運び出していたのです。この層のあたりで質の良い粘土が取れたのでしょう。

地層は時の目盛りだ。人間が地球上に存在している時代の層は地表からほんの数メートル。今、ショベルカーが切り崩している層は人間が現れる以前、太古の時代のものだ。

昔ここは大きな湖の下にあったのですよ。そこに花崗岩が砂状になって風化したものが堆積し、地殻変動で地盤沈下したところに運ばれました。それが何層にも重なり、地球に抱かれて熟成したものが今、粘土となって地表に出てきているのです。

そもそも粘土はどのようにできるのだろうか。岐阜県美濃地方はマグマが地下深くでゆっくりと固まった花崗岩が地盤になっている。かつてこのあたりにあった湖は度重なる気候変動や地殻変動を経て形や大きさを変え、その度に陸地が湖底に沈んだり再び現れたりを繰り返した。花崗岩の地盤は長い時間をかけて徐々に砕かれて砂状になり、他の鉱物と混ざり合いながら湖底に堆積していく。さらに陸地だったところが湖底に沈むタイミングで木々や植物などの有機物も巻き込まれ、砂状の堆積物は水を抱きながら分解され、やがて粘りをもつ土、つまり粘土になっていった。

採掘現場には、ところどころに黒い炭のようなものが散らばっている。時折、ごろりと大きな木片のようなものもあって、手に取ると水分をたっぷり含んでいて重い。これはかつてこの地域が湖の底にあったときに、木が酸素を遮断された状態で埋まったまま年月を経て炭化したものだという。真っ黒な木片には美しい年輪が際立っていて、力強い生命の力を感じる。掘削された地面の最も深い部分まで歩いて行くと、岩島さんはしゃがんで足元の土に触れた。

この土は今、深い眠りから覚めているところです。掘りたてだと粘りがないけれど、こうやって練ると土の粒子のなかに水が沁みわたっていく。人間が触ると土が語りかけてくるのです。今日は特に雨が上がった後だから喜んでいますね。ほら、だんだん土が

地層のなかからは，かつて湖底だったところに埋まったまま酸欠状態で分解されず，炭化した木片が見つかることが多い

目覚めて、粘りが出てきたでしょう?

そう言いながら足元の土を手で捏ねると自立した形になっていく。

これは原土なのでそのままではやきものを作りにくい。やきもの作りで大切なのは人間の手と土をどう合わせていくかを考えることです。昔は粘りと耐火度があって、鉄分が少ない土がいいやきものになるといわれていたけれど、今はヒビが入る、割れるという特徴を土の個性として表現する作家さんも増えてきました。土に対する考え方も大きく変わってきています。だから私は両方の希望を聞かないといけないと思っています。

原土の採掘現場には地球が粘土を作るために必要な要素がすべて露出している。地面には雨によるものか、地中から滲み出てきたものかわからない水溜りがいくつもある。こうして水が地層のなかを行き来しながら長い時間をかけて花崗岩を風化させ、粘土を作る作用を続けている。

原料山では土を掘ることで常に泥水が溜まります。現場では、採掘と同時にその処理を行い、採掘後は環境に配慮して緑化をしなければなりません。いずれも高額の費用がかかる作業です。やきものを志す学生たちは、入学後まもなくこの原料山に見学にやってきます。陶土の恩恵を受けるひとにはこの現状を知ってもらいたいですね。

人の手が自然の循環に入り、その流れを変える。昭和初期までは山の斜面に掘られた坑道に人間が潜り、一日仕事をして馬車で運ぶことができるだけの量の粘土を採っていた。それが昭和後期になって陶磁器産業が発展し、大量の粘土が求められるようになると、山の木を伐採して表土を剝がし、ショベルカーを使って土を掻き出し、ダンプカーで製土所に運ばなければ追いつかなくなったという。それを考えると今、世の中に出回っている土の価値というのはどれほどのものなのだろう。掘り進められている粘土層を見ながら採掘現場で働く男性は言う。

土は貴重です。掘ってしまったらなくなります。美濃地方ではそうして閉山する鉱山が多いのです。磁器を作るために蛙目粘土だけが欲しいと言われることがありますが、珪石の粒が多く含まれた層に当たらないと採掘できないのです。

岩島さんが頷く。

陶磁器産業全盛の一九七〇年代から八〇年代に比べて、今や鉱山の数は四分の一にまで減ってしまいました。鉱山を維持できなくなってきたのです。泥水の処理や山の緑化費用がかかるだけでなく、作業用のダンプカーなどの重機の維持費は大量に採掘しないとまかなうことができない。だから、現在、原料山で採られた土は配給制になっています。つまり前年度までにある程度の量を流通させていないと翌年に仕入れる量を減らされてしまうということです。必要以上に使うことは控えたいけれど、使い続けないと将来土を仕入れることができないという難しい現状です。

粘土の採掘によって数千万年の地球の営みの蓄積は一瞬で消えてしまう。土が生成される時間と、人間が採掘して土が消費される時間を想像するだけで目眩がするようだ。

美濃地方の土とカネ利陶料

原料山から取り出してきた原土はそのままやきものにすることは難しい。そこから不純物を取り除き、形にしやすい粘土にする必要がある。さらにベースになる粘土の種類によって陶器と磁器が分かれる。産地や地域によって異なるが、陶器は粘り気のある土を主に使い、一〇〇〇度から一二〇〇度の窯で焼成する。一方、磁器は長石やセリサイト(絹雲母)を含む陶石を粉状にしたものがベースとなり、陶器より高温の一二〇〇度から一三〇〇度で焼成する。ちなみに土器は原土に近い粘土に水を混ぜて八〇〇度ほどで野焼きしたものである。

岐阜県山岡町 1940 年代陶土採掘風景
(カネ利陶料提供)

五世紀ごろ朝鮮から日本に窯を作る技術が伝わってくると、野焼きよりも高温で焼成できるようになり、美濃地方では七世紀ごろ、硬く焼き締めに近い須恵器《すえき》の製造が始まる。平安時代になると窯のなかで器に降りかかる灰を釉薬にした灰釉《かいゆう》陶器が作られ、窯業が本格的に盛んになり、さらに一六世紀、一七世紀の安土桃山時代には茶の湯の流行とともにやきもの文化が発達した。しかし美濃地方が産地として急成長したのは、江戸末期から明治にかけて日常で使う器の需要が高まり、陶器だけではなく磁器の生産が拡大してからだ。江戸時代に入って、九州での生産が拡大するまでは磁器といえば中国からの輸入品が主で、庶民には手の届かない高級品だった。人々はその白さに魅了され、さらに硬くて丈夫なため需要が高かった。ところが美濃地方には磁器の材料になる長石が単体で取れる場所がほとんどない。そこで豊富にある花崗岩を粉砕して、中に入っている長石を取り出す方法が発明されたのだ。この作業を効率的に行うために、小里《おり》川を流れる水を使って水車を回し、複数の杵《きね》を使って花崗岩を粉砕する石粉業《いしこぎょう》が盛んになった。カネ利陶料が陶土の製造を始めるにはこういった時代背景がある。

初代の岩島福次郎の時代はまだ土屋をやっていませんでした。岩島家は中馬中《ちゅうまなか》街道沿いの宿屋だったのですが、そこは物流の要で原料山で採れた粘土を運んでくる荷馬車が通っていたのです。そこに目をつけたのが二代目の利三郎です。陶磁器の作り手に、すでに精製してある粘土を届けたら良い商売になるのではないかと考えたのです。

カネ利陶料二代目の利三郎さん（一八九〇年生まれ）は陶磁器の需要が飛躍的に高まった時

複数の杵をついて効率的に花崗岩を粉砕することができる水車．1881年には小里川付近では400基にも及ぶ水車が稼働していたという代の流れを受けて磁土の生産を始めた。まず花崗岩を砕いて磁土の原料となる長石を取る。そして水簸《すいひ》という作業によって山から採掘した原土を水に浸し、細かい粒子を沈澱させ、質の良い粘土を採る。これらの異なる土を調合して、すぐに制作を始められる磁土を生産することは当時画期的なことだった。

磁器産業が有名な九州の有田では粘り気のあるセリサイトを多く含んだ陶石を杵でついたあと、水簸して粘り気のない珪石を取り除くと、磁土の原料として使うことができます。ところが美濃では陶石そのものが取れないので、花崗岩のなかに混ざっている長石を取り出さなくてはなりません。ソーケーと呼ばれる風化してボロボロになった花崗岩は大抵、山の尾根にあって、そういう場所には大きな木が育たず枯れています。そこからなるべく長石が多い花崗岩を見極めて持ってくるのです。昔は今みたいにトラックもないですから、

山の奥から相当な長さの木の樋《とい》に水を流してソーケーを流しそうめんみたいに二、三キロ下の山の麓まで流します。そうすると、ころころ転がっていくうちに雲母とか珪石が途中で剝がれていく。それぞれの重さが違うので麓に着いた時点で自然と長石、珪石が別々に着地して溜まっていく。そこから磁土に使う長石を取り出すのです。今から六〇年ほど前まで行っていた作業です。

陶土作りには豊富な水を欠かすことができない。山の尾根から麓に向けてソーケーを運ぶため、水車を動かし杵でついて花崗岩を粉砕するため、また水簸によって純度の高い粘土を抽出するためなど、様々な工程で水を必要とする。やきもの作りは土から始まり、水と火の力を経て完結する。

長石の粒

三代目の源吾さん(一九一八年生まれ)の代になって、高度経済成長期が訪れると、効率よく磁土を生産するために大規模な設備がある協同組合に入らないかという話が持ち上がる。四代目で現会長の利幸さんが陶土の製造販売を始めたのは、そんな時代の流れを受けて、カネ利陶料として独立して磁土を生産する事業を終えようとしていたころだった。

美濃焼の産地で育った利幸さんは、幼い頃からやきものへの関心が高く、二〇代の頃は陶芸家を志していた。その後、岐阜県陶磁器試験場(現・岐阜県セラミックス研究所)で土に関する専門知識を学び、窯元やメーカー向けだけではなく個人作家向けの陶土を製造販売することに踏み切った。バブル景気で陶磁器の生産と流通が加速し、美濃の土がみるみるうちに採掘され、消費されていった時代だ。そんな時代に逆らうかのように、早くから個人作家との交流もあった利幸さんは先代までが残した設備とシステムを使い、作り手の意向を汲みながら土を製造し、それに然るべき価格をつけて販売した。

陶磁器試験場では土の成分分析を中心に勉強しました。それから分析表に載っている美濃焼の産地を巡って、山を歩き始めたのです。同じ時期に、かつて土岐市にあった小谷陶磁器研究所(現・土岐市陶磁器試験場・セラテクノ土岐)で日根野作三《ひねのさくぞう》さんからクラフトデザインの指導を受けていた若い作家さんにたくさん出会いました。彼らは日常に使う器などをすべて手で作っていたので、日々、作業で忙しく、土の用意は当然分業になりました。そうして作家さんたちが作るものに合う土を考えて作り始めると、どんどん需要が高まっていったのです。皆さん変わった土を求めていましたし、デザインも手で量産することが前提でしたので、機械生産ではできない質の高いものができたのです。

よりよい日用品を多くの人に届けるため、陶磁器デザイナーの日根野作三(一九〇七―八四年)が中心となって、土岐や信楽の製陶所や教育機関で独自の指導を行ったクラフトデザイン運動は、戦後の陶磁器デザインとその産地に大きな影響を与えた。岩島さんはそのような時代の機運に乗り、作り手が求める陶土をデザインした。さまざまな専門分野の技術とよりよいものを作ろうというヴィジョンが調和していた時代だ。

クラフト作家さんは制作したものを自ら販売していましたが、人気が出てくると商社が代わりに販売するようになりました。そうすると今まで何百個という単位で受けていた発注が、何千個、何万個になってしまい、もう人の手では作れなくなりました。似たようなデザインのものを機械で生産したほうが効率がよいということになり、大量生産に合う土が求められるようになりました。高度経済成長期というのはそういう時代です。このようにやきもの産業で食べていきながらも、土をただの道具としてしか見ないような考え方に疑問を持ちました。そして少しずつ方向を変えていったのです。

土を作る

現在、カネ利陶料では機械生産に適した安定した土を製造するほか、個人作家向けに相談や提案を行っている。それでは実際、陶土はどのように作られているのだろうか。美濃地方は種類は豊富だが、それ単体では形を作りにくい土が多いという。粘度がありすぎる、耐火度が高すぎて焼き締まらない、砂っぽすぎる、粒子が細かすぎて切れてしまうなど、それぞれにどこか不十分なところがある。そのため土を調合して欠点を補い合い、形を作りやすく安定した粘土を作る技術が発展してきたのだ。

カネ利陶料の工場の外にはコンクリートブロックで仕切られた原土置き場がある。ここでまず山から運ばれてきたばかりの土の「顔」を見ながら、やきものの「骨格になるもの」や「筋肉になるもの」を勘を働かせてショベルカーで合わせていく。異なる地層のなかで育った土はそれぞれ違う個性をもつ。さらに大昔に湖の底だった場所のどこを掘ったかによっても堆積する土の粒子が違う。土を混ぜる作業は異なる時間と場所を混ぜる作業だ。

鉱山でどの地層を掘るかによって土の質が違います。自然のものですから、むしろ原土は安定していないことを前提に調合していかないといけません。こうしてまず安定した土を作ってから、タンクのなかで泥と泥の状態で混ぜて、さらにやきものに適した土にします。最後に焼いた後の表情のことを想像しながら、脱水した土を土練機《どれんき》を使って調合します。普通の粘土屋さんは何を作るのかわからない状態で依頼を受けていることが多いですが、私たちは作り手が焼きたいもののイメージを共有したうえで土を作っています。

現在は五代目社長の日置哲也さんが主に陶土作りを行っている。カネ利陶料の工場傍のショップスペースでは多彩な色の粘土が小分けにして販売されているほか、粉状の原土が袋に詰めて用意されている。作家が自分の作りたいものに合わせて、個性ある土を自由に配合できるようにという工夫だ。さらにこれらの材料を使ってさまざまな条件でサンプルを焼き、ここを訪れる個人作家に土の可能性を示している。日置さんが土作りに携わりはじめてからの一五年の間にも土を取り巻くものづくりの環境は大きく変わった。自身も作家活動を続けながら、その感覚を生かしてカネ利陶料の土作りの考え方を引き継いでいる。

1

2

3

4

陶芸の作家として生き残っていくのは大変なことです。だから、作品のあり方だけではない素材や技術といった別の視点からのアドバイスは重要だと思います。今は必要なものは何でもそろう時代です。だけど、作家さんには自分ひとりで制作しているわけではないということもわかってほしい。産業がないと材料も道具も手に入らない。地元が生み出すものや、誰かの技術やノウハウに支えられながらものづくりが続いているのです。陶芸学校にいくと、まずは当たり前のようにビニール袋に入った粘土を渡されます。それに慣れてしまうと、土は自分で取りに行くものではないと思ってしまう。以前、私は作り手として土がどこから来ているのか全くわからないことに違和感がありました。だけど原料山へ行って、土を作る現場に立つと考えが変わってきました。最近はこういうことを若い作家さんと話すようになりましたし、見学に来られる方も増えました。自分たちも仕事の内容を説明することで、産業のなかでどのような位置に立って何をやっているのかがわかるようになりました。地味な仕事だけれど、この仕事の面白さを作家さんと共有できるのはありがたいことです。

土をみたてる

会長の岩島さんは今まで多くの作家の相談に乗ってきた。工場の傍にある自宅のデスクにはさまざまな陶片、木の実や化石や貝殻などから、カネ利陶料の土を使った作品までが置いてあり、まるで自然科学博物館の展示ケースのようだ。岩島さんは土の相談に訪れた

1. 原土置き場で性質の異なる土を勘を働かせて大まかに混ぜておく　2. 不揃いの原土の塊を粉砕しつつ粒の大きさを整えたあと，トロンミールという機械で泥状になるまで水と攪拌(かくはん)する．種類の違う泥同士を混ぜ合わせることで複雑な調合が可能になる　3. 泥をポンプでフィルタープレスという機械に送り込み，布に挟んで圧力をかけて脱水する　4. 板状にして積み重ねてある脱水された陶土．これをベースにさらに機械を使って別の土をブレンドし作り手の要望に沿った土を作る

作家とここで話をする。

作家さんには今までに焼かれたものをいくつか持って来てもらって、指先の癖や、土に対するこだわりなど、ご本人が気づいていないものを少しでも感じようとしています。また、今までとは違ったものを作ってみたいけれど、まだ方向性が定まらないときに来られた場合には、雑多に置いてあるものの中で、その人が何に興味を示すのかをさりげなく見るようにしています。そうすると、どんな土を薦めたらよいか考えるヒントになるのです。

土屋の私にとって大きな出来事のひとつが三〇年程前にありました。あるとき土岐市在住の作家伊藤慶二さんがいらして「僕はブレンドした粘土はいらない。粘土になっていない土が欲しい」と仰ったんです。それでは、と考えた末に私は原料山に向かいました。原料山にはパッと見にはやきものにならないような、安定しない土が多くあります。産業に使えないと判断されれば、埋め立て用の土にされてしまう。昔から原料山で捨てられてしまう土を見ていたので、そのことが頭の片隅に残っていたのです。それで鉱山の方を説得して採掘現場に入れてもらい、横に避《よ》けてある「使えない土」「売れない土」のなかから何種類かを見極めて持ってきて、伊藤さんにお渡ししたのです。すると目を輝かせて「こんなに面白いものはない」と仰るのです。私もそう思いました。何に使えるかまだわからないけど、原土ひとつひとつに個性がありました。ブレンドした土とは「切れない」「へたらない」「ひずまない」「丈夫な」土のことです。それ以外は排除されてきました。つまり人間にとって使いやすい土しか残らないのです。伊藤さんにとって

上　鮮やかな色の粘土も焼成すると異なる色や表情に
下　焼成した後の表情がわかるサンプル

墨くろ
AA
山吹
濃山吹

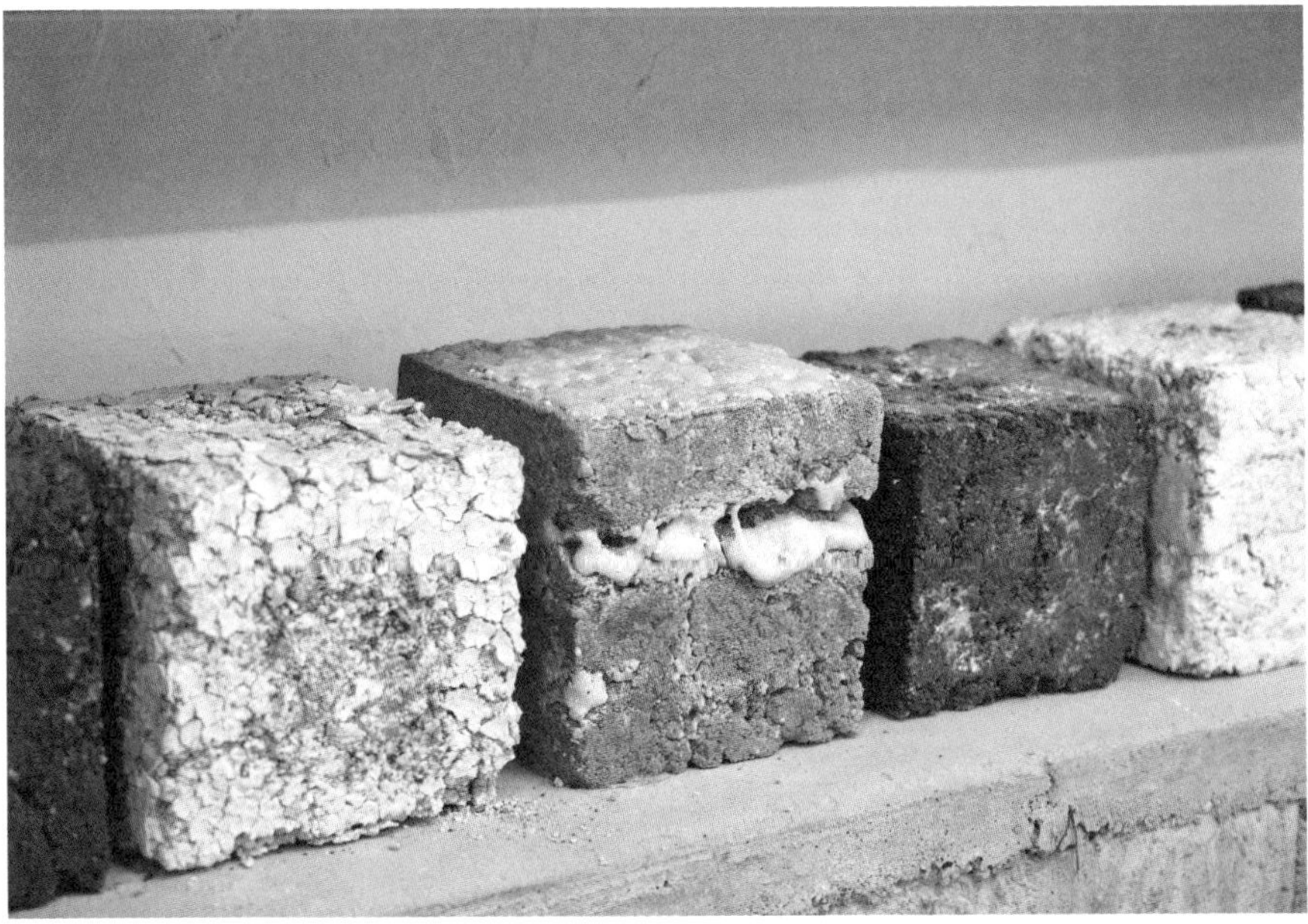

しっくりくる土はブレンドされていない土、形は作れないけれど表情が面白い土だったのです。この表情を生かすにはどうしたらよいか考えながら土を作るという発想です。

岩島さんが板に並べられた土の焼成サンプルのようなものを取り出した。赤茶色、灰色、辛子色に近いもの、少しずつ違う色の土でできた四角い板状のものと茶碗形のものが組になっている。

これは伊藤さんがあのときにお渡しした原土を使って焼いたテストピースです。四角いほうは、もともと名刺が入っていたプラスチックのケースにまとまりづらい原土をどうにか押し込んで焼いたもの。お茶碗形のほうはそれに半分だけ粘り気のある素直な土を混ぜて形にして焼いたもの。それぞれの表情の違いを見極めるためのサンプルです。私にとっては作家さんに原土を紹介するときの大切な名刺のようなものです。

それ以来、伊藤慶二さん（一九三五年生まれ）は陶土として加工される前の原土を使って作品を作り始めた。それはどの文化にも属さないような個性的な顔や形をしている。

私は作り手と土のつなぎ役なのです。ピタッと合うと、何かを得たように手が動き出して作品もそれまでのものとは変わってきます。そうやって土を紹介する段階になると、作家が数年は使える量を確保しなくてはなりません。ところが探しても山の層が全く変わっていたり、後継になる原土が見つからなかったり、いろいろな事情でそれまで使ってきた土が思いのほか早くなくなってしまうということもあります。そういう時、作家は諦めざるを得なくなりますが、やがて原土というものは一期一会であることを納得して、次の作品を考え始めます。それが作家として新しい段階に自ら踏み出すきっかけにもなります。

岩島さんはこうして山に眠っている原土を日々探し求めている。その仕事は地球上に人間が現れる前、鉱物のかけらが長い時間をかけて土になる前、宇宙の星屑が隕石となって地球に衝突する前の時間に思いを馳せることから始まっている。土の手触りは圧縮された時間の感触だ。

土には生きとし生けるもののすべてのDNAが含まれています。なんでもない土が人間の感性と炎の力によって人の心に響くものに変わっていく、驚くべき素材です。作家に土を紹介するときはひとりひとりに向き合うので、すごくエネルギーをつかいます。でも素材を採ることで地球とつながっているからこそ、やむを得ないのです。

写真　白石和弘
インタビュー・構成　永井佳子

土と身体

マグダレン・オドゥンド
秋山 陽
ジャン・ジレル
エドマンド・ドゥ・ヴァール
ユースケ・オフハウズ
シルヴィ・オーヴレ
安永正臣
フランソワーズ・ペトロヴィッチ
内藤アガーテ
グレイソン・ペリー
クリスティン・マッカーディ
梶なゝ子
伊藤慶二

Magdalene Odundo
Yo Akiyama
Jean Girel
Edmund de Waal
Yusuké Y. Offhause
Sylvie Auvray
Masaomi Yasunaga
Françoise Petrovitch
Agathe Naito
Grayson Perry
Kristin McKirdy
Nanako Kaji
Keiji Ito

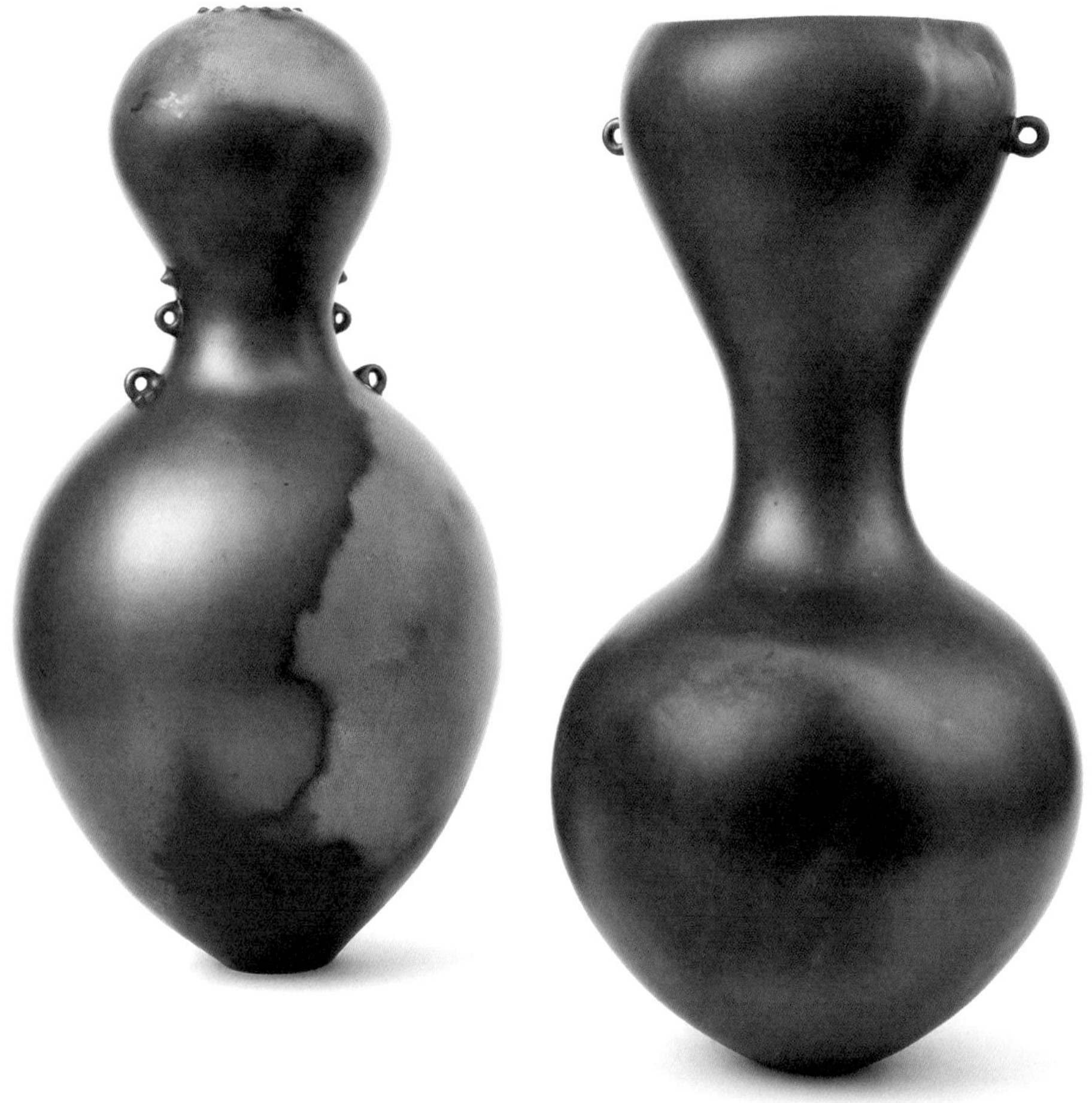

マグダレン・オドゥンド

秋山 陽

ジャン・ジレル

エドマンド・ドゥ・ヴァール

ユースケ・オフハウズ

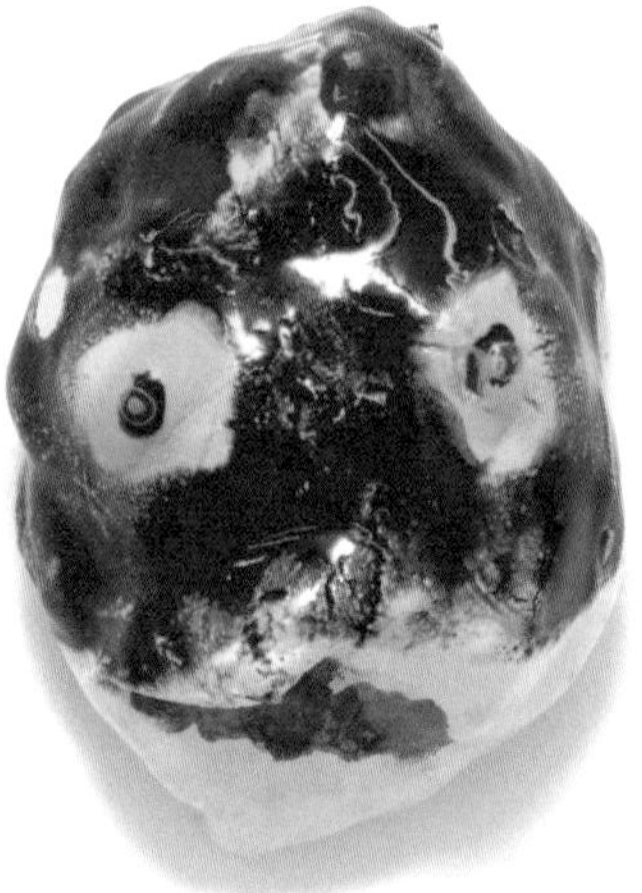

シルヴィ・オーヴレ

安永正臣

フランソワーズ・ペトロヴィッチ

内藤アガーテ

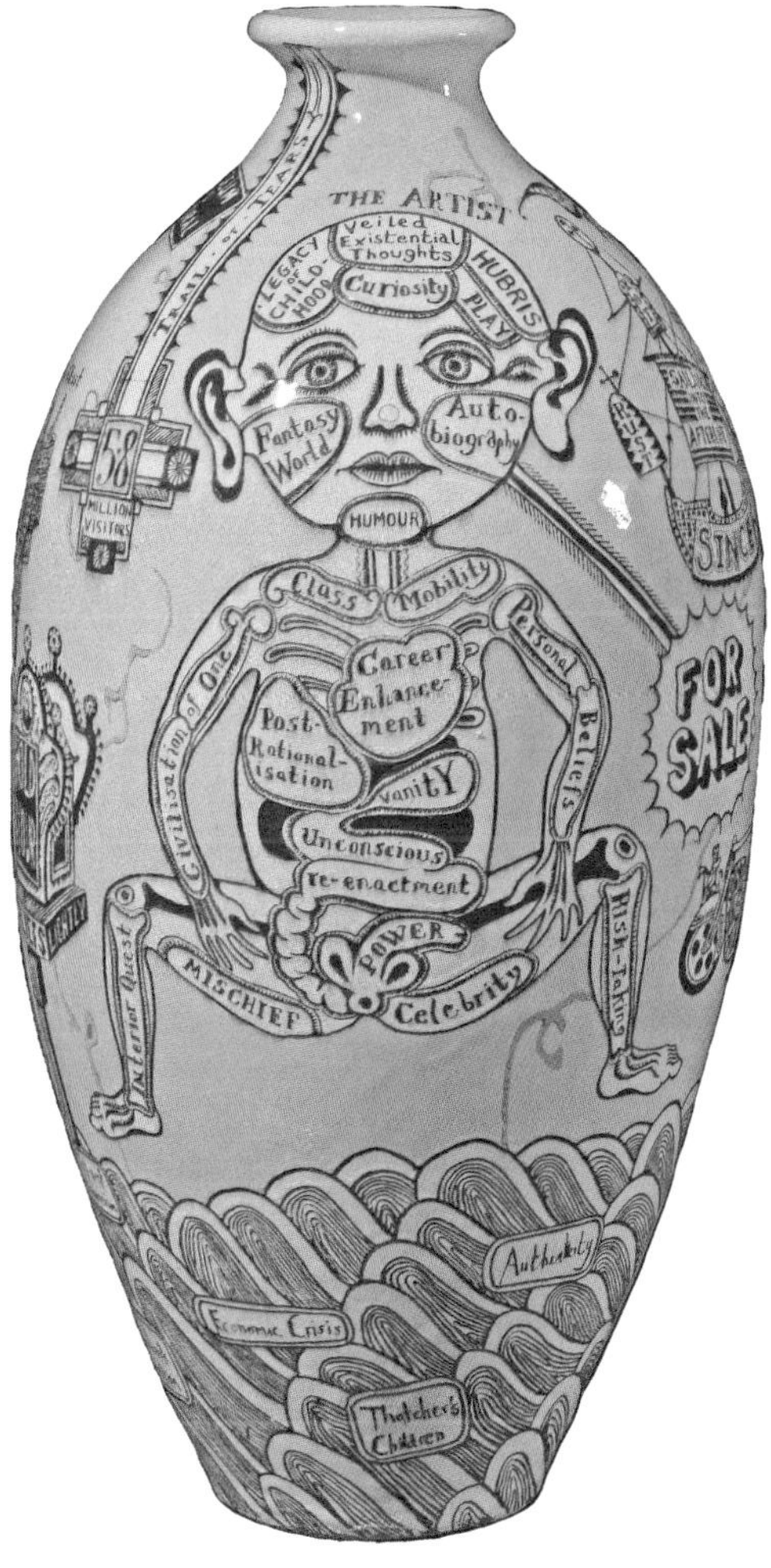
THE ARTIST
Veiled Existential Thoughts
LEGACY of CHILD-HOOD
HUBRIS
Curiosity
PLAY
TRAIL of TEARS
Fantasy World
Auto-biography
58
MILLION VISITORS
HUMOUR
Class
Mobility
Personal Beliefs
Civilisation of One
Career Enhance-ment
Post-Rational-isation
vanitY
Unconscious re-enactment
FOR SALE
Interior Quest
MISCHIEF
POWER
Celebrity
Risk-Taking
Economic Crisis
Thatcher's Children

グレイソン・ペリー

クリスティン・マッカーディ

梶なゝ子

伊藤慶二

Ⅲ　土と動く、土は動かす

釉薬

ジャン・ジレル
陶芸家

Jean Girel

「私の仕事に欠かせない釉薬《エモー》というのは、錫《すず》・鉛・鉄・鋼鉄・アンチモン・酸化コバルト・銅・アレーン・サリコール・真珠灰・リサージ・ペリゴールの石からできている。これこそ私の釉薬に特有の材料である」(1)

パリシー(2)が自著『陶芸』でこのように数え上げている釉薬の成分は、以下のように分類することができる。

●まずはシリカ〔ケイ酸質成分〕(アレーンとはシリカサンド〔ケイ砂〕のこと)。あらゆるガラス・釉薬の主原料であるシリカはガラスの「形成者」であり、「釉薬」とはガラスなのである。

●ついで媒溶剤。これによってシリカの融点(一七一〇度)を数百度下げることができる。鉛・酸化鉛・リサージ・サリコール(アッケシソウの灰)に含まれるアルカリソーダ・真珠灰(ワインの澱《おり》の煆焼《かしょう》からつくられる)が含有するカリウム。

●さらには不透明剤である錫。本来透明なガラスを白濁させる。

●最後は釉薬に色付けする薬品。バニライエローから赤褐色にいたる暖色の色彩群をもたらす鉄および鋼鉄からなる酸化鉄、青色のための酸化コバルト(コバルトガラス)含有のコバルト、ブライトイエローのためのアンチモン、緑色のための銅、そして茶色や紫色のためのマンガン(「ペリゴールの石」とはマンガン鉱石の意)。

パリシーの釉薬《エモー》は文字通りの意味における失透釉《エモー》である。すなわち、錫の添加によって不透明化した鉛釉であり、支持体たる多孔質のやきものに耐水性を与える。実用面における釉薬(3)の役割はいうまでもない。釉薬におおわれたやきものの素地《きじ》は水を吸わなくなり、

図1　ベルナール・パリシー《蛇と魚の大皿》
（ファイアンス，16世紀，ギュスターヴ・モロー美術館）

洗いやすくなる。装飾面における失透剤や顔料としての釉薬の役割についていえば、ありとあらゆる酔狂にゆだねられている。

釉薬の起源

製陶術が発明されるはるか以前、ある種の自然界の産物に魅せられた先史時代の人類は、貝殻、歯、亀の甲羅、ターコイズやラピスラズリ、翡翠《ひすい》などの奇石を収集しては、宝石や装身具や副葬品にしている。こうした収集物には、のちに釉薬になるものとどこかしら奇妙な共通性がある。磁器〔ポルスレーヌ〕という名の由来になったのはある貝の名前〔ポルチェラーナ〕ではなかったか？　歯のエマイユ〔＝エナメル質〕と言われるではないか？　初期のエジプト「ファイアンス」はターコイズを模した小さな宝石であった。中国人たちは青磁づくりにおいて古代の翡翠を模倣しつづけ、宋代には「鼈甲《べっこう》」釉さえも発明している。得がたく貴重なるものをみずからの手で生みだし、おのれを自然よりも完全なる存在にすること。これこそ、陶工たちを駆り立てる動機だったのであり、のちに原料の発見ととも

図2　部分的にスモーキングされた艶出し土器（エジプト，紀元前4000年紀(ナカダＩ期)，サン＝ジェルマン＝アン＝レー国立考古学博物館）

に可能となる耐水化の工夫などは二の次であった。あらゆる文明が、固有の資源と心性とを駆使しつつ、よりつややかで緻密なやきものの素材を追求したが、もっぱら以下のような三方面においてである。まずは粘土が有するポテンシャルそれ自体の開発であり、これは地中海世界に特有の傾向であった。ついで中近東で展開された深遠なる調合による錬金術である。最後に、極東における四元素をめぐる追求であり、この方面においてこそ、火と空気をつかって土をガラス製品へと変えることに成功したのである。

粘土の光沢

固まった粘土を、骨や小石でこすって艶出しすることで、粗い成分を粘土内部へと押しこみ、表面にあつまった細かい粒子群を締め固めることができる。こうして器面は引き締まって光沢をおびるようになる。かかる手法を用いた新石器時代の陶工たちは、素のままの器面にほどこした文様を磨くことで、くすんだ地と対照をなして光沢を放つみごとな装飾を実現しえたのであり、あるいは器面全体を磨いて、高度な耐水性を発揮するつややかな土器をつくりだしたのである。焼成における煙、または焼成後に用いるミルクや草の汁といった粘着剤の導入によって、土器に残存する小孔はふさがれて水を通さなくなる。

新たな意匠を渇望したこの時代の陶工たちは、色つきの粘土や、本体の陶土とはきめの異なる粘土をさがしもとめた。化粧土［エンゴーベ］である。さまざまな化粧土のうち、オーカーは赤の色調を、マンガンは黒や茶色を、カオリンは白色をもたらす。篩《ふるい》分けや水簸《すいひ》によって注意深く精製された特定の粘土によっては、艶が出るほどの緻密さまでも可能になる。こうした現象のあらましは身近な水たまりでも観察されるものである。水たまりが乾くにつれて、表面には粒子の細かいぬかるみが残され、底のほうには砂利、砂、泥土が順に沈澱していく。

　化粧土の大半はその色を酸化鉄に負っているが、この酸化鉄というのは焼成中にきわめて独特な反応をしめす。酸化焼成によって明るい炎を発する場合、鉄は燃焼後に赤褐色になる（酸化鉄（Ⅲ）Fe_2O_3）。逆に、火がくすぶって還元焼成となる場合、煙中の不安定な一酸化炭素（CO）は二酸化炭素（CO_2）としての安定をもとめて第二鉄に含まれる酸素と結合し、その結果、第二鉄は黒色の酸化鉄（Ⅱ）**FeO**へと変化する。ところでこの酸化鉄（Ⅱ）というものは、耐熱性の酸化鉄（Ⅲ）とは反対に強力なる媒溶剤であり、比較的低火度の初期の窯であってもガラス化を引き起こすことが可能である。この場合、赤褐色の化粧土は黒味がかった正真正銘の透明釉《ヴェルニ》になる。

　古代ギリシャ・ローマのいたるところで用いられた最初の透明釉とは、化粧土の入念な精製と、火度が最高度に達した後のいぶし焼きまでをプロセスとする焼成によって得られる黒色透明釉なのである。

　この黒色透明釉にかけては古代ギリシャの陶工たちの右に出るものはない。ミノア期の紀元前二〇〇〇年にはじまるその使用は、ミケーネ期になって一般化する。古代ギリシャ

図3　ノラのアンフォラ
（赤絵式ギリシャ陶器，紀元前5世紀，
セーヴル国立陶磁器美術館）

古典期の「黒絵式」とそれにつづく「赤絵式」は、焼成時における化粧土の反応をきわめて巧みに利用するものである。というのも黒絵式は、水簸《すいひ》によって極限まできめ細かくなった化粧土を、いぶし焼きの段階で黒くガラス化させるという技法だからであり、赤絵式のほうは、未精製で可溶度が低く、たがいに結合してガラス化しない程度にきめの粗い化粧土を同一器面上にほどこし、そこに含まれる鉄分によって冷却時に赤く酸化させるという技法だからである。

紀元前二世紀のヘレニズム時代における近東ペルガモンの陶工たちは、入念に精製した化粧土を、窯に酸素を送り込みながら高温で焼成することによって、光沢さえもおびた赤色化粧土を実現している。黒色透明釉を用いたカンパニア陶器が広汎につくられていたイタリアでは同手法を踏襲しつつも、(沈降作用による)デカンテーションと(化粧土を何度も水槽にくぐらせたり、ゆるやかな傾斜板のうえに懸濁液を流して分級する)水簸の技法を組み合わせることで、流れるようになめらかできめ細かい化粧土を抽出できるまでになる。この緻密な土と、その精製によって増加するカリウム媒溶剤との結びつきによって、独特な赤みのある透明釉が手にはいる。この陶器が「テラ・シギラータ」と呼ばれるゆえんは、型押しによる浮

図4　二つの碗，押型文陶器
(1世紀末，サン＝ジェルマン＝アン＝レー国立考古学博物館)

出し模様が器面にほどこされていることが多いことによる（ラテン語でsigillumは「印」の意）。三世紀にわたって、まずはアレッツォの陶窯、ついでガリアのラ・グロフザンク（フランスのミヨーの近く）とオーヴェルニュのルズーの陶窯によって、まさしく工業的というべき規模で生産された最初の陶器たるテラ・シギラータはローマ帝国全土、さらにはその外にまで普及することになる。

ローマ帝国の衰退とともに、ガリア陶工たちは帝国の象徴色というべきテラ・シギラータの赤の使用をやめ、よりケルト的な嗜好にかなった黒色陶器へと立ちかえっていく。テラ・シギラータを従来どおりの火度で焼成しつつも、煙を利用することによって「メタレサン〔メタリックカラー〕」と形容される金属的な煌めきをおびた陶器へと仕上げたのである。だが、この生産は短命にとどまり、これをもって西洋における化粧土の使用は終焉を迎える。

興味深いことに、化粧土と焼成後の顔料とによって陶器を装飾していた先コロンブス期の一〇〇〇年頃のアメリカでもまた、西洋とそっくりな技法を用いて赤色艶やメタリックカラーの陶器をつくっていた。そもそもこれらが誤って「鉛釉陶器」と命名されたのは、ガラス化が鉛釉によるものと取り違えられてしまうほどみごとな出来栄えを見せているからである。

釉薬の発明

研磨された黒光りのする口縁部をもつ赤色土器〔ブラック・トップ〕が古代エジプトでつくられていた紀元前五〇〇〇年紀、鮮やかな緑色のコーティングをほどこされた飾り玉やペンダントのような小型装飾品の形をとって、革新的なテクノロジーが出現する。それらは粘土を加工したものではなく、ステアタイトという滑石《かっせき》をカットしたものであり、はるか以前からすでに道具類や壺の材料に用いられてきたこの石は、あらかじめ熱しておくことでカットが容易になる。この鉱物の加熱という経験こそが、ある日、砂と灰がその表面で融合しはじめるという偶然をもたらし、釉薬の誕生にほかならない発明の引き金となったのだろうか。

同技法は、たがいに遠く隔たった三つの地域で同時期に現れている。メソポタミア、古代エジプト、そしてインダス渓谷である。ターコイズやラピスラズリのような宝石の模造品をつくるという目的は共通していたが、手段は地域ごとに異なっている。テクノロジーの伝播なしに発明が連鎖したのである。じっさい、古代エジプトでは、砂、同地にごくありふれた塩湖由来の炭酸ナトリウム、そして銅鉱石を混ぜあわせた釉薬が発明されているが、メソポタミアでは、媒溶剤は草木の灰であり、カリウムを含んでいる。他方、インダス渓谷では、ケイ酸カルシウム泥灰岩に由来するシリカが用いられている。これら三地域の釉薬に共通している銅の使用は、ターコイズの模造品をつくるという意図とその調達の容易さによるものである。時はまさしく銅器時代である。

釉薬の技法が支配的になるや、ステアタイトとは別の施釉の支持体が登場してくる。ケイ質岩の粉末を有機結合剤で造粒したものを鋳造することで迅速な仕上げが可能となり、ケイ質岩に含まれる石英やフリント〔燧石《ひうちいし》〕がガラス融剤によって焼結体となる。シリカというのはラピスラズリもどきの青の発色をうながし、ステアタイト中の酸化マグネシウム〔苦土《くど》〕は緑系の色を出させるものだった。ルーヴル美術館所蔵の紀元前二〇〇〇年紀のものと推定されるターコイズブルーのカバ像には、手技の熟練とともに、黒色の線描のために酸化マグネシウムが使用されているのをみとめることができる。

その施釉法としては、オブジェに塗布する方法、素地に混ぜ合わせてから白華《はっか》させ、オブジェ表面に滲出させる方法、さらに加熱によって接触面をガラス化させる混合物に浸し、焼成する浸灰という方法がある。

紀元前三〇〇〇年紀にはすでに銅以外の着色剤が用いられている。黄色のためのアンチモン酸鉛と、白色のためのアンチモン酸カルシウムである。所謂「〔古代エジプト〕ファイアンス」の名で誤称されているオブジェの技法が先駆となって紀元前二〇〇〇年紀にはガラスの発明が可能になる。成形後に施釉される当該のやきものの素地とは異なり、ガラスのほうは先に溶かし、塑形できるほどの粘度をおびる冷却の段階で成形される。溶けたガラスはさまざまなものを混ぜ合わせる実験に適しており、思いがけない発見が、釉薬への着色の可能性をひろげていく。青の色調のためにはコバルトを、赤の色調のためには酸化鉄(Ⅲ)を用いることを陶工たちに教えたのはガラス工たちなのである。

シリカ素地の「ファイアンス」づくりに熟達した陶工たちは、それよりもはるかに容易な粘土への施釉をごく早い時期から試みたにちがいない。だが、シリカ素地とはちがって粘土の膨張率は釉薬の膨張率とあまりにも異なっているため、釉薬はうまく粘土に接着し

図5　カバ像
（エジプト・ファイアンス，エジプト中王国(紀元前2033–1710年頃)，ルーヴル美術館）

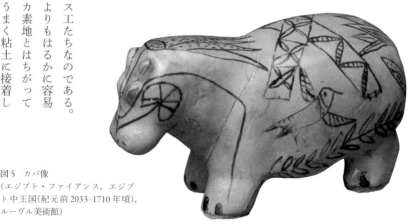

なかった。

この方面で多少とも得るところのある最初の試みはメソポタミア人によるものであったが、早々と断念されたその試みが再開され、成果をあげるには紀元前九世紀のバビロンをまたねばならない。イシュタル門こそは施釉粘土の白眉であり、宮殿をおおうタイルやレンガを彩っている。この頃、釉薬の技術は食器や小像にいたるあらゆるやきものづくりへと拡張されている。現代にまで伝わる当時のやきものをみれば、陶工たちが粘土と釉薬の膨張率の一致という問題を解決したばかりか、経年に耐えうる釉薬をものにしていたことがうかがえる。じじつ、カリやアルカリソーダのような媒溶剤とシリカを混ぜ合わせただけの釉薬では溶け落ちてしまう傾向にあり(よく知られたケイ酸ソーダ〔水ガラス〕はガラスでありながら水に完全に溶解する)、初期の釉薬の多くは支持体から剝落するか、わずかな跡をとどめているにすぎない。経年に耐えるものとするには、当の懸濁液にシリカと媒溶剤との結びつきを固定するある要素を加える必要があった。いわゆる「両性物質《アンフォテール》」(「両方とも」という意のギリシャ語源)と呼ばれるその成分は概して、粘土に含まれるアルミナや火成岩である。

紀元初期の近東は、イシュタル門のような粘土への施釉であれ、スーサの《射手のフリーズ》のみごとな彩釉にしめされているようなシリカ素地への施釉であれ、釉薬の技法を自家薬籠中のものとしていた。同じ時代、食器用にシギラータをつかっていたローマ帝国では、金属を模した、コップ用の新たなタイプの陶器を採り入れている。鉛釉や銅釉の陶器であり、しばしば外側だけが施釉されているのは、耐水性よりもむしろ金属的な見た目が重宝されたからである。

鉛釉の技術が登場したのはおそらく紀元前二〇〇〇年紀のメソポタミアであり、黄色のためにアンチモン酸鉛がつかわれていた当時のシリカ土器は、ヘレニズム時代にはいってアナトリアのタルススやイズミルの工房で再びつくられるようになる。まずは陶器を一〇〇〇度で焼成した後、前もって溶かし、粉末化しておいた鉛とシリカの混合液をかけて七〇〇度の窯でさらに焼き固める。古代ローマ人は、この事前の溶融とそれにつづく粉砕(「仮焼」と呼ばれるこの手順をへて「フリット〔釉薬原料を熔融しガラス化させたもの〕」ができあがる)、さらに「仮焼」と「本焼」という二度にわたる煩雑な焼成を斥け、シリカ・鉛・粘土を溶かし合わせたものを未焼成の陶器にかけるという方法によって、一度きりの焼成で完結できるようになっている。

こうした地中海と近東発祥の全技能はとだえることなく、数世紀のあいだにしばしば他文明のそれと掛け合わせられていくことになる。やきものの文化をもたなかった遊牧民族のアラビア人たちは、イスラム世界が破竹の勢いで拡大をはじめる当初からその技能をとりこみ、独自のものにしていった。ヒジュラ暦元年(西暦六二二年)から一世紀後、すでに古代世界のあらゆる技術を自家薬籠中のものとしていたアッバース王朝(七五〇—一〇五五年〔原文ママ〕)の陶芸は革新的な技法を次々と生みだしている。

- 粘土を支持体とする錫白釉の発明(古代エジプト人がすでに不透明さを出すべく錫を使用していたが、色釉としてであった)。この錫白釉によって、白地への、もっぱらコバルトブルーの装飾が可能となる。数世紀後、中国人がこの錫白釉を範とすることになる。
- ラスター彩の創始を告げる白釉としての使用。これはガラス工による同方面での成果にならったものだろう。ラスター彩の技法とは、焼成をへた釉薬の上から金属塩・

銅・銀を含ませた粘土を塗布し、あらためて低火度の還元焼成に付すというものである。すると金属イオンは粘土から釉薬表面へと移動して定着し、窯出し後に粘土を洗い落とすと装飾が現れる。バグダードで誕生したこのラスター彩は、イスパノ・モレスク陶器において隆盛することになる。

図6 《射手のフリーズ》(細部)
(シリカ素地,ダレイオス1世宮殿,スーサ,紀元前510年頃,ルーヴル美術館)

●アッバース朝末期の陶工たちは、粘土素材さえも手放してシリカ素地による技術を復活させ、白く光沢のある半透明の素地を獲得する。これは流入しはじめた中国磁器に対抗するためのものである。一六世紀にオスマン帝国でつくられたイズニク陶器における白地は、成形が可能となる最小限の粘土を含む同種のシリカ素地に負っており、素地のガラス化のほうは鉛のフリットに負っている。シリカ化粧土は、錫なしのソーダと鉛の混合釉をかける前の装飾の下地として使用されている。イズニク陶器はファイアンスではない。というのはまず、支持体が粘土ではないからであり、さらには釉薬が錫のない透明釉だからである。鉄による赤色、コバルトによる青色、銅によるタ

上 図7　大皿
(ラスター彩ファイアンス，マニセス，16世紀，セーヴル国立陶磁器美術館)

下 図8　船文様の大皿
(シリカ素地，イズニク，16世紀，ルーヴル美術館)

ーコイズブルー、マンガンによる茄子紺といった色彩群における異例の鮮烈さは、混じり気のない白地の上に塗布された着色剤が澄みきった釉薬におおわれているからであり、釉薬の上に絵付けされるファイアンスとは異なる。

一一世紀におけるファイアンスの西洋への伝播はアフリカやシチリアを経由し、まずはスペインへ、ついでイタリアや南仏へと広まっていく。奇妙なことに、イタリア語のファイアンスの名称「マヨリカ」は、最初期の有数のファイアンス製陶地であったスペイン南部のマラガに由来し、フランス語の「ファイアンス」はイタリアのファエンツァから来ている。

西洋ファイアンスは、その登場から一八世紀にいたるまで、多少とも色付けした天然の粘土を低火度で素焼きした後、錫釉をかけてつくられている。酸化物による文様は未焼成の釉薬の上に描かれ、一〇〇〇度前後で本焼きされる。その釉薬の成分はシリカ、鉛、アルカリ(ソーダまたは海塩)、そして少量の粘土か長石であり、そこに「カルシーヌ」と呼ばれる、鉛と錫が粉砕されたフリッ

図9 皿《賢者たちの集い》
(ファイアンス，ファエンツァ，1630年頃，ルーヴル美術館)

トが加わる。色彩については、先述のパリシーの『陶芸』で説明されているとおりである。吸水しやすい未焼成の釉薬の上からの着色では修正がきかず、色も限定されてしまう。中国磁器の絵付けにせまるべく、一七世紀後半の陶工たちは低火度ファイアンスを発明する。これは、施釉したものを一〇〇〇度で焼成した後、その上から絵付けをほどこし、七五〇度でふたたび焼いたものである。この場合、釉薬はなめらかで吸水性のない器面を整えてくれるためにあらゆる高度な技巧が可能となり、低火度焼成によってきわめて豊富な色彩がつかえるようになる。

一八世紀後半、中国磁器の白さをより精妙に模倣すべく、素地にフリントの豊富な白土をつかった透明釉のファイアンスがつくられるようになる。文様については下絵付けも上絵付けもあったが、ほとんどが工業的な手法で印刷されている。

粘土のガラス化

鉛釉陶器やファイアンスの胎土は、石灰と鉄が含まれているために、一〇〇〇度以上で焼成すると溶けやすくなる。多孔質の器体の吸水をふせぐのは釉薬である。炻器《せっき》や磁器[4]の胎土のほうは、高火度焼成(一二〇〇—一四〇〇度)でも変形せず、それ自体がガラス化する性質をそなえている。炻器は不透明かつ鉄分とチタンによって多少とも有色であり、磁器は白く半透明である。

中国の土壌はそれらの原料を豊富に含み、窯は、登り窯式であれ穴窯式であれ、紀元前数百年という時点で十分な高火度を可能にするものとなっていた。ある陶工が、窯からとりだした壺の火に近いほうの器面がしばしば光沢をおびていることから、そこに降りかかった灰が原因だとただちに理解した。これが自然釉の起源である。この自然釉から、粘土と灰を溶け合わせた土灰釉《どばい》の発明まではわずかである。

かくして、モリエール『町人貴族』の主人公ジュルダン氏のようなこの陶工は、「共融」というやきものの基本原理を見出していた。ギリシャ語源で「溶けやすい」という意味の「共融《ウーテクティク》」とは、複数の成分が混ざった状態の物質は、各成分の融点よりもはるかに低い温度で溶かすことができるという現象をあらわす。たとえば固体である氷は、二〇パーセントの塩を加えると、氷点下二〇度で水に変わる。中国の粘土はシリカとアルミナを主成分とし（融点はそれぞれ一七一〇度と二〇四〇度）、灰は石灰を多く含んでいる（融点は二五〇〇度）。これら三要素を同じ比率で混ぜ合わせると一一七〇度で融解するが、これは当時の中国の窯で達することのできた火度である。かかる土灰釉は、液化するやすぐにとろっとした質感を呈し、壺に濡れたような外観をあたえる。この天然の原料はつねに少量の鉄分を含むため、酸化焼成なら琥珀色を、還元焼成なら緑色を生じさせる。これは後の青磁の登場を告げるものである。

唐朝（六一八—九〇六年）（原文マ

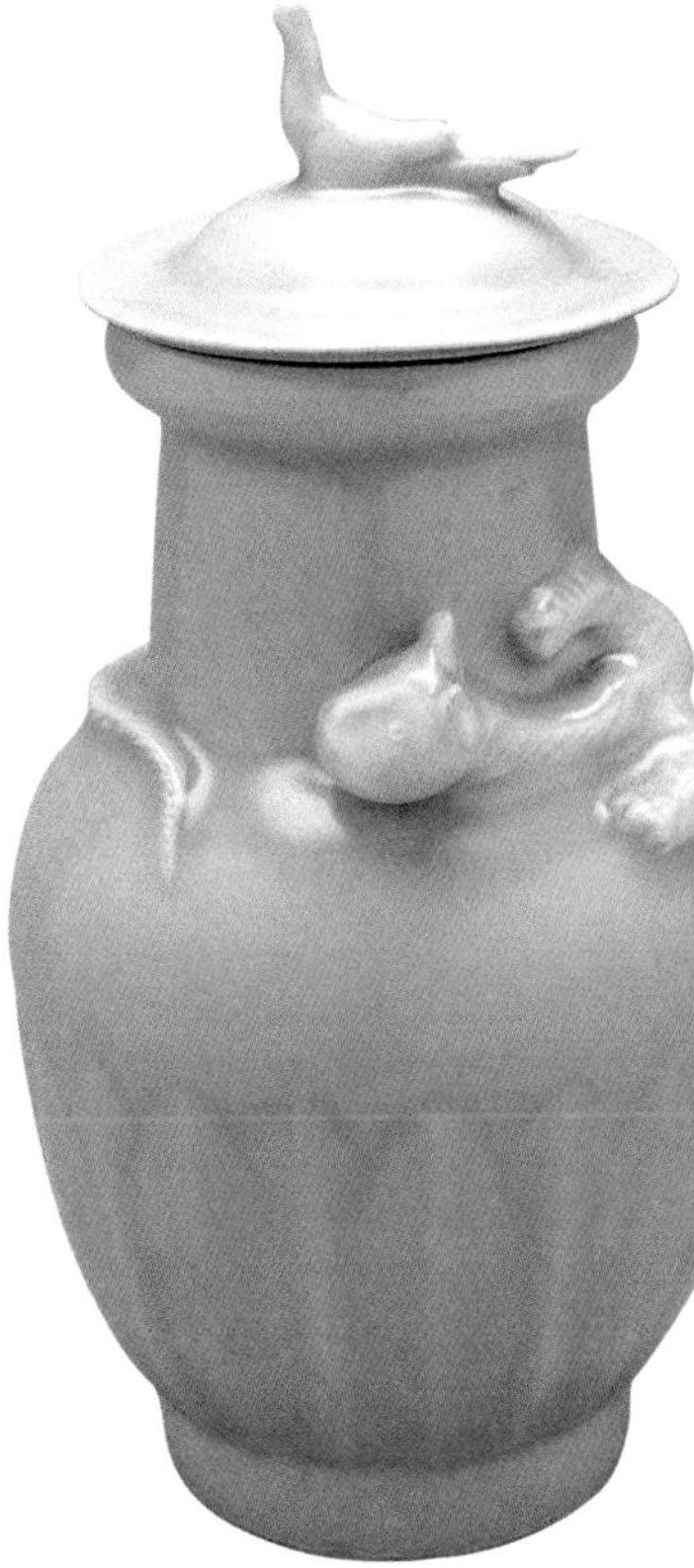

図 10　骨壺
（青磁釉炻器，華南，宋朝，ギメ美術館）

マ〕）の時代には、組成がよりしっかりとした石灰が灰の代わりに使われるようになる。皇帝に献呈された越磁《えつじ》は、流れ落ちが生じない上質な釉薬を塗布された、美しい均質なきめをたたえた青磁である。宋朝（九六〇—一二七九年）には、石灰の代わりにもっと粘りのある融剤[5]が導入されたことで、華南の青磁において、古代の軟玉である翡翠かと見紛うばかりの見た目のねっとりとした釉薬を得るまでにいたる。

最小限の費用で、最高度にゴージャスかつデリケートな釉薬を生みだすことができたのは宋代の陶工たちだろう。その製法は、粘土・岩石・灰を、それらがもともと含んでいる鉄分以外の着色剤をつかわずに溶け合わせるというものであり、たとえば黒地に銀色ないし赤褐色の斑紋がうかぶ華北の油滴天目茶碗の釉薬は、一三〇〇度以上の火度で溶かした黄土[6]と水の混合物のみを成分としたものであり、酸化焼成によってこの混合物は沸点に達したのちに融解する。

華南の「兎毛《うのけ》〔釉〕」や「鶉斑《うずらぶ》〔釉〕」における不思議なきめもまた、黒釉上に横溢する鉄錆釉ないし銀化鉄釉によるものである。皇帝の徽宗《きそう》に献じられた「雨過天晴〔雨後の青空〕」と呼ばれる磁器には、なんとシリカのような状態にまで粉々にした瑪瑙《めのう》がつかわれている。唯一の例外は華北産の鈞窯《きんよう》につかわれた「月白《げっぱく》〔釉〕」であり、このラベンダーブルーの釉薬は銅紅釉の斑紋を含んでいる。この銅紅釉は明朝の「牛血紅《ぎゅうけっこう》〔釉〕」の登場を予示するものである。

元朝（一二七九〔原文ママ〕—一三六八年）には「青花《せいか》」の登場とともに磁器が飛躍的発展をとげる。そしてこの出来事をさかいに、各国が創意や借用をつうじて新たな色釉をつくりだそうとする模倣と競争の時代がはじまる。この時点で数世紀先を行くのはすでに磁器を

有し、原料も豊富な中国である。シリカ素地による錫釉ファイアンス、ファイアンスフィーヌ、軟質磁器(7)のうちに磁器の代用品をもとめた西洋と近東が、ザクセンついでリムーザンにおけるカオリンの発見によって硬質磁器を開発するには一八世紀をまたねばならない。

一九世紀、硬質磁器と軟質磁器を生産していたセーヴル製陶所は、百色もの低火度釉を使い分けていた。そのグラデーションは光沢のある白さえあり、大部分は混ぜて使うことができた。そしてマリ＝アデライド・デュラン＝デュクルゾーやアブラーム・コンスタンのような絵付師の手にかかれば、いかなる古典絵画であれそっくりに再現できてしまったのである。しかも、キャンバス絵画の傷みやすさが懸念されていた当時、この変質せざる色釉によってありとあらゆる作品が模写されようとしており、スタンダールはこう述べている。「(前略)二〇〇年後には、ラファエロのフレスコ画はコンスタンタン氏の模写

図11　硬質磁器の装飾《仏王アンリ4世のパリ入城》
(60 × 100 cm (額縁を含む)　フランソワ・ジェラール原画，
セーヴル製陶所，1827年，セーヴル国立陶磁器美術館)

で知られるのみとなるだろう(8)」。これら模写の法外な価格や、さらには一九世紀中頃における写真の登場が原因となって歯止めがかかるこの模写の流行こそ、おそらくは釉薬による妙技の絶頂だったのである。

未来の釉薬

二〇世紀には「テクニカル・セラミック」と「芸術的セラミック〔すなわち陶芸〕」の分裂は既成事実となる。コンピュータチップやスペースシャトル用の断熱タイル、さらには人工股関節にいたるまで、日常は「先進的な」セラミックスであふれかえっている。こうした趨勢のなかで新たな色彩もまた工業開発されている。高火度に耐えるカドミウム、バナジウム、インジウムを主成分としたものをフリットにし、ジルコニウムの網目構造に付着させた顔料がそれであり、赤・青・黄系の色幅はさらに広がった。

伝統的な「陶芸品」のほうは、ブリキ、ガラス、アルミニウム、結晶化ガラス、プラスティックに取って代わられてしまっている。だが一九〇〇年代以降、大勢の画家や彫刻家たち、今日では造形作家たちが、やきものの素材や窯変する顔料に魅せられてきた。彼ら彼女らは、購入した画布や絵具チューブを用いるように、製法など気にもとめず出来合いの素地や釉薬を利用することができるし、サポートしてくれる陶芸家を招いて自由に作品制作にいそしむこともできる(9)。

図12　ジャン＝ジョゼフ・カリエス 壺
（炻器，1892年頃，セーヴル国立陶磁器美術館）

彼ら彼女らの一部は、ほかならぬ陶芸家という職業に魅了されたのだろう。彫刻家として名声のさなかにあったジャン゠ジョゼフ・カリエス(10)はパリを離れ、八年の年月をかけてピュイゼイユで豪華絢爛な色釉をまとった革命的な陶磁器作品をつくったのである。今日でも、何人かの陶芸家が、釉薬の研究をみずからの探究の目標とし、鉱物をみずからの手でつくりだすというあの造物神的な欲望をふたたび見出しながら、土・水・空気・火による創造の神秘と美を分かち合う作品を生みだしている。

訳　谷口清彦

（1）Bernard Palissy, *De l'art de terre* suivi de *La Recepte véritable*, Lumen animi, Paris, 1930.（一五六二年に獄中で執筆され翌年に出版された著作）

（2）伝説的陶工にして迫害された天才独学者たるベルナール・パリシー（一五一〇年生まれ）は、中国磁器だと思われる白いカップに魅せられて以後、一心不乱に釉薬の研究に身をささげる。一五九〇年にバスティーユにて獄死。

（3）「エマイユ émail」「アンゴーブ engobe」「ヴェルニ vernis」「グラスュール glaçure」——これらの用語は、理論上はそれぞれに固有の用法があるにせよ、実践上はまったくそうではない。一般的には「エマイユ」があらゆるガラス質の薬品を指す語として拡張的に用いられているためわれわれもその通例には従うが、かかる薬品の総称としては、ほとんど使われない「グラスュール」こそふさわしい。英語話者なら「グレーズ glaze」、ドイツ人なら「グラズール Glasur」という語をつねに用いており、共通の語源 « glas » には、以下のごときやきものの被覆とガラスとの親縁性が明白にしめされている。**アンゴーブ**〔化粧土〕とは泥状の粘土であり、見た目を変えたり模様を出したりするために別の粘土へと塗布される。**ヴェルニ**〔透明釉〕とは往々にして混じり気のないつややかな塗料であり、テラ・

シギラータにおける透明釉、透明鉛釉陶器における透明鉛釉、塩釉炻器における塩釉がある。**グラスユール**〔釉薬〕とはガラス質の塗料の総称、**エマイユ**〔釉薬〕とはファイアンス用の錫を含んだ釉薬である。**エモー** émaux は錫の有無を問わず色つきの失透釉であり、**クヴェルト** couverte は一度きりの焼成でできあがる炻器または磁器の釉薬である。

(4) 中国北部における最初の磁器は、カオリン粘土と粉末にした長石を混ぜ合わせることによって生みだされた。南部では、同地にしかなく、粉砕後に可塑性を発揮する白墩子という素材が用いられたが、一四世紀以後はカオリンが使用されている。

(5) 長石や雲母を含んだ岩石。

(6) 黄土とは中国北部の地表をおおう風成堆積物である。

(7) 組成はごく貧弱であり、シリカ、媒溶剤(粉砕したガラス、フリット、骨灰、長石、石灰を含むとされる)、そして把手などのための接着剤である。この製法のきわめて複雑な軟質磁器が「軟質」と呼ばれるのは、その釉薬が酸に弱く、低火度の色釉にあつらえ向きだからである。

(8) Stendhal, *Mémoires d'un touriste*, II, Paris, Michel Lévy frères, 1854, p. 220.(スタンダール『ある旅行者の手記2』山辺雅彦訳、新評論、二三七頁)

(9) 徴候的な傾向である。一九七一年に「フランスの陶芸　ロダンからデュフィまで」と銘打って大規模な展覧会を催したセーヴル国立陶磁器美術館は今日では「Ceramix　ロダンからシュッテまで」なる企画展を開催している。

(10) 日本に深い感銘を受けたカリエス(一八五五—一八九四年)は「カリエス派」というグループが形成されるほど求心力があったが、このグループにとって陶芸とは〔マイナー・アートならざる〕メジャー・アートの実践であった。

西洋陶磁略史

——そのいくつかの起源から一八世紀末まで

クリスティーヌ・ジェルマン＝ドナ

セーヴル国立陶磁器美術館
主任学芸員及び前館長

Christine Germain-Donnat

水、土、火……。やきものづくりのために必要な要素は、ほとんど費用がかからず、自然界で身近に利用できるものであり、その技術はというとすでに五〇〇〇年前に獲得されている。とはいえ陶磁器の歴史というのは、陶土の質や技術、あるいは焼き方だけに集約されるものではない。それはなによりも交易と移動と取引、模倣と魅惑の歴史である。職人と商人たちの歴史なのであり、(飲み物をはこび、食べ物を蓄えるためのものという意味で)生活必需品の歴史であるとともに、(教養や野心を顕示する貴重品として所有されるという意味で)満たされるべき虚栄心の歴史でもある。革新はつねに東方から到来した。西洋は、極東《オリエント》だろうと近東《オリエント》だろうと東方を手本に、磁器やその色付けを大いに模倣し、ファイアンス焼を採り入れつつ独自の様式と製法を確立していったのである。一八世紀からヨーロッパではじまる硬質磁器の製造は真の革命であり、それによって市場と流通の力関係は逆転する。ヨーロッパに新機軸が出現し、宮廷的ライフスタイルを誇示するシンボルとしての色や文様がマイセンやセーヴルで誕生するのはまさにその時であり、以後、世界中の羨望をあつめ模倣されていくのである。

定義の時

冶金《やきん》やガラス工芸以前に登場し、火をつかう最初の芸術とみなしうるこの「やきもの＝セラミック」とは、程度の差はあれ高温の焼成によって不可逆的な物理化学的変形を加えた土製オブジェのすべてをさしている。

ギリシャ語の「ケラモス keramos」とは「粘土」の総称である。それゆえ「セラミック」という語は、土器をはじめとして素焼陶器《テラコッタ》、施釉《せゆう》陶器、ファイアンス、ファイアンスフィーヌ、炻器《せっき》、ビスク磁器、そして言うまでもなく磁器をも同時に表している。これらを種別するのは、土の性質・焼成手法・焼成温度である。たとえば焼成温度によっては三区分されるのであり、一〇〇〇度前後ならファイアンス、一三〇〇度前後なら炻器、一四〇〇度前後ならカオリンを主成分とした磁器、ということになる。

やきものは紀元前一万年頃から極東の地にすでに存在していたが、儀式や呪術におそらくは用いられた人間や動物をかたどった最初の小像が発見されているのは現チェコ共和国、そしてイラン・アナトリア・メソポタミアといった近東の古代遺跡においてであり、そのような小像のうち、最古のもののいくつかは後期旧石器時代のおよそ紀元前二万六〇〇〇年にまでさかのぼる（チェコ共和国ドルニ・ヴェストニッツェの古代遺跡）。

同一地層に含まれる遺物群の時代画定を可能にするやきものは、考古学では示準《しじゅん》化石とみなされる古代文明の消去不可能な痕跡であり、一連の儀礼や信仰の存在を証言している。たとえば、埋葬遺構から出土することの多い土器は副葬品の一部であり、住居跡から出土するものは物質文化の構成要素である。この場合、やきものはいにしえの文明の生活様式、慣例、そして技術体系を把握することを可能にするのである。

最初の容器が現れるのは紀元前六〇〇〇年紀であり、紀元前五〇〇〇年以降の近東では粘土に水を混ぜた素地《きじ》を一〇〇〇度に達する窯で焼くという技法が獲得されている。ただし陶工たちが真の意味で焼成に習熟するのは、紀元前四〇〇〇年紀に入ってからである。最初の技術は初歩的であり、ひも状にした粘土を手づくねで積み重ねていく成形法である。回転台による成形、いわゆる轆轤がけは紀元前三〇〇〇年から紀元前二五〇〇年にかけて登場している。最終的には古代ギリシャ・ローマ時代になってから鋳込み成形法が発案されている。

焼成によって土器は固まるが、釉薬《うわぐすり》なしでは脆い多孔質のままであり、器面を釉薬でおおうことで、土器は強度を増し、水を通さなくなる。この釉薬は二種類に大別できる。ひとつは白濁した錫釉《すずゆう》であり、一般に錫を含み、素地の土色をかくす。もうひとつは鉛を含み、軟釉とも呼ばれる透明の鉛釉《えんゆう》である。

古代ギリシャ・ローマにおける高級奉納物と祝儀

紀元前四〇〇〇年紀における古代イランの都市スーサの遺跡の墓から出土した土器は、研磨された器面に幾重にも文様が表されている。これは石あるいは石灰岩を模倣しようとしたものであり、高級な奉納物として好まれた(図1)。

新たな美学のはじまりを画する黒絵《くろえ》式《しき》という技法を発展させ、陶器に芸術固有の革新的価値を授けたのは、紀元前八世紀以後の古代ギリシャ人である。古代ギリシャによる植民都市建設の増加にともなって地中海での交易がさかんになると、ギリシャ芸術にオリエントの影響が波及していき、とりわけ陶芸分野において如実に表れる。その特権的な流入地点となったコリントスは、黒絵式の技法を発展させた最初の都市国家であり、その陶器には織物の意匠から着想されたとおぼしき自然主義的ないし空想的な動物文《どうぶつもん》が描かれている(図2)。たくさんの小形の壺に狩猟や戦闘場面の人物文《じんぶつもん》が描かれており、画工たちの活写的かつ物語的な作風に対する嗜好がすでに示されている。黒絵式はアテネを筆頭に古代ギリシャの全都市で採用されていくが、紀元前六世紀初頭まで陶器貿易において他の都市を凌駕していたのはコリントスである。黒絵式はなによりも焼成工程についての十分な習熟を前提とする複雑な技法であるため、長きにわたる修正と数多の試行錯誤をへねばならなかった。まずは酸素を送り込みながら酸化焼成をおこない、ついで酸素供給を制限しつつ炭酸ガス〔二酸化炭素〕の煙を利用する還元焼成ののち、ふたたび酸化焼成に付すという段階的な焼成をつうじて、黒絵式は土器の赤い素地から鮮やかに浮かび上がる。尖筆によって線刻され、白や赤といった色彩のコントラストで一段と際立つ黒絵式においては、しばしば神話の神々や女神をテーマとする人物文を、その衣服や体つき、あるいは肌合いを細部まで描きだすことができる。紀元前五五〇年以降、アテナイを中心とするアッティカ黒絵式陶器はその卓越した品質によって名を馳せるようになる。その巨匠のひとりはエクセキアスであるが、この陶工兼図工の署名が入ったアンフォラにはしばしば叙事詩あるいは

図1　彩文土器杯
ヤギ文様，スーサ1期，紀元前4000年紀頃

図2　コリントス式円柱形クラテル
（チェルヴェーテリ（イタリア）出土，紀元前600年頃）

悲劇をテーマとする文様が二つの持ち手のあいだに描かれており、絵画のカンヴァスのようである(図3)。紀元前五三〇年頃には、黒絵式の工程を逆転させることによって赤絵式が生みだされるが、これもまたアテナイがもたらした発明である。以後、この新技法が黒絵式に代わってギリシャ陶芸の主流を占めるようになるのであり、紀元前五〇〇年を境に黒絵式は決定的に品質を損なっていく。

こうして、形象やモチーフは描かれるのではなく、壺の赤地のまま残され、筆による輪郭線に囲われた部分として表されるようになる。黒絵式での線刻にとって代わるこの絵付技法のおかげで、場面に奥行きが生じ、明色加筆によらずとも事物の重なりやディテール

を闊達に描出できるようになる。赤絵式では着想源が多様化し、神話のみならず、日常生活・ギュムナシオン〔競技選手の訓練施設〕・仕事場・宴会などの場面もまた丹念に描かれるようになっている。しがらみに囚われない「先駆者たちの集団」〔ジョン・ビーズリー〕は作者であることを主張し、画面上のひときわ目立つところに署名している。赤絵式のもっとも美しい作品を残したエウテュミデス、ピンティアス、エウフロニオス、ソシアス、あるいはスミクロスといった作り手たちはまちがいなく、強い関心が寄せられつつも今日では一枚も現存していないギリシャ絵画の構図を手本としたはずである(図4)。

この赤絵式陶器はイタリアへと大量に輸出され、とくにエトルリア人によって高級副葬品として受容されたため、現在、イタリア・スペイン・フランスの博物館でその陶器を多く見ることができる。

同時代の紀元前五〇〇年頃の小アジア〔アナトリア半島〕では、やきものは華美な多色装飾の一部として使用されている。アケメネス

図3　アッティカ黒絵式アンフォラ 通称《大アイアスの自害》(エクセキアス絵付，紀元前6世紀)

図4　アッティカ赤絵式萼(がく)形クラテール(チェルヴェーテリ(イタリア)出土，「画家エウフロニオス」の署名入り，紀元前515-510年，正面は「巨人アンタイオスに打ち勝つヘラクレス」)

図5　ダレイオス1世宮殿の《射手のフリーズ》(施釉レンガ，スーサ，紀元前510年頃)

朝ペルシアのスーサにおける宮殿では、釉薬をかけた鋳造レンガに上絵付けされた装飾をとおして王ダレイオス一世の像が讃えられており、宮廷建築におけるすぐれた補助手段というべき地位へとやきものを押し上げるものである(図5)。

中世における施釉陶器と炻器

西ローマ帝国の滅亡(紀元四七六年)とともに古代陶芸の伝承はとだえる。メロヴィング朝ついでカロリング朝下の陶工や職人たちが手がけた灰色の素焼きの器類は、粗く色付けされ多くは赤い模様がほどこされているが、水を通しやすく、美的な要素もほとんどない。施釉陶器の技術が、なおもその伝承が保たれていた東ローマ帝国から輸入されるかたちでヨーロッパに再登場するのは一一世紀であり、一三世紀以降にはリヨン、シャロン＝シュル＝ソーヌ、フランクフルトなどの定期市をつうじて広く浸透していく。高価な鉛釉におおわれた陶器は飲料の保存に適しており、施釉テラコッタあるいは施釉陶器と呼ばれる。そのようにして黄・緑・褐色に仕上がった陶器はしばしばパスティヤージュ(濃い泥漿《でいしょう》による浮彫装飾)やスタンピング、またはローラーによって浮彫の模様がほどこされている。家庭向け食器としての用途ゆえに形状は簡素であり、着想源は当時使用されていた木製あるいは金属製の食器である。

炻器が出現するのは八世紀のライン地方においてである。シリカを多く含んだ素地からつくられるこの炻器を焼き固めるには一二〇〇度から一四〇〇度というきわめて高い火度に耐える窯が必要であり、この焼成過程で非透光性を保ったまま粘土自体がガラス化する。

図6　フランスの紋章入りの青みがかった炻器の水筒（ボーヴェ地方，16 世紀）

図7　ジャン＝ジョゼフ・カリエス《ひげを生やしたしかめっ面男のマスク》（炻器，1892 年）

炻器はその丈夫さから人気を博し、ドイツ、さらにはメーヌ地方、サントンジュ地方、ボーヴェ地方における数多くの陶窯《とうよう》の特産品となるが、供給先の筆頭はパリの市場である。炻器が贅沢品であった一五世紀当時、ボーヴェ地方産の炻器の優美な形状と光沢のある素地は大きな評判を呼んでいる(図6)。この種の品物への熱狂は、次世紀には商人や陶工の繁栄や陶窯の増加をもたらす。また炻器とならんで、光沢のある有色透明の鉛釉をかけた「プロミュール」と呼ばれる器類が現れてきたのもこの頃である。

　炻器はファイアンスとその地域ごとの変種の登場によって凌駕されるが、一九世紀にふたたび脚光を浴びることになる。万国博覧会をつうじて日韓陶芸の楽焼《らくやき》のようなあらたな芸術的応用例が見出され、アール・ヌーヴォーお気に入りの素材としてアレクサンドル・ビゴやエミール・ミュラーによって建築装飾に用いられるのである。だが、彫刻家としての探求心を満足させるにふさわしいその造形的な特質や釉薬のために、炻器はとりわけジャン＝ジョゼフ・カリエスによってその可能性の探求がなされている（図7）。

中東からヨーロッパへ——ファイアンスの発明

フランス語での名称はイタリアの小都市ファエンツァに由来し、イタリアではスペインの都市マラガにちなんでマヨリカ焼きと呼ばれるファイアンスとはまさしく、地中海沿岸諸国の人々をつなぐ媒介である。

八世紀バグダードのアッバース朝宮廷に出現したファイアンスとは、酸化錫の作用による白濁釉を全体にかけた陶器である。錫の使用ゆえに奢侈品であった錫釉ファイアンスは当初から富裕層向けにつくられ、需要の高まりが生産をさらに促進する。この新たな形態のやきものは地中海盆地の全域へとめざましく普及し、その席巻は一八世紀初頭までつづく。この時代になると、ドイツ人がマイセンにおいて、同世紀後半にはフランス人がヴァンセンヌ＝セーヴルにおいて、自分たちの手でファイアンスをつくりはじめる。手本とした中国磁器同様に光沢があって弾くと音がよく響くファイアンスは爆発的な人気を呼び、たちまち上流階級の人々のあいだで好評を博する。その後、新たな市場動向への適応とそれに対する製造側の抵抗をへたのち、ヨーロッパの中心的な陶窯におけるファイアンス生産は一九世紀初頭からなすすべもなく低迷していき、一八四〇年までには完全にストップしてしまう。

ここでファイアンスの全容をあらゆる品目にいたるまで網羅することは難しいが、地中海を舞台とする伝播の流れを跡づけ、影響関係や共通点を明らかにしつつ、さまざまな製陶現場で発揮された比類ない創造性を強調することが肝要である。

もろもろの起源へ

近東へと大量に流入した中国唐代の陶磁器の影響を受け、イスラム世界の陶工たちはアッバース朝の特権階級からの需要に応じるべく八世紀からファイアンスを制作し、中国陶磁の光沢や白色を再現しようと努めている。とはいえイスラム陶工たちが名声を確立するのは、黄金色の文様と金属性の光沢を放つラスター彩の技術によってである。

高級品としての洗練芸術を体現する金属性のラスター彩という製陶技法の出現は九世紀にまでさかのぼる(図8)。エジプトのガラス工によって開発されたこのラスター彩は、焼成をへた釉薬の表面に酸化銀と酸化銅を主成分とする顔料を用いて文様をほどこし、きらめく金色の光沢を発現させるものである。イスラム帝国の拡大とともにその陶工たちが近東から北アフリカへ、さらにはグラナダ王国へと移住したことで、同技術は一一世紀以降にスペイン南部のマラガへ、ついでバレンシア地方のパテルナやマニセスへと伝播していく。かかる経緯でつくられた陶器は大々的に輸出され、ヨーロッパの

図8　アラゴン王子フアン2世とブランシュ・ド・ナヴァールの紋章入り大皿
(ラスター彩錫釉ファイアンス，バレンシア窯(スペイン)，1420-1428年)

上流階級のあいだで絶大な人気を博し、カトリック勢力によるレコンキスタ以後もそれはつづく。そうした陶器には人物文はほとんど描かれておらず、植物文や動物文、あるいはカリグラフィーのような地文《じもん》が多用されている。かくして一三世紀から一四世紀にかけてヨーロッパに装飾用食器が現れてくることになる。貴族のなかでも一握りの名家の紋章が記されたこの「黄金の食器」は、同時代の金銀細工品に対抗するようになっていく。

その後のイスパノ・モレスク〔スペインのラスター彩ファイアンス〕の展開では、中国磁器を着想源とする華美な装飾のためにコバルトブルーその他の金属酸化物が贅沢に使用されている。緑（酸化銅）または褐色（酸化マンガン）に彩られたファイアンスは一大カテゴリーを形成し、近東からスペイン、イタリア、南フランス（八世紀以降のマルセイユ、ついで一四世紀の教皇遷座期のアヴィニョン）にいたるまで、大抵は多様な形状の食器（図9）や、床面を飾る陶器タイルに採り入れられている。

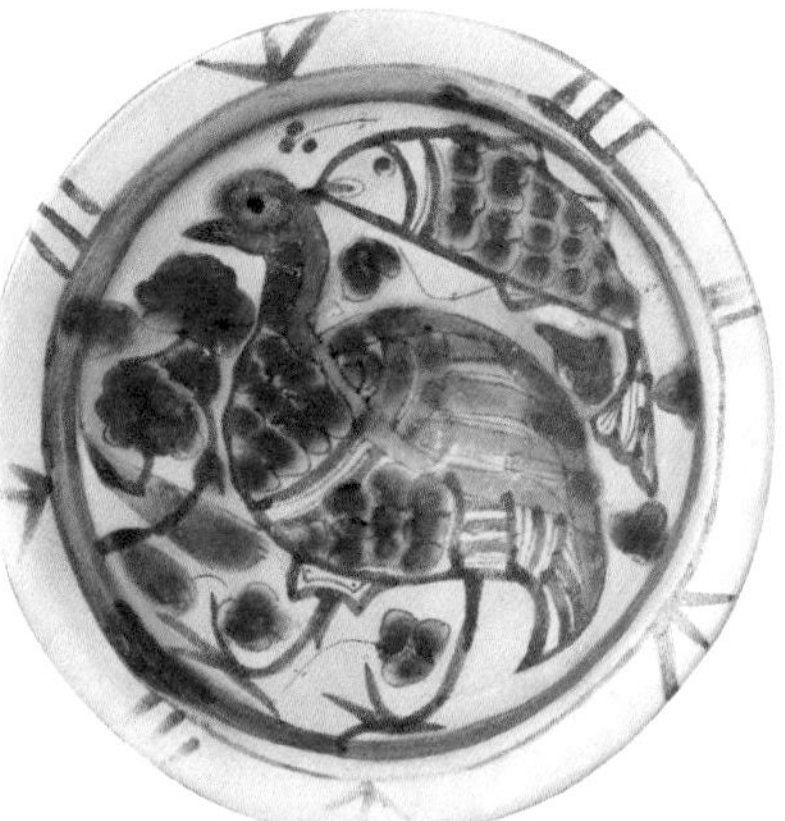

図9　深皿
(「緑褐」錫釉ファイアンス，パテルナ窯（スペイン），14世紀末–15世紀初頭)

イタリア、欠くべからざる中継

ルネサンス期のイタリアは西欧ファイアンスの歴史において避けて通ることのできない重要な一地点をなしている。南イタリア、シチリア、ナポリ地方、さらにイスラム世界との直接的交易を担保するヴェネツィア港を有する北イタリアでは、イスパノ・モレスクが流通し、高く評価されていたが、イタリアにおけるファイアンスの生産はすでに一三世紀から確認される。スペインのマラガにちなんで「マヨリカ」と呼ばれるイタリア・ファイアンスは、シチリアを皮切りとしてトスカーナ、エミリア、ウンブリア地方で諸公国の宮廷の庇護のもと発展し、たちまち大いなる飛躍をとげる。当初、緑と褐色に限られていた色彩は、金属酸化物を成分とする高火度のラスター彩が加わることによって大きくその幅をひろげる。イスラム装飾の影響のもとで青は一四世紀から頻繁に用いられており、一五世紀にはナポリ黄〔アンチモンイエロー〕と鉄赤が現れる。同時に、絵付け後の上掛けである透明鉛釉(コペルタ)が鮮やかな色彩をさらに際立たせるようになる。イタリア各地の陶窯が逸品づくりの腕を競いあい、さらには公や傭兵隊長が文化的覇権をかけて対抗したことが、彩り豊かな陶器の出現をうながした。とりわけ競争が烈しかったのはウルビーノ窯、グッビオ窯、カステル・デュランテ窯といった陶窯である。ルネサンス期イタリアのマヨリカ焼きにおいて、孔雀の羽模様や草葉文、幾何学文様、さらに一六世紀以降に一世紀の古代ローマの装飾模様から着想されたグロテスク文様(ウルビーノ窯やエミリア＝ロマーニャ地方のファエンツァ窯が傑出している)を組み合わせた優美な絵柄とならんで人気を集めたのは、「イストリアート(ストーリーもの)」と呼ばれた説話画である。当時のイタリアの彫刻や絵画と比べると、器面に表されるテーマとしてより大きな比重を占めているのは人物像である。

陶器に描かれた絵画というべき一六世紀のマヨリカ焼きは、遠近法をはじめとする古典絵画のあらゆる効果に精通した芸術家たちならではの作品である。器の一面に描かれたイストリアートは聖書や神話または古代史をテーマとするか、あるいはラファエロのような

偉大な画家の作品を写した版画を模写したものである。このイストリアート派のなかで最も有名な芸術家のひとりにニコラ・ダ・ウルビーノが挙げられる(図10)。

イタリア・マヨリカ盛行の要因としては、海上と陸路両方での貿易、またシャルル八世によって一四九四年に再開されたリヨンの大市を筆頭とする各地の定期市の存在がある。知識と技術を身につけた大勢のイタリア陶工たちが半島外へと移住したこともマヨリカ様式をヨーロッパ全土に伝播させる大きな要因となった。たとえばアルビソーラからはコンラード兄弟がフランスのヌヴェールに、フィレンツェやジェノヴァからも大勢の陶工たちがリヨンに移住している。なお、一大製陶地へと発展するそのリヨンの陶器は、器形においても絵付け(「コンペンディアーリオ」ないし「簡略」式と呼ばれる、白い器面を強調しつつ僅かな色で描かれるごく単純なイストリアートの絵付け)においても、イタリア産ファイアンスに負うところがきわめて大きい。

フランソワ一世からブローニュの森にあるマドリッド城の建築装飾を任されるほどその

図10 《セルギウス・パウルスの回心》
(皿，高火度釉で絵付けされた錫釉ファイアンス，ニコラ・ダ・ウルビーノ(推定)，1525–1530年頃)

名を轟かせたデッラ・ロッビア一族が専売特許としたのはセラミック彫刻である。フィレンツェ出身で古代作品に学んだ彫刻家のマルコとルカのロッビア兄弟、さらにはマルコの息子にしてルカの甥のアンドレアは、ファイアンスをその造形上の美点や表現の柔らかさを活かしつつ世俗あるいは教会の建築に組み入れ、ファイアンス彫刻の価値を押しあげた。ロッビア一族が手がけた作品は教会の階上席・祭壇画・祭壇・集合像などにおける施釉ファイアンス彫刻であり、これらは当時、トスカーナ地方やフランスの数多い大建造物のた

図 11　コニャック城祭壇画
(ジローラモ・デッラ・ロッビア(推定),
施釉テラコッタ，1530 年頃)

めにつくられている(図11)。

フランスでは、彫塑家《ちょうそ》にして一五六三年〔原文ママ〕からは「国王御用田園器物」の始祖、さらにはカトリーヌ・ド・メディシスお気に入りの陶工であったベルナール・パリシー(一五一〇—一五九〇年)[1]の名が歴史に刻まれている一方で、ルーアンの陶工マッセオ・アバケーヌの名はそのイタリア的な響きにもかかわらず長らく忘れ去られたままだった。今日では、大元帥アンヌ・ド・モンモランシーとその妻マドレーヌ・ド・サヴォワのためにエクアン城につくられた壮麗な家紋入りの床面タイル(一五四二年)、またはアンリ二世の子弟の養育係クロード・デュルフェのためにラ・バスティ・デュルフェ城につくられた床面タイル(一五五七年)など先駆的な大作が、マッセオ・アバケーヌの作とみなされるようになっている。格天井《ごうてんじょう》のデザインを反復するその床面タイルは、花や果実、卵形や波形リボンの装飾モチーフがあしらわれており、おもに青・黄・緑・白からなるきわめてイタリア調の多彩色をたたえている(図12)。

王国の高位高官に仕え、おそらくは大規模な工房を率いていたマッセオ・アバケーヌは同時に薬剤師への納入業者でもあった。じっさい、軟膏や散剤、シロップといった調合薬の保管にあたって湿気や日光や虫を避けるには、水も光も遮断するファイアンスこそ最適である。アバケーヌは四〇〇〇個の薬壺を受注したことが知られているが、そのなかには散剤用の細身円筒形をした「アルバレッロ」や(図13)、シロップ用の水瓶ないしポットである「シュヴレット」が含まれている。この時代以降、かかる薬壺が陶工たちにとっての手堅い収入源となっていく。

政治史や宗教史と密接に結びついたファイアンスの歴史には断絶や翳りの時期がある。

たとえば、ユグノー戦争とそれにともなう深刻な混迷の時代となった一五七〇年代初頭以後、ルーアン製陶業の活気を知る手がかりはいっさいなくなってしまう。その結果、一六四四年には王妃アンヌ・ドートリッシュの侍従にして陶窯所有者のニコラ・ポワレル・ド・グランヴァルは、当時随一の製陶地ヌヴェールから陶工たちをルーアンに呼び寄せなければならなかった。

スレイマン大帝のイズニク陶器

ヨーロッパではイタリア芸術の影響下で巧みな絵付けと高品質のファイアンスが生みだされ、きたる一七世紀におけるヨーロッパ全域でのさらなる展開を準備していた頃、オスマン帝国ではスレイマン大帝の在位（一五二〇—一五六〇年［原文ママ］）のもとで圧倒的に鮮やかな光沢のある色彩をたたえたイズニク陶器が最盛

図 12　マッセオ・アバケーヌ エクアン城の床面タイル
（ファイアンス，2.17 × 7.77 m，1549–1551 年）

図 13　マッセオ・アバケーヌ《アルバレッロ》（ファイアンス，高火度釉による絵付け，1550 年頃）

期を迎えていた。ヨーロッパのファイアンスと大きく異なるこのイスラム陶器は、石英と鉛の豊富なフリットからなるシリカ白土を原料としており、焼成をへてひときわ光沢のあるガラス状のつやを呈する。贅沢品を求める富裕エリート層向けにつくられたこのイズニク陶器は、スルタンの宮廷から後援を受けた織物・製本術・写本装飾などの分野を含む装飾芸術復興に寄与するものである。イズニクとキュタヒヤを主要な製陶地とするこの多彩色陶器は、草花ついで動物を着想源とした文様を、型を利用して描きだしている(図14)。

初期にはコバルトブルーが優勢であったイズニク陶器の装飾は、伝統的イスラムのみならず中国の草花文からも着想されており、種々の器形やモチーフを流通させたイスラム世界とアジア間での交易の重要性をあらためて想起させるものである。一五三〇年頃には、ターコイズブルー、濃淡さまざまな緑、酸化マンガンによる紫といった豊富な色が出揃い、絵付師は空想を交えた花々や鋸歯状の葉まで描きこめるようになるが、当時それは「サズ

図14　孔雀文様の大皿
(ケイ酸質素地，化粧土上に描かれ，上から透明釉がほどこされた文様，イズニク(トルコ)，1550年頃)

様式」と呼ばれていた。一五五九年以前に出現し、イズニク陶器の代表的な色彩となって(カーネーション・チューリップ・ヒヤシンスなど)自然主義的な草花文に用いられるトマトレッドは、一六世紀後半に地中海沿岸全域にイズニク陶器の評判をゆきわたらせる(図15)。粘土含有量が少なく可鍛性に乏しいために轆轤成形がむずかしいイズニク陶器は、鋳型成形にかなう水盤・大鉢・脚付き盃といった器種が中心となっている。完成の域に達したかに思われるのは一六世紀末であるが、その状態は長続きせず、はやくも一七世紀初頭にはイズニク陶器は劣化を示していく。

この陶器と並行して、同時代の食器類に似た多彩色の文様の入った装飾タイルが一六世紀半ばから大規模に生産されている。イスタンブールの建築家スィナンによるオスマン建築、とりわけ(モスク・墓廟・宮殿のような)大建造物におけるその使用法は、立体感を際立たせることで空間を広く見せるというものである。以後、この陶器タイルによる装飾はあらゆるイスラム建築の構成要素となり、この首都の枠を帝国の周辺地へと広めていった。主にイタリア港湾経由の交易で地中海沿岸に普及したイズニク陶器の流

図15　水差(釉薬を上掛けした装飾，イズニク(トルコ)，1570-1580年)

れを汲む作品がただちに現れてくるヨーロッパ芸術において、その影響は長期にわたって持続したのであり、とりわけ一九世紀にはテオドール・デックやジュール・ヴィエイヤールがその強烈にきらめく色彩に魅了され、同陶器を再現しようと決意することになる。

オランダの覇権のもとで開花する産業

一七世紀とともにいわゆるヨーロッパ・ファイアンスの黄金期がはじまる。オランダ商人の拡張主義的な貿易やルイ一四世による数々の戦争はいずれもヨーロッパ各地における陶窯の発展を後押しする重要な要因となった。

たとえば、一六〇二年に設立され勢力を誇ったオランダ東インド会社（ＶＯＣ）は、一世紀近くつづいたポルトガルのシナ海上における覇権に終止符を打った。数々の特権（要塞建築権や政府名義での条約締結権など）を付与された同会社のおかげで、オランダはアジアにおけるヨーロッパ最大の強国となり、アジア諸国の産物の商取引を独占するにいたった。

図16　喜望峰の大皿（水辺の風景）
（高火度釉で絵付けされた錫釉ファイアンス，デルフト窯，1680年頃）

磁器は主要な輸出品となり、その売買はオランダの管轄のもとで空前の広がりをみせた。それまで王侯の専有物だった明朝の「青白磁」が(年間一五万点に達するほど)大量に輸出され、西欧ブルジョワジーにも手が届くものとなっていった。もっぱら輸出品として西洋人好みにつくられたこれらの磁器は「クラーク磁器」と呼ばれる。同磁器の西欧ファイアンスへの影響はヌヴェール、ルーアン、アントウェルペン〔アンヴェール〕、アムステルダム、デルフトなどで即座に現れた(図16)。一七世紀なかばに清朝が海禁政策をとって対外的に門戸を閉ざし、ヨーロッパとの通商関係を厳しく制限したことは、活況を呈する磁器貿易にとって大きな痛手となり、五年後に磁器の輸入は完全にストップしてしまう。オランダによる打開策はこの産業の重要性に見合ったものだった。デルフトの町だけで約二〇を数えるほど多くの現地生産工場が中国の「青白磁」の模倣品をファイアンスでつくりはじめるのである。一七世紀末の段階ですでに多品目化し、ヨーロッパに新規参入した中国磁器にあわせた文様に色彩さらには金彩を導入したものや、低火度焼成の技法で得られるバラ色や金色を引き立たせて絵付けしたものが現れてくる。

根源的なる技術革命

一七世紀の西欧ファイアンスでも前世紀にひきつづき、九〇〇―一〇〇〇度の焼成に耐える金属酸化物由来の五彩を含む高火度釉彩《ゆうさい》が用いられている。上客向けだったファイアンスの大半は、いまだに実用向けというよりは展示用の儀礼品であった。ルイ一四世治下の一六八九年、一六九九年、一七〇九年に発布された奢侈禁止令(国庫を補うべく貴族階級に金属を含む食器や家具を手放すよう厳命するもの)は、フランスにファイアンスの盛況をもた

図17　大皿
（高火度釉で絵付けされた錫釉ファイアンス，ギユボー製陶所（ルーアン），18世紀第1四半期）

らした主たる要因である。こうしてファイアンスにとって代わられた金銀細工が、陶工たちに器形と装飾にかんする初期のレパートリーを提供した。ルーアン産の兜型水差しや、ヌヴェール、ルーアン、マルセイユのサン＝ジャン＝デュ＝デゼール、ムスティエを産地とする紋章入りの食器がその具体例である。フランスのファイアンスは、地域特有のヴァリアントの数々において、きわめて多彩な器形と装飾をそなえているが、これは着想源が多岐にわたったことの帰結である。中国磁器の形状と装飾モチーフや、ルイ一四世お抱えの図案家兼版画家ジャン・ベラン（一六四〇―一七一一年）のものをはじめとする装飾画選集が、ヨーロッパ各地の製陶所における共通の着想源であった（図17）。そのなかでも主流となったものはいくつかあり、ルーアン窯のランブルカン文様、ムスティエ窯のベラン様式、ヌヴェール窯のカマイユ技法、アルコラ起源のグロテスク様式が挙げられる。

一七世紀にコルベールが発足させた王立芸術アカデミーにならい、一八世紀には工業諸都市で科学・文学・芸術アカデミーが創設される(代表例だけを挙げれば、一七四〇年にはルーアン、一七五二年にはマルセイユで創設されている)。このことは、織物ならびにやきもの産業における熟練工の育成のうえできわめて重要な役割をはたした。じっさい、アカデミーを母体とする労働者向けのデッサンや彫刻の学校(2)は、高度な専門教育の普及とともに、刷新された作品現物へのアクセスを保証するものである。それによって美術に親しむことが可能となり、最終的には装飾の品質向上につながっていく。低火度によるきわめて美しい彩色とかかるアカデミー教育との相関はマルセイユにおいてはっきりと示されている。ルーアンにおいて、傑出した画工ルルーの署名がファイアンスの器面に現れるようになるのは、まさしくデッサン学校創立の年からである。

一八世紀最初の四半世紀には、いっそう快適で洗練された生活を求める傾向が強まり、食卓術の発展へとつながっていく。テーブルウェアがはじめて登場した地はルーアンであり、新たな習慣が加わるごとに食器の種類は増えていった(グラシエール、ヴェリエールなど)。一八世紀中頃には一〇〇〇近くの製陶所がフランスに存在するようになり、一大産業となったファイアンス製造は同

図18　中国風装飾の鉢
(錫釉ファイアンス，ストラスブールの製陶所，18世紀)

時代に大きな技術的変動を経験する。すなわち低火度焼成への移行であり、陶工たちの技法や取り組みという点で本質的な革命である。一七世紀末からすでにドイツやデルフトで実践されていたこの低火度焼成の技術は可能性を大きく広げるものだった。たとえば、色の濃淡やぼかしを用いて自然や同時代の絵画を模写することも、金をつかって磁器に似せることもできる。以後、絵付師たちは研磨と施釉がすでにほどこされた器面に作品を描き入れ、光沢や濃淡を損なわない六〇〇度から七〇〇度というはるかに低い温度での焼成によって色絵を焼きつける。フランスでこの新技術は一七四五年からアノン一族のストラスブール窯で、ついで一七五〇年頃にはマルセイユ窯で使用されていく。これら二都市は一八世紀後半、同時代の大絵画から花文や人物文を採り入れることで、ロカイユ様式の嗜好とみごとに調和する独自の様式と創意を発揮した二大製陶地である(図18)。

おそるべき競争

都市部の店舗で販売され、植民地へと輸出され、世界中の大国から注文がとどいていたファイアンスは、一七七〇年から王の庇護を得たセーヴル窯で硬質磁器の製造がはじまるや、その市場を脅かされるようになる。階級的トレンドとなった硬質磁器に乗り換えた貴族階級に打ち捨てられたファイアンスは二流品へと地位を落とす。いかにも商業主義的なつたない装飾に甘んじた数多くの製陶工場ではあからさまな品質の劣化が生じるが、マルセイユ窯のようになおいっそうの創意と精密さを発揮した一部の工場では、形状的にも技巧的にも完成度の高いファイアンスを製造し、硬質磁器と露骨に競い合っていった。進退窮まった一産業が放つ最後の気炎であった。

フランス革命を三年後にひかえた一七八六年に締結された英仏通商条約はファイアンス産業に致命的な打撃をあたえた。一方ではフランス領土上でイギリス製品の自由な流通が認められたこと、他方ではごく安価に機械生産できるファイアンスフィーヌが盛行したことで、過去三世紀近く繁栄してきたファイアンス産業はとどめを刺されたのである。より簡素な器形とよりあっさりとした装飾のほうをもとめる顧客にファイアンスは背を向けられてしまった。かくしてヨーロッパの製陶所の大半は一九世紀前半のあいだに廃業してしまうのである。

訳　谷口清彦

（1）　ベルナール・パリシー作と断定できる作品はごくわずかである。彼の製陶の技法は著書や講演記録によって知られるが、彼を始祖とする容易に特定可能な様式とは、動植物の写実的な型をつかった大皿表面の丸彫り文様を基本とするものであり、陶器裏面の碧玉釉もまた有名である。パリシーはまたモンモランシー元帥やチュイルリー宮のカトリーヌ・ド・メディシスのためにイタリア的ロカイユ趣味の幻想的な人工洞窟を手掛けている。追随者をだし、フォンテーヌブローに近いアヴォン窯やノルマンディー地方のル・プレドージュ窯の陶器はすでに一六世紀からパリシー様式と呼ばれ、さらに一九世紀トゥレーヌの陶工シャルル＝ジャン・アヴィソーの作品をめぐっても新パリシー様式と形容される。

（2）　ルーアンでは一七四〇年に初等デッサン公立学校の運営を託されたのはフランドル出身の画家ジャン＝バチスト・デカンであり、マルセイユでは一七八三年までアカデミーを画家ダンドレ＝バルドンが運営している。

アドリアン・デュブシェ
国立磁器美術館コレクションでたどる
磁器の歴史

セリーヌ・ポール

アドリアン・デュブシェ
国立磁器美術館館長

Céline Paul

一八七〇年、美術批評家フィリップ・ビュルティは『ガゼット・デ・ボザール』誌にリモージュの美術学校と美術館についての記事を発表している。[1] それらの校長にして館長である友人アドリアン・デュブシェ（図1）の活動を讃えるビュルティは、リモージュの経済活動に深くかかわり、磁器産業を担う職人や芸術家の育成を野心のひとつにかかげた両機関の独創性に言及している。批評家によれば、こうしたデュブシェの取り組みの教育的意図は、美術学校と美術館との関係性のうちにはっきりと表れているのであり、美術館は、美術学校の生徒たちにとって「教わる基礎知識がどのように実地に移されているのか判断す」べく批判精神を行使することのできる場としてえがかれている。研究と観察の対象である美術館の諸作品は、美術学校で得られた理論的かつ実践的な教育を補完し、観察眼と省察力をはぐくむための補助教材なのである。美術批評家はまた、磁器産業にかんする知識の形成と保存においてリモージュ美術館〔＝現・アドリアン・デュブシェ国立磁器美術館〕がはたす役割について論じるとともに、所蔵作品の充実化につながっている健全な競争意識についても言及している。「新たな展示室が設けられれば、リモージュのみならずフランス中の陶磁器の保存美術館となるべき同館に展示され

図1　ラウル・ヴェルレ
《アドリアン・デュブシェの肖像》
（ブロンズ，1898年）

ることを求めて新規陶窯《とうよう》が参入してくるだろう」。ビュルティにとって、いにしえの傑作のかたわらに同時代の製品を展示することは、創作意欲を掻き立てるばかりでなく、当美術館を、ヨーロッパの偉大な工芸美術館の系譜へと参入させることでもあった。

県知事チビュルス・モリゾによる一八四五年の美術館設立から二五年をへた当該記事の執筆時点で、同館が陶磁器に特化したものであることはその記事タイトルに表れるほど明白であった。リモージュ美術館は、自然史・美術・七宝など百科全書的なオブジェを収蔵しながら、すでに「陶磁器美術館」の名で親しまれていたのである。こうした路線変更は、美術館創立からまもなく、リモージュから複数の窯元が参入した史上初の〔ロンドン〕万国博覧会の翌年、モリゾの後任にあたるミニュレが芸術家の眼識や公衆の審美眼を涵養すべく陶磁器部門を設けた一八五二年に生じたものである(2)。以後、同美術館の陶磁器コレクションの編成ならびに拡充は二つの方向性で行われるようになる。ひとつは世界陶磁史を跡付ける傑作を収集するという方向性、もうひとつは当代随一の品質をほこるリモージュ陶磁器を収集する方向性である(3)。一八二四年にアレクサンドル・ブロンニャールによって創設されたセーヴル陶磁器美術館とは異なり、もともとリモージュ美術館は陶磁器に特化したものではなかったし、その創立もまた製陶所と関連してはいなかったが(4)、陶磁器部門が設けられるや、そのことは旗幟鮮明になっていった。

アドリアン・デュブシェは、美術館長に就任した一八六五年の時点において、義父がジャルナックで創業した順風満帆のブランデー・コニャック会社を率いる一流のビジネスマンであった。美術館たるにふさわしい収蔵品数を可能としたのは、彼の芸術への嗜好やパリの芸術家界隈との交流があったからこそであり、そのために彼は私財の一部を投げ打ってもいる。ビュルティの記事にある装飾美術学校を一八六八年に創立したのは「工芸美術」を擁護したいという想いからであった。一八八一年に美術館と美術学校は国家の管轄となり、廃用の救済院のなかにあった両機関には建築家アンリ・マイユーの指揮のもとで新たな建造物がつくられることになる。

当初から陶磁器の展示に充てられてきた本美術館の一階は、設立当時の精神をそのまま今につたえる博物館学の類まれなケースのひとつである。いわばその「地霊」は、大きな木枠のショーケースをそれぞれテンポよく斜め向きに配置するという陳列室の整った構成によるところが大きい。このような配置は一様ならざる視点をひらくものであり、鑑賞者たちはめいめい独自の視点からコレクションをたどっていくよう誘われる。こうした意味において、陳列室のオーガナイズというのは、美術館という知の組織化と伝達の場のオーガナイズと無縁ではありえない。アドリアン・デュブシェの考えでは、西欧の製陶所のすべてに多大な影響をおよぼした中国磁器こそが美術館の中心をしめなければならなかった。彼の手配により一八七五年にアルベール・ジャックマールのコレクション、一八八〇年にポール・ガノーのコレクションを獲得したことは、ごく早い時期から美術館全体に特殊な方向性を与えたのだった(5)。

「中国の驚異」

やきもの類のなかで磁器に固有の特徴といえば、一二五〇―一四六〇度の焼成をとおしてガラス化し、透光性をおびるにいたるその粒子の細かい素地《きじ》であり、この特徴はそのカオリンの含有によるものである(6)。なお、中国語には「磁器」に相当する名称がなく、フランス語なら「炻器《せっき》」と「磁器」とに区別されるものを一括りにした唯一の呼称しかないことは付言しておくべきである。他方、磁器が紀元一〇〇〇年紀の中国に誕生したということは周知の事実であるが、正確な時期となると見解が分かれている。中国北部太行《たいこう》山脈の東側の山腹にははるか一億六〇〇〇万年以上も昔に形成されたカオリン鉱床があり、山東省付近ではすでに新石器時代から六〇パーセント近くのカオリンを含む素地による白炻器がつくられていた。(7) アドリアン・デュブシェ国立磁器美術館は一四世紀以前にさかのぼる厳密な意味での磁器は所蔵していないが、唐代(六一八—九〇六年〔原文ママ〕)の二つの持ち手のある龍を象った炻器の壺は収蔵している。紀元六世紀以降、中国中原における炻器生産はカオリン使用への回帰を告げるものであり(8)、同世紀末における磁器の誕生へといたる革命である。この最初の磁器は、透光性のある薄胎《はくたい》、豊富な酸化アルミニウムとわずかな酸化鉄からなる白い素地、さらには推定で一二七〇度という焼成温度を特徴としている。素地も釉薬もともに、石英・長石を豊富にふくんだ陶石とカオリンを配合したものである(9)。陶窯としては、目下のところ河北省の邢州《けいしゅう》窯と河南省の鞏義《きょうぎ》窯の二か所しか判明していない。従来の考古学の知見によると、この最初期の磁器の生産は単発的かつ局地的なものにとどまり、次段階へと直接つながるものではなかった。七、八世紀には、中国北部のいくつかの陶窯でより大規模な磁器生産が行われるが、透光性はなく品質も見劣りする。宋代(九六〇—一二七九年)になると、素地のカオリン含有量が増えたことや窯が改善されたことを要因として、華南で磁器生産が発展した。一一三〇年代以降、淡い青みのさした透明釉をかけた透光性の高い純白の磁器が景徳鎮ほか南部の陶窯で生産されるようになった。

モンゴル王朝の元代(一二七九〔原文ママ〕—一三六八年)になると外部世界との接触によっ

て陶磁産業が活発化する。顔料のコバルトブルーが輸入され、またおそらくは景徳鎮の地にイスラム陶工が移り住むようになったことが、磁器の装いを一変させるのであり、磁器は以後、施釉前にコバルトブルーで下絵付けされた文様によって美しさが際立つようになる。[10] アドリアン・デュブシェ国立磁器美術館において設立当初から傑作とみなされてきた「白沢《はくたく》」(中央の炎をまとった五爪の獣の絵柄にちなんだ呼び名)の大皿は中国における初期「青《せい》花《か》」の特徴を体現するものである(図2)。その製法は中国磁器の黄金時代とされる明代(一三六八―一六四四年)をつうじて受け継がれていく。[11]

一四九八年のヴァスコ・ダ・ガマによる「インド航路」開拓は、西欧と中国との関係史において新時代の到来を告げる出来事である。ポルトガルのキャラック船がシナ海とリスボンを連絡し、青花磁器をはじめとする貨物を運ぶようになったのであり、[12] 一六世紀末には新たな海洋強国としてオランダ共和国が頭角を現してくる。一六〇二年に同国のアムステルダムで設立されたオランダ東インド会

図2 「白沢」の大皿
(青花磁器，中国，1345年頃)

社(VOC)は、アジアとの交易をかつてない規模にまで発展させた。景徳鎮に集中していた製陶所では当時、「クラーク(オランダ語では「キャラック」)」磁器と呼ばれる輸出専門の磁器生産がはじまっている。

一七世紀中盤、中国では長期にわたる内乱が生じ、明朝は清朝にとって代わられることになる。戦乱が鎮まると、ルイ一四世の同時代人たる皇帝・康熙帝《こうきてい》(在位一六六一―一七二二年)は一六七四年に火災によって廃窯していた景徳鎮の製陶所を再開させ、輸出品の生産を奨励した。[13] その治世下では緑系の色階の釉薬が開発されている。アドリアン・デュブシェ美術館はその成果を示す複数の作品を所蔵しているが、そのひとつである円筒花瓶の器面には、巻物の絵を見つめる五人の人物、さらにそのかたわらに長寿のシンボルである鹿と鶴がえがかれており(図3)、濃淡さまざまな緑が器体の白と鮮やかなコントラストをなしている。アルベール・ジャックマールによる中国陶磁器コレクションの分類法によれば、そうした磁器は「緑目」の項に括られるものである。[14]

一七二〇年代にはジャックマールが「薔薇日」と名づけた新たな色彩群が開発されているが、これは、失透釉《しっとうゆう》と、塩化金から得られる「カシウス紫」と呼ばれるローズパープルの発色とを特徴とするものである。おそらくは中国に舶来した釉薬を分析し、また宮廷と近しい宣教師たちと交流したことが、かかる発明を促すことになったのだろう。さらには、同技法をより洗練させるかたちで、闘鶏を見つめる若い娘たちをえがいた小皿(図4)に示

図3　巻物円筒花瓶
(緑目色釉磁器，中国，17世紀)

図4　皿《闘鶏をみつめる若い娘たち》
（薔薇目色釉磁器，中国，18世紀）

図5　小立像《麒麟にまたがる西洋人》
（「中国の白」による白磁，徳化窯，1700-1710年頃）

されているような、新たな鮮色が装飾のレパートリーに加わるのであり、これは極東からの舶来品を求めてやまない西洋の顧客を充分に満足させるものだった[15]。「インド会社」や「中国輸出磁器」の名で呼ばれた磁器は西欧商人が発注したモデルからつくられたものであるが、中国本来の伝統や感受性から逸脱するその性質ゆえに折衷的とみなしたジャックマールに対し、ポール・ガノーはそれらを気にいり熱心に収集している。ガノーはまた「中国の白」の熱烈なコレクターでもあった。「中国の白」とは徳化窯産の鋳《い》込《こみ》成形による小立像であり、さまざまな仏、獅子のような動物、さらには中国高位の人物などのほか、空想の動物「麒麟」にまたがる西洋人らしき人物を象ったものまである（図5）。ガノーはこの中国産小立像の収集とあわせて、それを着想源とするサン＝クルー産のソフトペースト素材の小立像も集めている。

日本の磁器

中国が動乱の渦中にあった一七世紀中頃、オランダ東インド会社は仕入先を増やすべく朝鮮陶工から磁器製法を伝授された日本へと関心を向ける。その日本では一六一〇年代に有田近郊でカオリン鉱床が発見されていた[16]。有田の陶芸品は闊達にえがかれた多彩装飾において傑出しており、西洋に強烈なインパクトをあたえるものだった。リモージュ美術館は、当時随一の東洋磁器収集家であったザクセン選帝侯フリードリヒ・アウグスト一世の所有物だったという由緒ある八角碗を所蔵している[17]。白地を活かした柿右衛門様式(一六七〇年代にこれを創始したとされる窯元の名跡)による非対称的な文様が、釉薬の上から多彩な色絵でえがかれている(図6)。一八世紀初頭には、それとは異なる感受性に裏打ちされた、ブロケードの絢爛さを彷彿とさせる別種の色彩群が隆盛するが、これは下絵の青に、金彩で縁取りされた鮮やかな赤を組み合わせたものである。輸出向けの日本磁器は、その貿易港となった有田や伊万里の名で呼ばれるようになった。

中国からヨーロッパへ

本館における東洋陶磁コレクションはこのように形状・装飾・技術をめぐる一大目録を展開するものであるが、セーヴル・リモージュの「フランベ」釉薬や「卵殻《らんかく》」磁器、透かし彫りや「米粒斑《グラン・ドゥ・リ》」といった装飾はいずれも、中国と肩を並べようとする一九世紀西欧の技術上の挑戦であった。こうした狙いはデュブシェの同時代人の言葉から読みとることができる[18]。たとえば、美術館と美術学校の存続と発展に大きく寄与したポール・ガノーは、自身の東洋磁器コレクションが同時代のリモージュ磁

図6　八角碗
(硬質磁器，柿右衛門窯，有田，17世紀末)

器の一部となることを願っているし、美術批評家ビュルティのほうは、自身は東洋芸術に心酔しつつも、線引きはなくさないよう説いている。「くりかえすが、フランスの磁器は日本磁器にも中国磁器にもなってはならない。すぐれた着想源はいたるところにあるのだから」(19)。つまりビュルティは、日中の陶芸品ばかりではない美術館の豊かなコレクションにも目を向けるよう勧めているのである。じじつ本美術館の陶磁部門はその創設以来、ファイアンスであれ磁器であれ、フランス本国ならびに国外における主要な生産地すべての陶芸品が提示されるようなコレクションたることを使命に掲げてきたのであった。

西洋における磁器の出現

西洋における磁器の出現へといたる経緯の発端には、中国から舶来した初期の磁器に西洋中世が魅了されてしまったという出来事がある。一三世紀末、マルコ・ポーロがはじめて『東方見聞録』のなかで「きわめて優美な鉢や「磁器」(20)」について言及しているが、そこでの「ポルチェラーナ」という呼称は白真珠《パール》色の貝になぞらえたものである。シルクロードを行き来する隊商たちの数世紀にまたがる交易のおかげで、少しずつ中国磁器が渡来するようになった西洋において、それらは貴重品とみなされた。透きとおった白さゆえに称賛された中国磁器の威光というのはその謎めいた製法に由来するものだったが(21)、極東への渡航者たちの見聞によって徐々に製法が解明されていった。一五七九年にはすでにポルトガル宣教師ガスパール・ダ・クルスが「白く柔らかい石」の存在を指摘している。ただし、一七一二年にその磁器製法を解き明かし、景徳鎮におけるさまざまな製造工程について記述したのは、リモージュ生まれのイエズス会宣教師ダントルコルである。カオリン鉱床が西洋で発見される以前、一部の陶窯ではいわゆる「軟質」[22]磁器の製法が見出されていた。カオリンを含まず、中国磁器よりも軟らかいその素地は、傷みやすい反面、見た目は東洋磁器をおもわせる。フリット(ガラスに近い組成の混合物)を白亜や石膏に混ぜあわせた胎土からなるこの軟質磁器は、一五七五年から数年間、フィレンツェに出現した。トスカナ大公の庇護を受けた当地の陶工たちによって生みだされたこの西欧初の青白磁器は「メディチ磁器」の名で知られたが、製法が継承されることのないまま生産は途絶えてしまっている。[23]

フランス初の軟質磁器がつくられたのはその一世紀後のルーアンにおいてであり、一族の窯元を引き継いだルイ・ポトゥラが一六七三年に「中国磁器に似た」磁器の製造の勅許を得ているが、彼の手になる磁器はほとんど現存していない。[24]一八世紀初頭には、傍系王族による庇護のもとで軟質磁器の製造がさかんになる。オルレアン公の庇護を得たサン＝クルーの製陶所は一七〇二年の勅許によって一〇年にわたる独占的な磁器製造権を手に入れるが、[25]その間の展開は本アドリアン・デュブシェ美術館のコレクションでたどることができる。当初、同製陶所は中国の「青花」から多大な影響を受けており、青一色でえがかれたグロテスク文様・ランブルカン文様の染付の壺がそのことを示している(図7)。ついで日本磁器を着想源とした多彩色が採用されている。なお、このサン＝クルー以外にも、磁器工場はパリ、イル・ドゥ・フランス地域メヌシーのヴィルロワ公城館、またはシャンティイのコンデ公の領地などにも出現している。[26]

王領地内に設置されたヴァンセンヌの民窯は、ポンパドゥール侯爵夫人、ついでルイ一五世からの優遇を得、[27]一七四五年には「ザクセン焼」磁器の製造特権を獲得する。一七五三年にはルイ一五世がその支配株主となっている。ヨーロッパの他の陶窯、なかでもカオリンを主成分とする磁器（いわゆる硬質磁器）の製造にすでに成功していた宿敵マイセン窯を凌駕すべく、ヴァンセンヌ王立窯は独自路線を模索した。上絵の具の色彩開発を命じられた化学者ジャン・エロは、ヴァンセンヌで素地として用いられていたソフトペーストにふさわしい色彩をつくりだした[28]。この王立窯はまた、同時代の偉大な芸術家たちの作品を手本とした彫刻によっても違いを生みだした[29]。アドリアン・デュブシェ国立磁器美術館は、現在ルーヴル美術館に収められている画家フランソワ・ルモワーヌの《ヘラクレスとオンファレ》から着想を得た群像彫刻を展示しているが、えがかれているのは、神話上の英雄

図7　染付の壺
（軟質磁器，サン＝クルー製陶所，
18世紀初頭）

ヘラクレスが羊毛をつむいでいる間、妻リュディア女王のオンファレが彼の棍棒をとりあげるという場面である(図8)。この異例の大きさの軟質磁器作品は、デュプレシによるロカイユ様式の燭台がとりつけられているがゆえに、蠟燭の灯に照らされた本来の姿を想像しなければならない。金メッキがほどこされたブロンズ製の燭台のもとで、光沢性の釉薬でおおわれた同磁器は蠟燭の火でたゆたう姿を見せていたはずである。一方、一七五二年にはビスク磁器が発明される。ジャン＝ジャック・バシュリエは、器面のくぼみや起伏をぼやけさせ、彫刻家がほどこすきめ細やかな味わいを損なってしまう釉薬を意図的に使用しなかったのである。かくしてヴァンセンヌ窯のビスク磁器は、ドイツの多色彫刻に抗して独自性を打ち出すことになった。ヴェルサイユ宮のそばに陶窯を置いておきたいルイ一五世の意向を受け、ヴァンセンヌ窯は一七五六年に、セーヴルに特別に新築された建物へと移転された。同地で芸術家たちのめざましい創造性はとりわけ装飾磁器において発揮され、その複雑な形状の数々は、焼成において軟質磁器が受ける作用を活かした技術上の偉業の成果である(30)。

アドリアン・デュブシェ美術館のコレクション拡充に奔走した目利きたちにとって、軟質磁器は陶芸における最上の美の表現のひとつであった。とりわけこの象牙色の素材に対して鋭い感受性を示したの

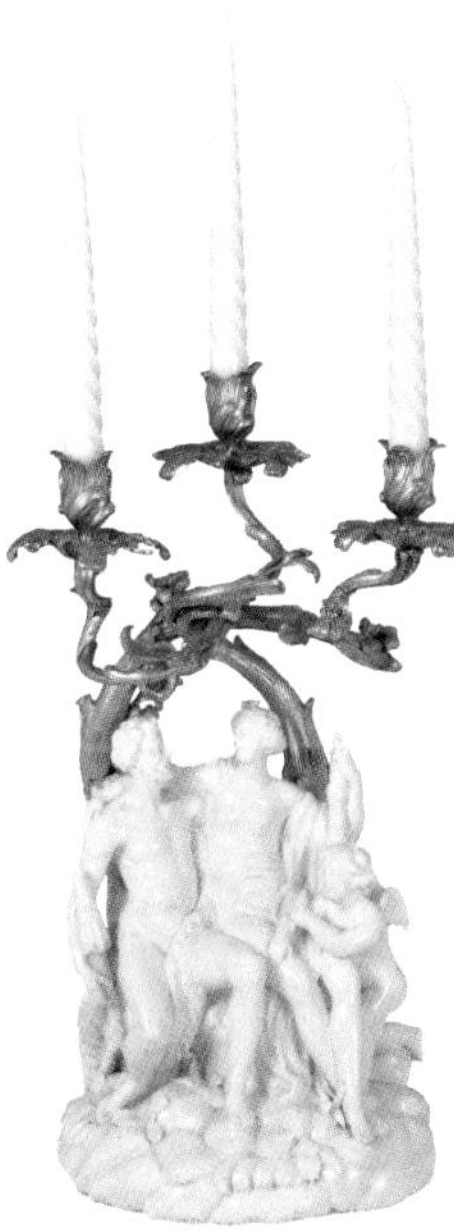

図8　群像彫刻《ヘラクレスとオンファレ》
(施釉軟質磁器，金メッキされたブロンズ製燭台，
ヴァンセンヌ窯，1748-1752年頃)

はポール・ガノーである。たとえば一八八四年、同館へのある来訪者は、大部分がガノー個人の収集品に由来する軟質磁器の全作品について「もっとも完璧なコレクションのひとつ」と述べている。(31)

一八、一九世紀における西洋硬質磁器

アドリアン・デュブシェ国立磁器美術館展示の「ベットガー作」と呼ばれる炻器は、西洋初のカオリン磁器を製造することになるマイセン製陶所の草創期の成果を伝えるものである。(32)ザクセン選帝侯フリードリヒ・アウグスト一世の庇護を受けた錬金術師ベットガーは、一七〇八年以降、中国の宜興《ぎこう》産のものと同様の赤褐色の炻器をつくれるようになっており、ザクセン南部アウエでのカオリン鉱床の発見によって、一七一〇年には透光性のある中国白磁に似た磁器を生みだすことに成功した。一七六二年にプロイセン王フリードリヒ二世がつくらせた《日本式食器セット》のうちの一品は、硬質磁器における造形上の美質の数々を具現するものである。このヒョウを頂いたテリーヌには、バロック的な躍動感が息づいているように見える(図9)。

フリードリヒ・アウグスト一世による厳命にもかかわらず、マイセン製陶所の「奥義」とまでいわれた硬質磁器製造の秘法はそれを持ち出す者たちによって伝播していった。磁器製造実現への野心を燃やす王侯は、西洋各地を股にかける秘技の継承者たちをめぐって争奪戦をくりひろげた。アドリアン・デュブシェ美術館収蔵品では、同製法がまずはウィーンからベルリンまでドイツ諸侯領に広まり、ついでイタリア・スペイン・ロシアなどに波及していった経緯を地図でたどることができる。イギリスでは、長石に代えて骨灰を使

用することに因んで「ボーンチャイナ」と命名されたリン酸磁器が開発された。フランスでは一七六八年になってリモージュからわずかに南方のサンティリュー・ラペルシュで上質のカオリン鉱床が発見されている。リムーザン採石場を確保し、最初に硬質磁器の製造に乗り出したのはセーヴル王立窯だったが、民間発の陶窯もその後につづいた。[33] リモージュ初の製陶所と同時代のそれら陶窯は、やがてテーブルウェアや化粧用雑器によって本美術館に陳列されることになる。

本美術館が一九世紀磁器の比類ない収蔵品数を誇っているのは、アドリアン・デュブシェのおかげである。大部分が万国博覧会に出品された当館の一九世紀磁器作品は、[34] フランスのリモージュやヴィエルゾン、イギリスのウェッジウッド生誕の地ストーク・オン・トレント、ドイツのゼルプ、さらにはその他西洋の帝立・王立製陶所をも含む有数の製陶地間での競争や技芸上の切磋琢磨を反映している。このことは、県知事ミニュレが本美術館にこめた願い、すなわち製造業者にとっては「あらたな調和の観念」を得ることができ、芸術家にとっては「その調和を実現する手法」を見出せる場になってほしいとの願いに応えるものであり、同館のコレクションに息づく百科全書的野心は、磁器生産を賦活しようとする意志にこそ裏打ちされたものだった。一八七〇年にアドリアン・デュブシェから寄贈されたナスト製

図9　《日本式食器セット》のテリーヌ（硬質磁器，マイセン製陶所（ザクセン），1762-1763年）

陶所産の大型水盤は、唯一無二のオブジェの追求という点で、技術上の偉業によって来館者のみならず陶工たちをも唸らせるような企てをまさに体現しているのである(図10)。

一九世紀後半、磁器特有の繊細さと透光性をとことんまで追求したのは、工業生産の周縁にあった一部の陶窯であり、その熟練技を担ったのは単能工たちであった。「素地重ね」による装飾法はその一例であり、水溶き粘土を幾重にも重ね塗りすることによって絵付けがほどこされる[35]。一八四九年に同技法を確立したセーヴル窯では「塗装素地」と呼ばれていた。この分野で抜きんでていたのは芸術家マルク＝ルイ・ソロンであり、愛を象徴する妖精たちの叛乱の場面をえがいた装飾壺にその腕前のほどが示されている(図11)。この壺に見られるもうひとつの職人芸は、自然光のもとでは灰色、人工照明のもとでは薄紫色というように、光の加減によって壺の色合いが変化するようにできていることである。「カメレオン素地」の名で呼ばれたこの「変幻する素地」はじじつ、セーヴル窯が得意とするもうひとつの技法であった[36]。こうした探求の成果を継承し、リモージュで最初に素地重ねによる装飾法を採り入れたのがジビュ社であり、その

図10　大型水盤
(硬質ビスク磁器，ナスト製陶所，パリ，1827年)

磁器作品は銅に焼きつけられたルネサンス期の色釉を彷彿とさせるものだった。
他の製陶会社もまた中国磁器の伝統にいどむべく、卵殻磁器のような極薄の素地の磁器をこころみたが、その脆さゆえに高度な製造スキルが求められ、損失率の上昇が引き起こされた。最後に、緻密で制作に時間を要する透かし彫りの技法についていえば、この技法は、磁器をダンテル模様のように切り抜くというものであり、細工には何カ月もかかることがあった(図12)。その複雑さゆえに工業生産に応用されることのなかった同技法においてこそ、マニュファクチュアはみずからの名人技を発揮することができたのである。こうした文脈において、「陶磁器美術館」の名で親しまれるアドリアン・デュブシェ美術館がリモージュ陶芸の技量を示すショーケースとなり、その名声の確立に寄与することは理の当然であっただろう。

図12　透かし彫りのティーカップ
(「ボーンチャイナ」と呼ばれるリン酸カルシウムを含む磁器，ロイヤル・ウースター磁器会社，ウースター(イギリス)，1878年頃)

図11　蓋つき壺《愛の妖精たちの叛乱》
(硬質磁器，塗装素地(素地重ね)，セーヴル王立窯，1866-1867年，マルク＝ルイ・ソロンによる絵付け，ニコールによる下絵)

リモージュ磁器、そのさまざまな起源から今日まで

数十年にわたる懸命な調査の結果、サンティリュー・ラペルシュで採土されたサンプルがカオリン質のものだと認められたのは、長期におよんだルイ一五世治世末期の一七六八年だった。従来、歴史家たちがこの発見をとりまく状況について考察するさいは、同地在住の外科医ダルネが果たした役割のことが強調されてきた。妻が石鹸や洗剤に使っている真っ白な土に興味をもったダルネは（少なくともこれが一九世紀には定番の逸話であった）、元同僚のひとりでボルドー在住のマルク＝イレール・ヴィラリスにそれを分析してもらったという。そしてヴィラリスは、当時フラー土として用いられていたその土がカオリンだと特定したのである。リモージュ地方長官だったチュルゴは、この「白い金」の発見がリモージュ地方にもたらしうる利益のすべてを直感した。原料としての販売とあわせて、当地での磁器生産を奨励するのが得策だと理解し、創業から三〇年をへて衰退していたマシエ兄弟の陶器製造工場を磁器製造工場へと刷新するよう説き伏せることに成功したのである。[37] 出資者としてグルレ兄弟という二人の実業家が工場主をつとめ、化学者フルネラが技術上のノウハウを提供することになった。

一七七四年、ルイ一六世がフランスの新国王に即位する数カ月前、同工場はその弟アルトワ伯爵（のちのシャルル一〇世）の庇護を得た。以後は「アルトワ伯工場」の名で呼ばれ、製造品にはそのイニシャル「CD」の商標を入れることが許された。創業当初は比較的小規模だった同工場は一七八〇年頃には約三〇人の人員をかかえ、主にテーブルウェアを生産している。一七八四年、深刻な財政難からセーヴル王立窯に買収されて以後、「CD」

図13 《リムーザン地方の白土による最初の磁器》（硬質ビスク磁器，グルレ・マシエ・フルネラ製陶所，リモージュ，1771年）

の商標は維持しつつも「リモージュ王立磁器工場」の名で知られるようになり、一七八八年には王室地理学者フランソワ・アリュオーが工場長となる。だがアリュオーの品質改善の尽力にもかかわらず、フランス革命の混乱にまきこまれた同工場は一七九六年に彼の二人の元陶工によって買い取られた。

アドリアン・デュブシェは同工場の事績をつたえる作品の収集にこだわり、時として地方議員と磁器製造業者からなるリモージュの名士サークルからの支援を得た。かくして一八六六年には歴史的価値のある数点の作品が美術館のコレクションに加わったが、そのなかには同磁器工場の印章ならびに裏面に「リムーザン地方の土による最初の磁器一七七一年」の銘の入った硬質ビスク磁器(図13)が含まれていた。これらはフランス革命以前の最後の工場長だった父と同名の息子フランソワ・アリュオーから寄贈されたものである。さらには同時期に相次いだ寄贈品によって、アルトワ伯工場製磁器の形状や絵柄の実物にもとづく考証が可能となった。たとえば「古リモージュ」という作品目録上の分類は、平皿・壺・ビスク磁器の小立像などさまざまな器種を包含するものであるが、インクで丁寧に書き込まれた商標のリスト化によりいっそう厳密な分類

図14《グラティアエに支えられたかご》
（硬質磁器，クサック・ボヌヴァル製陶所，1830年頃）

が可能となった。

エチエンヌ・ベニョールやピエール・タローとならんでフランソワ・アリュオーは「創業者たち[38]」の世代に属している。ともに旧体制下生まれの彼らにとってアルトワ伯工場は幼年期から身近な存在であり、ベニョールはそこで轆轤工として働いてもいる。王政復古の時代にこの三人の起業者たちは工業化への道をひらき、転写による絵付け技法の当地への導入や高火度加飾の開発など、一九世紀後半にめざましい飛躍をとげる技術上の新機軸を打ち出した立役者であった。

一八四〇年代初頭の時点でオート＝ヴィエンヌ県には約三〇の製陶所があり、その半数近くが首都パリを販路としていた。ただし絵付け以前の「白磁」をパリに届けていた製陶業者たちは商標を押さなかったため、今日ではリモージュ産かどうかの判別が困難になっていることは付言すべきである。とはいえ、製陶業者たちの家に残されていた一九世紀前半の作品が美術館に直接寄贈される場合には、「伝聞によらない」回想によってその製造元を確実に特定することができた。アルトワ伯の側近にして磁器工場設立者のイポリット・ド・ボヌヴァル伯爵が作成したカオリン産地についての目録資料は製造元の特定を可能とする点で、唯一無二の事例である(図14)。

一九世紀後半はリモージュ磁器の黄金時代である。一八五一年のロンドン万国博覧会において、一八世紀末からカオリン鉱床の採掘に代々携わってきた家系のプイヤ兄弟は、いっさいの絵付けを排した磁器によって異彩を放った。当時の支配的な嗜好に逆らうかのようなそのアプローチは、美的選択であったと同時に、技術的な円熟を反映するものでもあった。というのも白いままの器面では、焼成過程でしばしば生じる黒いシミや器体の変形といった瑕疵は許されないからであり、この点で「プイヤの白」は傑出していた。その四年後のパリ万国博覧会で、プイヤ製陶所は動物彫刻家ポール・コモレラから型を提供されたセンターピースによって金メダルを獲得した(図15)。この渉禽《しょうきん》たちに支えられた無釉の水盤はまさしく入神の技といえるだろう。じっさい、これほどの作品を仕上げるためにはおよそ一〇個の石膏型を必要としたし、パーツを組み合わせたら今度は一四〇〇度で焼成しなければならなかった。パーツの接合が悪ければ崩れてしまうほどの高火度である。この飾り皿がプイヤ兄弟から美術館に寄贈されたさいに傑作と評されたのも当然

図15　センターピース《豊穣なるケレス》(硬質磁器，プイヤ製陶所，リモージュ，1855年，型の製作はポール・コモレラによる)

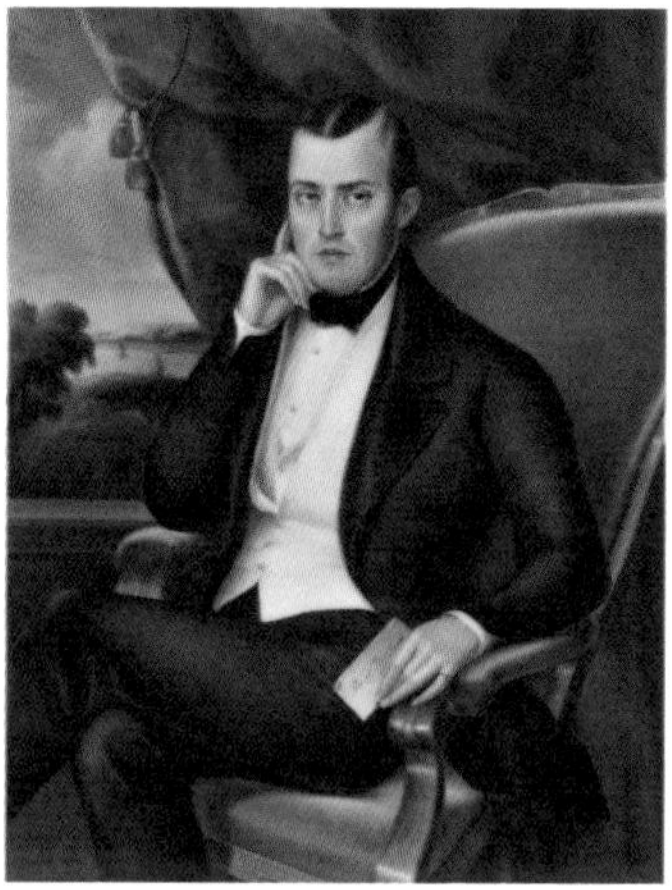

図16　ポール・フォルタン《ダビッド・アビランドの肖像》
（硬質磁器，リモージュ，1848年）

図17　《パリ様式の皿 雪》
（硬質磁器，アビランド製陶所，リモージュ，1876年，絵付けはフェリックス・ブラックモンによる）

だろう。兄弟はまた、アルベール・ダムーズによるデザインの「米粒斑《グラン・ドリ》」と銘打ったテーブルウェアとセンターピースを提供している。この一式によって、磁器に透かし彫りをほどこし、くり抜いた部分を半透明の釉薬で埋めるという中国由来の技術を、リモージュのやきもの師たちが完全に会得していることが示されたのである。

リモージュ磁器の大部分はテーブルウェアが中心だった。当時のテーブルウェアセットは簡素なもので七二点、デザート用を含めると一〇〇点を超えるものまであった。急速に伸びていく需要に応え、また国際競争に立ち向かうべく、リモージュの磁器製造業者たちはさまざまな製造工程を機械化していった。一八六九年に技師ポール・フォールが開発した機械は、型板を利用することで皿の成形を工業化し、生産量を飛躍させた。手作業の轆轤がけはといえば、しだいに鋳込成形にとって代わられていき、装飾もまた、多色印刷の

ためのクロモリトグラフ印刷機の出現とともに機械化されていった。(39)

こうした実りの多い状況のなかで、一九世紀最後の四半世紀に主導的な地位を占めたのはアビランド製陶所である。米国人の顧客の好みにより適った磁器を求めた創業者ダビッド・アビランド(図16)はリモージュに移住し、ニューヨークの兄弟のもとに装飾磁器を発送していた。ついでみずからの装飾工房を立ち上げた後、アビランド社を設立するが、同社はまもなく長兄のシャルル＝エドゥアール・アビランドが率いるようになる。彼が一八七二年にパリのオートゥイユ地区に設置し、運営をフェリックス・ブラックモンに託した陶芸研究部門は、(40)ジャポニスムの華やかな試行の場となり、浮世絵を着想源とする非対称的な絵柄が生みだされたが、その洗練の際立った一例は《パリ様式の皿》において示されている(図17)。

一九世紀末はとりわけ「大いなる炎《グラン・フー》」すなわち高火度による色釉をめぐって探究がなされた時代であった。この高火度焼成によって酸化鉄は釉薬に完全に染みこみ、ひときわ鮮やかな発色が可能となる。同技術を得意としていたのは三人の共同経営者(ジェラール、デュフレセクス、モレル)の名を冠するGDM製陶所である。そうした技術的探究は北斎の浮世絵を彷彿とさせるほどに形状と装飾がひとつに融合した壺からはっきりと読みとれるのであり、浮き彫りで表された濃紺の泡立つ波はまるで壺に絡みつくかのようである(図18)。GDM製陶所の技量を見抜いた美術商サミュエル・ビングは自身のパリの画廊用にテーブルウェア一式と数々の陶芸品を発注している。その型の作者であるエドワード・コロンナ、ジョルジュ・ド・フール、ポール・ジューヴはリモージュ磁器に「アール・ヌーヴォー」の精神を吹き込んだのだった。

第一次世界大戦はリモージュの磁器工業に深刻な断絶をもたらしたが[41]、戦後まもない一九二五年にパリで開催された現代産業装飾芸術国際博覧会は、リモージュの磁器製造業者たちに芸術上の協力関係を打ち出す機会となった(図19)。彼らの多くは、正面に「磁器の都リモージュ」の文言を掲げたリムーザン地方のパビリオンに出展した。とくに注目を集めたのはテオドール・アビランド製陶所の磁器作品であり、そこにはエドゥアール＝マルセル・サンドス、ジャン・デュフィ、スュザンヌ・ラリックによるデザインのテーブルウェアが含まれていた。また、同時代にはジェオ・ルアールのギャラリーをはじめとする数々のギャラリーが食卓芸術《アール・ド・ラ・ターブル》を盛り上げたが、この「二〇年代」の復興も一九二九年の経済危機のあおりを受けて、いくつもの名門窯元が廃業に追い込まれた。

第二次大戦の直後、リモージュの磁器業界は設備を近代化し、国際競争に立ち向かう必要にせまられるが、この難局を乗り切った製陶所は、形状と装飾の刷新に打ち込んだ。景気回復に彩られたいわゆる「栄光の三〇年間」はリモージュの磁器産業にとっても追い風となり、ラジオや映画をつうじた広告キャンペーン、パリでの直営店「リモージュ・ユニック」の出店へとつながっていく。この景気回復による消費拡大を背景として、いくつもの磁器製造会社がアーティストと手を組み、買い手好みの斬新な作風を生みだしていった。

図18　波の壺
(硬質磁器，ジェラール・デュフレセクス・モレル製陶所，リモージュ，1900年以前)

たとえばレイモンド・ローウィ〔レーモン・レヴィ〕は航空会社エール・フランスのために食器セットをデザインしたほか、大好評を博したテーブルセット《アリエス》も手掛けている。ロジェ・タロンによるテーブルセット《3T》はその丸みのあるデザインによってお決まりのフォルムから脱却した。また、この時期にはシンプルな形状への嗜好がしだいに現れてくるが、北欧デザイン源流のセンスを反映したその作風は一九八〇年代初頭から本格化していく。

　食卓芸術と呼ばれる分野が果てしない探求の領域であることに疑いの余地はなく、それにより、日常生活における芸術の存在を再考することが可能となる。たとえば磁器は、食事の演出に寄与する一方で、室内装飾の一要素ともなる。おそらくはそれゆえに複数の大手ラグジュアリーメーカーがリモージュ磁器職人に関心を寄せ、より幅広い客層にアピールすべくラインナップに新たな趣向を加えたのである。一九九〇年代にはArtes Magnus協会がリモージュ磁器の名声にもとづき、ロイ・リキテンスタイン、ジョセフ・コスース、シンディ・シャーマンあるいはジャン・ティンゲリーといった芸術家たちに食卓用のオブジェを創らせている。その応答としてアルマンはテーブルセット《ドゥミタス》を考案し、《シンクのなかのごとく》という、タイトルにおいても形状において

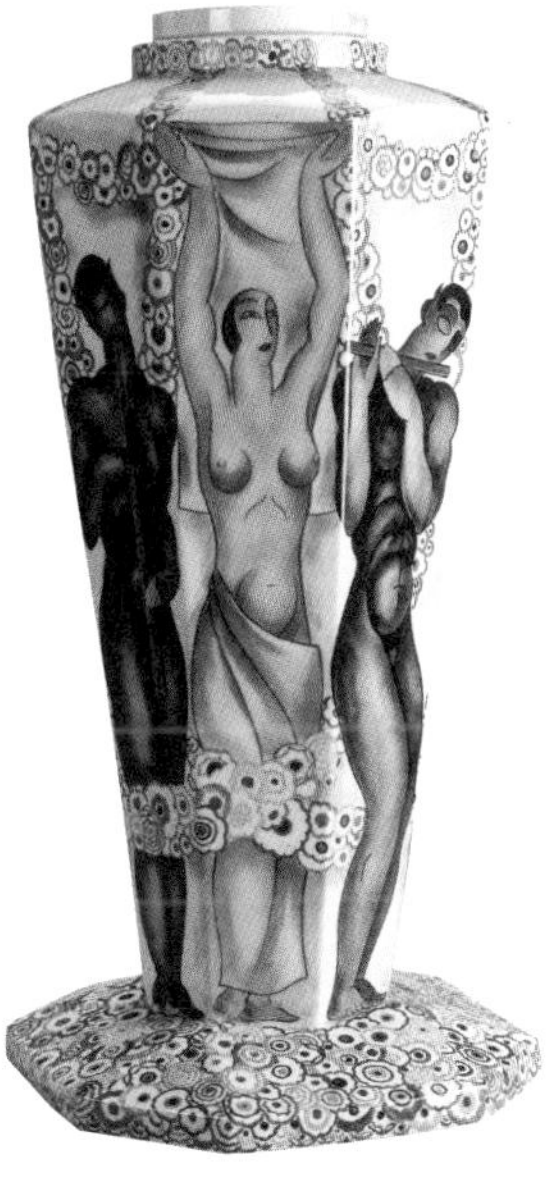

図19　角を落とした八角壺
（硬質磁器，リムーザン磁器工場，1925年，型はピエール・シャブロル，絵付けはルネ・クルヴェルによる）

も幾ばくかのユーモアをともなった現代版センターピースを創作している(図20)。今日なおベルナルド製陶所は意想外の遭遇をうながしており、伝統的な素材である磁器は時として、客がそのインスタレーションに巻き込まれるようなシナリオを一人の芸術家が着想するというコンセプチュアルアートのダイナミズムのなかに組み込まれるのである。[42]

「古典的な」使用法をこえて、磁器はまた路上施設のような分野への革新的な転用を生みだしている。「火と土の芸術研究所(CRAFT)」の核心にあるアプローチはまさしくそのようなものであり、陶芸界とはゆかりのないアーティストたちに磁器をつかった実験的な作品制作を提案している。[43] アドリアン・デュブシェ国立磁器美術館内を見ても Atelier ter Bekke & Behage によって構想された案内板はすべてリモージュ磁器を用いたものであり、そのタイポグラフのひげ飾りは、素材による技術上の制約を活かしたデザインとなってい

図20 《シンクのなかのごとく》
(硬質磁器，レノー製陶所，1990年，アルマンによる型をもとに Artes Magnus 協会が販売)

る。

創立当初からの精神に忠実なアドリアン・デュブシェ美術館は、磁器製造者たちと特権的な関係を保ちつつ、創造行為を注視しつづけている。当美術館における同時代作品のコレクションは、変容してやまない生の作法を伝えるとともに、製造現場への新たなテクノロジーの導入を物語っている。[44] かくして当美術館は、広く世に認められた職人技術の保存に貢献しつつ、尽きせぬポテンシャルを蔵するこの手工芸産業の創造性を際立たせているのである。

訳　谷口清彦

（1） Philippe Burty, « Les écoles gratuites et le musée céramique de Limoges », *Gazette des beaux-arts*, 1870, 2e période, t. III, pp. 66–78.

（2） たとえばモリゾは一八五二年一〇月に県知事ミニュレに宛てた書簡で述べている。「なにかしらの工芸品の卓越を確保する手段のひとつは、公衆・芸術家・製造者さらには職人の審美眼をみがくことであるはずです」（リモージュ古文書館（boîte 2 R 21）保管の書簡より）。アドリアン・デュブシェ美術館の歴史については以下を参照。Chantal Meslin-Perrier, *Adrien Dubouché, un musée, un mécène* (cat. d'exposition, Limoges, 1990), Paris, RMN, 1990.

（3） 所蔵品の概覧としては以下を参照。Chantal Meselin-Perrier et Céline Paul, *Album du musée national de porcelaine Adrien Dubouché, Limoges*, Paris, RMN, 2008.

（4） セーヴル陶磁器美術館のコレクションの概要については次を参照。Antoinette Faÿ-Hallé, *Album du musée national de Céramique-Sèvres*, Paris, RMN, 2002.

（5） アルベール・ジャックマール（一八〇八―一八七五年）は東洋磁器研究にとってのリファレンスコレクションを形成していた。ジャックマールとともにパリの陶芸研究サークルに加わっていた彼の友人にして弟子のポール・ガノー（一八二八―一八九八年）もまた優れたコレクターであった。アドリアン・デュブシェ美術館における東洋コレクションの構成については以下を参照。Laure Chabanne, « La porcelaine chinoise dans les collections du musée national Adrien Dubouché à Limoges », in *L'Odyssée de la porcelaine chinoise* (cat. d'exposition, Limoges-Sèvres-Marseille, 2003-2004), Paris, RMN, 2003, pp. 9-14 ; Pauline d'Abrigeon, « La collection extrême-orientale du musée Adrien Dubouché de Limoges », *Les Cahiers de l'École du Louvre—Recherches en histoire de l'art, histoire de civilisations, archéologie, anthropologie et muséologie* (en ligne), n° 6, avril 2015, pp. 43-52.

（6） Jean-Paul Van Lith, *La Céramique—Dictionnaire encyclopédique*, Paris, Éditions de l'Amateur, 2000, pp. 306-315.

（7） アドリアン・デュブシェ国立磁器美術館での講演会（二〇一三年六月開催）でこの点について教示くださるとともに、さらには中国磁器をめぐる本美術館のセクションのチェックを快く引き受け明確化してくださった Bing Zhao 氏（UMR 8155 CNRS/EPHE/Collège de France/Paris-VII 研究員）に深く謝意を表したい。

（8） 中国北部における炻器から磁器への発展は、より白いカオリン粘土の探求によって特徴づけられている。ただし純粋なカオリナイトとは異なり、カオリン粘土は不純物を含んでいる。

（9） Rose Kerr and Nigel Wood, *Ceramic Technology*, *Science and Civilisation in China*, vol. 5, part 12, Cambridge, Cambridge University Press, 2004, pp. 151-157.

（10） Stéphanie Brouillet et Étienne Blondeau, « De la Chine au Proche-Orient, les allers-retours du "bleu et blanc" », in Étienne Blondeau (dir.), *Les Routes bleues—Périples d'une couleur de la Chine à la Méditerranée* (cat. d'exposition, Limoges, 2014), Limoges, Les Ardents Éditeurs, 2014, pp. 108-114.

（11） Daisy Lion-Goldschmidt, *La Porcelaine Ming*, Fribourg, Office du Livre, 1978 ; Alexandre Hougron, *La Céramique chinoise ancienne*, Paris, Éditions de l'Amateur, 2015.

（12） Jean-Paul Desroches, « Les routes céramiques », in *Du Tage à la mer de Chine—Une épopée portugaise* (cat. d'exposition, Palácio nacional de Queluz-musée national des arts asiatiques-Guimet, 1992),

Paris, RMN, 1992, pp. 19–33.

(13) Christiaan J. A. Jörg, « La manufacture et le commerce de la porcelaine sous Kangxi », in *L'Odyssée de la porcelaine chinoise*, pp. 91–101.

(14) ジャックマールはその中国陶磁器分類体系を次の著書第一巻で提示している。*Les Merveilles de la céramique—Ou l'art de façonner et décorer les vases en terre cuite, faïence, grès et porcelaine depuis les temps antiques jusqu'à nos jours*, Paris, Hachette, 1866–1869.

(15) René Estienne (dir.), *Les Compagnies des Indes*, Paris, Gallimard-ministère de la Défense, 2013.

(16) Christine Shimizu, *La Porcelaine japonaise*, Paris, Massin, 2002, p. 24.

(17) Ulrich Pietsch, Anette Loesch und Eva Ströber, *China, Japan, Meissen. Die Porzellansammlung zu Dresden*, Munich, Deutscher Kunstverlag, 2006.

(18) エドゥアール・ガルニエはガノーのコレクションの作品目録序文でこう述べていた。「とりわけこの［中国系］作品を研究することによってこそ、リモージュの製陶所の芸術家たちは装飾の新たな意匠を見出せるだろう」（*Catalogue de la collection Gasnault*, Paris, Honoré Champion, 1881, p. IX.）

(19) Burty, *op. cit.*, p. 76.

(20) Jean-Pierre Drège, *Marco Polo et la Route de la soie*, Paris, Gallimard, 1989, p. 109.（ジャン＝ピエール・ドレージュ『シルクロード――砂漠を越えた冒険者たち』吉田良子訳、創元社、一九九二年）

(21) Chantal Meslin-Perrier, « Le développement de la céramique en Europe », in *De terre et de feu—L'aventure de la céramique européenne à Limoges* (cat. d'exposition, Limoges, 2010), Paris, RMN, 2010, pp. 15–23.

(22) « Porcelaine tendre », in Nicole Blondel, *Céramique—Vocabulaire technique*, Paris, Monum-Éditions du Patrimoine, 2001, pp. 91–92.

(23) Giuseppe Liverani, « Premières porcelaines européennes : les essais des Médicis », *Cahiers de la céramique et des arts du feu*, n° 15, 1959, pp. 141–158.

(24) Chantal Soudée Lacombe, « L'apparition de la porcelaine tendre à Rouen chez les Poterat. L'hypothèse protestante? », *Sèvres—Revue de la Société des Amis du musée national de céramique*, n°15, 2006, pp. 29–35 ; Audrey Gay-Mazuel, *Le Biscuit et la Glaçure—Collections du musee de la céramique de*

Rouen, Paris, Skira-Flammarion, 2012, p. 210.

(25) Bertrand Rondot, *Discovering the Secrets of Soft-Paste Porcelain at the Saint-Cloud Manufactory, ca. 1690–1766* (cat. d'exposition, Bard Graduate Center for Studies in the Decorative Arts, New York, 1999), New Haven, Yale University Press, 1999.

(26) シャンティイの磁器については以下を参照。Geneviève Le Duc, *Porcelaine tendre de Chantilly au XVIIIe siècle*, Paris, Hazan, 1996.

(27) John Whitehead, *Sèvres, une histoire céramique—Sèvres sous Louis XV, naissance de la légende*, Paris, Éditions courtes et longues, 2010.

(28) Antoine d'Albis, *Traité de la porcelaine de Sèvres*, Dijon, Faton, 2003.

(29) Tamara Préaud et Guilhem Scherf (dir.), *La Manufacture des Lumières. La Sculpture à Sèvres de Louis XV à la Révolution* (cat. d'exposition, Sèvres-Cité de la céramique, 2015), Dijon, Faton, 2015.

(30) Pierre Ennès, *Un défi au goût—50 ans de création à la manufacture royale de Sèvres (1740–1793)* (cat. d'exposition, Paris, musée du Louvre, 1997), Paris, RMN, 1997.

(31) Camille Leymarie, « Une promenade au musée national Adrien Dubouché », *Almanach limousin*, 1884, pp. 110–123 [p. 120].

(32) Ulrich Pietsch, *Triumph of the Blue Swords—Meissen Porcelain for Aristocracy and Bourgeoisie, 1710–1815*, Leipzig, E. A. Seemann, 2010.

(33) Régine de Plinval de Guillebon, *Faïences et porcelaines de Paris, XVIIIe et XIXe siècles*, Dijon, Faton, 1995.

(34) アドリアン・デュブシェは当代屈指の陶磁器専門家とみなされていた。陶磁器について複数の論考を著し、一八七八年の万国博覧会では陶磁器部門の審査員をつとめている。以下を参照。Adrien Dubouché, « La céramique contemporaine à l'Exposition universelle de 1878 », *L'Art*, 1878, pp. 49–64, pp. 73–90.

(35) Bernard Bumpus, *Pâte-sur-Pâte—The Art of Ceramic Relief Decoration, 1849–1992*, London, Barrie and Jenkins, 1992.

(36) Antoine d'Albis, « Made in Sèvres », in Brigitte Ducrot, et al., *Sèvres, une histoire céramique—De*

l'audace à la jubilation, Seconde Empire et IIIe République, Paris, Éditions courtes et longues, 2008, pp. 72–73.

（37）リモージュ磁器の包括的な歴史書としては以下を参照。Chantal Meslin-Perrier et Marie Segonds-perrier, *Limoges, deux siècles de porcelaine*, Paris, RMN-Éditions de l'Amateur, 2002.

（38）この表現は一九世紀末にリモージュ磁器の歴史について複数の書物を著したカミーユ・レマリ Camille Leymarie によるものである。

（39）アドリアン・デュブシェ美術館ではこうした工業化の跡付けと遺産保存のために一九九〇年代に寄贈をつのり、製陶技術を具体的につたえる機械・道具類を技術フロアの中二階に展示するにいたっている。

（40）Jean-Paul Bouillon（dir.）, *Félix Bracquemond et les arts décoratifs—Du japonisme à l'Art nouveau*（cat. d'exposition, Limoges, 2005）, Paris, RMN, 2005.

（41）Jean-Marc Ferrer, « Porcelaines et porcelainiers dans la guerre », in Jean-Marc Ferrer（dir.）, *Être artiste dans la Grande Guerre—Limoges 14-18*, Limoges, Les Ardents Éditeurs, 2015, pp. 36-61.

（42）Céline Paul, « Tables d'artistes. La porcelaine de Limoges et les décors de peintres », actes du colloque des 26-28 novembre 2013（université Blaise-Pascal, Clermont-Ferrand-Mobilier national, Paris）, Catherine Cardinal et Laurence Riviale（dir.）, *Décors de peintres. Invention et savoir-faire, XVIe-XXIe siècles*, Clermont-Ferrand, Presses universitaires de Clermont-Ferrand, 2016, pp. 61-76.

（43）Nestor Perkal, Jeanne Quéheillard et Laurence Salmon, *L'Expérience de la céramique—Centre de recherche sur les arts du feu et de la terre-Craft-Limoges*, Paris, Bernard Chauveau, 2007.

（44）Jean-Charles Hameau（dir.）, *Avant, ici, maintenant—L'expérience Non sans raison*（cat. d'exposition, Limoges, 2015）, Limoges, Les Ardents Éditeurs, 2015.

技術と継承
——海を越えて産地になるまで

三川内《みかわち》焼

長崎県佐世保市のやきもの産地

Mikawachi Ware

長崎県佐世保市の市街地から車で二〇分ほど内陸に行くと山々に囲まれた集落が現れる。穏やかに流れる川沿いには窯元が軒を連ね、それを横目に見ながら坂を登って高台に立つと煉瓦造りの煙突がいくつも見える。ここ三川内は江戸時代には平戸藩の御用窯として栄え、明治以降は国内外の顧客に向けて技巧を凝らしたやきものを生産してきた窯元が集まる産地である。職人の起源は一六世紀末、豊臣秀吉による朝鮮出兵の際、平戸藩の領主、松浦《まつら》鎮信《しげのぶ》が朝鮮南部から連れて帰った陶工にまでさかのぼる。

それまで磁器を生産していなかった地域でどのように土地に根ざした原料を発見し、時代の変化に適応して技術を発展させてきたのか。そして人々はその歴史をどのように捉えていったのか。小規模ながら四〇〇年にわたって独自のやきものの技術を継承してきた三川内焼の過去と現在と未来をつなぐ三つの窯元を訪ねた。

平戸《ひらど》松山《しょうざん》窯　中里月度《つと》務《む》さん

唐子をはじめとした染付を中心に行っている平戸松山窯代表の中里月度務さんに三川内焼に使用する原料の歴史と現状、そして手仕事を維持していくために他の産地と協働してどのような取り組みを行っているかを聞いた。

まず磁器の原料となる陶石についてお聞きします。石を粉砕したものを原料とする磁土はこの地域では古くから使われていた素材だったのですか？　また現在にいたるまで、どこ

山々に囲まれた三川内．現在稼働している窯元は 28 窯

から調達されているのでしょうか?

三川内焼で使っているのは熊本県天草市で採れる天草陶石です。私たちの祖先である陶工が朝鮮から連れて来られたときは日本ではまだ磁器が作られていませんでした。平戸藩の藩主から磁器を作れとの命を受けて、まず磁器の原料となる陶石を探すところから始めるほかなかったのです。そこで藩の領内をあちこち探し回り、まずここから一〇キロほど離れたところで網代《あじろ》陶石を見つけたのですが、高温の窯に入れると形が崩れてしまい、うまくいきませんでした。磁器作りにふさわしい陶石が見つかるまでは藩主の要望に応えるために、陶器に白い化粧土を塗り、その上に絵を描いたものを納めていたと言われています。その後、陶工の子孫が三川内近くの早岐《はいき》の海岸に荷上げされていた天草砥石に目をつけたのです。当時、天草陶石は砥石としてしか使われていなかったのですが、それを使って磁器を作ってみたところ、当時の陶工がかつて朝鮮で作っていた磁器の質に近いものが焼けたため、良質な原料であるということがわかったのです。文献によると一六七〇年にはすでに天草陶石が原料として採掘され、明治になってからは有田や波佐見《はさみ》など肥前地区全体で天草陶石が使われるようになりました。

陶石が見つかる前は陶土を使った土ものが作られていたとのこと。朝鮮から陶工が移動して来る前、やきもの文化はこの土地にすでに根付いていたのでしょうか?

豊臣秀吉の時代、唐津の波多《はた》家という大名が持っていた岸岳が主な土ものの産地だったのですが、大名が秀吉の怒りを買って領地を没収されたため、その地域で働いていた陶工たちが肥前のあちこちに離散するのです。その一派が始めたのが三川内地区に最初にできた葭之《よしの》本窯《もとかま》だと言われています。網代陶石を使う前はこの近くに陶土が出るところがあったので唐津焼風の土ものを作っていました。

三川内焼の始まりには朝鮮の二人の陶工が関わっています。まず巨関《こせき》という男性は磁器の陶工としての技術を認められ、その息子の三之丞の代には藩主から今村の姓を授かります。そして、今村家として三川内に平戸藩の御用窯を開きました。もう一人、高麗媼《こうらいばば》と呼ばれた女性は技術も指導力も高く、唐津・椎《しい》の峰《みね》にいた中里家に嫁ぎますが、夫と死別してからは、中里姓を名乗りながら三川内に移動したのです。この地域の釜山《かまやま》神社には中里エイ(高麗媼)、そして陶祖神社には天草陶石を発見したと言われている今村弥次兵衛《やじべえ》が祀られています。今村姓は三川内を取り仕切る代官を務めた家系で、今村家文書という文書が長崎県平戸市にある松浦史料博物館に残っています。

天草陶石が磁器の原料になることがわかったあと、天草から陶石をどのように運び、粘土にしてきたのですか？

当時、陶石は天草から船で運んできていたようです。江戸時代にはすでに水簸《すいひ》をして陶石のなかに多く入っている珪石《けいせき》を取り除いて、磁土を精製していました。今でも佐賀県鹿島市には陶石を粉砕して精製する土屋さんがあって、私たちはそこから磁土を買っています。天草陶石からできる土は特上《とくじょう》、撰上《えりじょう》、撰中《えりちゅう》、撰下《えりげ》と大まかに分けて四種類のクオリテ

ィがあって、この順に茶色くなります。精製する土屋さんによって天草陶石の白という色の捉え方が違うので、自分たちの好みに合うものを選びます。

三川内をはじめ、有田や波佐見など近隣の産地の人々とはやきものに必要な資源の利用と維持についてどのように協働しているのでしょうか？

このあたりでは肥前陶磁器工業協同組合連合会という組織が中心となって陶磁器産業にまつわる問題についての意見交換をしています。例えば原料や道具の確保についてです。陶石を採掘するとき、昔は床掘《とこぼり》といって山を下方向や横方向に掘り進めて採っていましたが、今は山の表土を取り除いて剝き出しにしたあと、発破して崩しながら掘っていきます。山を覆う木々や土を取り除く作業は大きな費用がかかるのでこうして産地間で課題を共有しています。今、困っているのは磁器に絵付けをする筆を作る職人が少なくなりつつあることです。私たちが使う細い線を描く筆は

上　天草陶石の破片
左　呉須(ごす)を用いた染付の作業(松山窯)

鹿のお腹の毛のブレンドで、柔らかいので染付の顔料になる呉須《ごす》の含みが多く、繊細な線を描くことができる特殊なものです。今まで五〇年もの間、これを広島県熊野の職人の方が作って三川内まで毎年売りに来ていたのですが、その方もご高齢になられたので同じ地域で他を探したところ、私たちが求める質のものを作れる職人がいないことがわかり、一時騒然としました。たった一人の優れた筆職人に頼っていた私たちも悪かったのです。将来のことを考えて産業に携わる人を育てていかないと。このことがよい薬になって今では有田、波佐見、三川内で原料や道具に関する情報を共有するようになりました。今、波佐見の窯業組合の人が代表で熊野に行って他の筆のサンプルをもらって来てくれるので、私たちもそれを試しているところです。

職人による技巧を生かしたやきものを少量生産するのが三川内焼の特徴ですが、戦後の高度経済成長期をどのように過ごしてきたのでしょうか?

高度経済成長期までは有田や波佐見のように大量の発注を受けていました。マイクロバスで職人を連れて来て器を生産するような大きな窯元も何軒かありました。当時、もっとも多く生産していたのが旅館やレストラン、

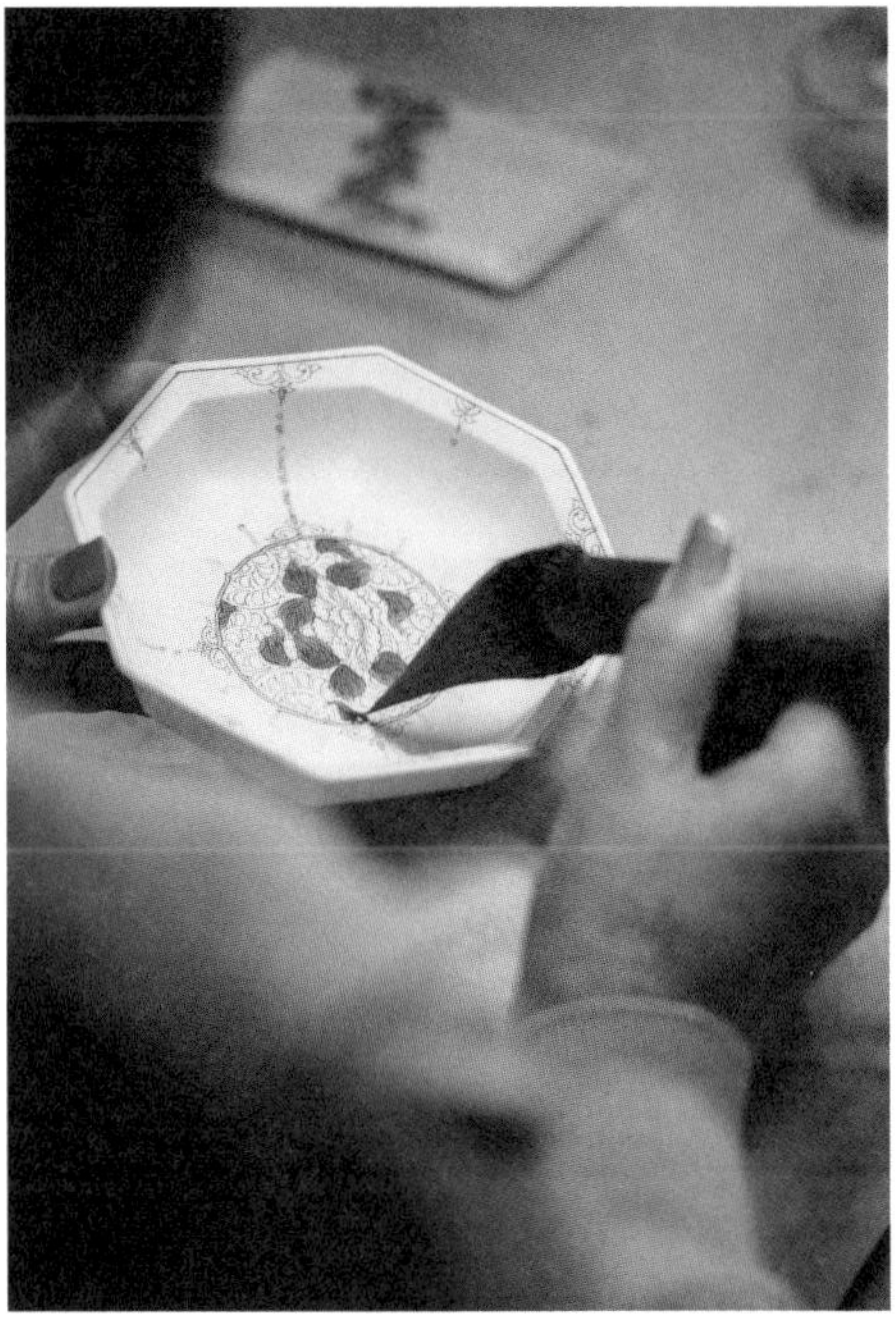

宴会場向けの食器で、生き造りのお刺身が盛られて出てくる船形のお皿など、伝統的な三川内焼らしくないものもありました。四〇〇人の宴会に使う器となると同じ絵柄の器が四〇〇個必要になるわけです。そういう業務用食器の製造から得る収入は大きくて、一件あたり何百万円という仕事になりますが、手作業で作ることができなくなるので効率重視の生産体制になっていきました。ところがバブル経済の崩壊とともに量産大手の窯は衰退し、生き残ったのは私たちのような手仕事を持つ窯でした。今では五〇個ぐらいの注文が限界。それも半年から八ヶ月ほど待ってもらわないとできません。でも、私たちは職人の数が少なくて固定費が安定しているし、付加価値で売るので原材料費もそれほどかかっていない。そのため昨今の光熱費の引き上げもある程度吸収できています。三川内の規模の小ささはひとつの利点ですね。

小規模な生産体制を保っているという利点がある一方、人材と技術の保有という課題に向き合っているのですね。産地にまつわる現状はどのようになっているのでしょうか?

三川内全体で言えば、染付主流の窯元はまだ需要があります。でも造形物、細工物はかなり需要が落ちてきて、後継者を作りたくてもその人が将来食べていけるかということが心配です。今ある窯は二〇年後には半数近くに減る可能性があります。三川内には訓練校もなくて、技術はすべて家で継承し、しかも基本は男の子が継ぐものという考え方があったので、後継者のいない窯元が何軒もあります。でも最近は女の子でも跡を継ぎたい、継がせたいという窯元も出てきて、考え方が変わってきています。

私たちが作るものも取り組みの仕方も変わらないからか、外の人からは閉鎖的で発展するために何もしていないと思われていましたが、最近では三川内のマイペースさに惹かれるという人もいます。私たちはものづくりへの意識の高い人たちにはどんどん入ってきて欲しいと思っています。

三川内の人は派手なことをしないけれど負けず嫌い、ものづくりをして生活ができればよいという気質の人が昔から多かったですね。御用窯だったときのように、注文主から出された依頼に応えて黙々と作るのは好きだけど、人と接して売るのが一番苦手です。今、その役割を担ってくれているのが三川内陶磁器工業協同組合や長崎県や佐世保市です。組合は問屋業を、

平戸松山窯，工房の様子

長崎県や佐世保市は認知度向上のためのサポートや販売促進をしてくれています。そうして職人が作ることだけに集中できる環境を整えてもらえるのはありがたいことですね。

将来に向けて、産地と技術を継承していくにはどんなことが大切だと思いますか？

ものづくりの一番の目標は次の世代に少しプレッシャーを残しておくことだと思います。自分がされたように、ここまでは最低でも頑張って欲しいというものをサンプルとして残すことです。先人の作ったものを見ていると、あまりにも素晴らしいので崖から突き落とされるような気持ちになる作品もあります。でもそうやっていいものを残しておかないと次の世代は育たない。ものが全部語ってくれるのです。

平戸《ひらど》洸祥団《こうしょうだん》右ヱ《え》門《もん》窯　中里太陽さん

平戸洸祥団右ヱ門窯は三川内焼の伝統的な技法のひとつ、平戸《ひらど》菊花飾《きっかかざり》細工《さいく》技術《ぎじゅつ》と呼ばれる菊の細工を行う窯元。代表の中里太陽さんは朝鮮の陶工が始めたこの窯の一八代目である。ご家族のなかで語られてきた朝鮮とのつながり、また人と技術を介してどのような交流が行われ、さらに陶工によって運ばれてきた技術は日本でどのような発展を遂げたのだろうか。

太陽さんは朝鮮から日本に技術をもたらした陶工につながっていらっしゃいます。ご家族

からはそのような歴史をどのように聞いてこられたのでしょうか？

幼い頃、家族の歴史について聞いた記憶はそれほどありません。小学校で三川内焼の歴史の勉強をしたり、やきものを専門に学ぶ高校に行くと名前ではなく「洸祥の長男坊」と呼ばれるようになって自然と窯元であることを意識するようにはなりましたが、自分の祖先が朝鮮から連れて来られたことを知るのは大人になってからですね。

　明治維新と第二次世界大戦前後で三川内焼は大きく変わりました。江戸時代までは平戸藩の依頼を受けて御用品を作っていましたが、明治になると廃藩置県で藩という後ろ盾がなくなったので窯として独立しないといけなくなったのです。そういうわけで戦前は家族総出で窯の仕事に携わっていました。ところが戦時中、政府は贅沢品の製造禁止令を出す一方で、伝統技術が絶えないようにするために各地の職人たちを保護したのです。そのなかに、三川内焼の職人も入っていました。戦後この資料をＧＨＱが見つけ、腕のよい職人がいるのならば質の高いものを作れるだろうということでアメリカ輸出用の食器を発注しました。それを受けて、祖父の叔父にあたる人物が生産を拡大し、やきものを輸出していました。ですので、戦後の混乱期は家族の歴史どころの話ではなかったのでしょう。祖父は大正生まれなので、江戸時代のことも朝鮮の陶工についても知っていて当たり前だと思うのですが、話し上手とは言えない祖父が一〇〇年以上前のことを私や父に伝えるのは難しかったのではないかと思います。

　歴史は産地のために必要です。三川内の価値を高めようと私たちは今、それにあやかっていますが、祖父の時代は技術的なことだけでなく、歴史や文化もそれぞれが生きる上で

洸祥窯

の知識として当たり前のことだったのではないでしょうか。

太陽さんの代になって、ご家族のルーツがある朝鮮とのつながりはどのように捉えられていったのでしょうか？　韓国まで赴いて、かつて陶工が住んでいた鎮海《チネ》（当時の地名は熊川《ウンチョン》）を訪れたそうですが。

一九九九年に韓国の南にある鎮海熊川の郷土文化研究会が同地の放送局や新聞社とともに企画した「韓日文化講演会」という催しに参加しました。平戸藩の藩主の末裔のほかに中里家の末裔ということで私たち家族にもお誘いがあったのです。豊臣秀吉の朝鮮出兵の際に攻めた側と攻められた側が同じ場に集まる初めての機会だったのですが、私たちもこのときに海を渡って韓国側の窯跡を訪れ、その遠さを実感しました。そして陶工がもともと住んでいた場所を見て、当時の生活の様子を思い描くことができました。今はもう窯元はなく、その地域の歴史を語る小さな美術館があるだけになっています。

その講演会が行われる前日の晩、記憶に残る出来事がありました。参加者のひとり、当時の三川内陶磁器工業協同組合の理事長が韓国側の参加者に「なぜ日本は朝鮮を攻めたのか」と四〇〇年前のことについて詰め寄られたのです。これでは会が成り立たないと考えた理事長は「私たちも連れていかれたほうです、あなたの身内ですよ」と答えました。さらに翌日の会では松浦家の末裔の方が先祖の行為に対してお詫びをされました。この一連の出来事によって、お互いの緊張が解けたような気がしました。そして二〇〇四年には今度は韓国側の武将の末裔にあたる方なども日本にいらして「韓日武将後裔親善会」と称し

上　坂を登っていくといくつもの窯元が連なっている
下　繊細な染付は三川内焼の特徴的な技巧のひとつ（伝統工芸士 中里恒光画）

た会が行われました。それ以降も韓国からは先祖が連れて来られた場所を見に来たいという連絡が頻繁に来ます。三川内を訪れ、やきものを見て技術が絶えることなく続いていることを実感することは、祖先を敬う強い気持ちを持った人々にとって、やはり喜ばしいことではないでしょうか。戦で疲弊して現地から脱出する時にも尚、一〇〇人あまりの陶工を連れて帰ったのは、彼らがやきものの技術を持っていたからでしょう。そして、陶工たちが祖国で培った技術と経験があったからこそ、祖国の陶石に近い素材を見つけることができたのではないでしょうか。

原料の発見を経て、平戸藩の御用窯としてやきものを生産するなかで、どのように技術が発展していったのですか？　また三川内焼は貿易品として海外にも流通していたのでしょうか？

唐子の絵柄をはじめ、現在の技法はすべて藩の時代のものに基づいています。一七世紀はまだ安定した原料を探していた時代です。その後、御用窯の時代を経て技術が完成されていったのでしょう。菊細工の技術が記録で確認できるのは江戸末期になってからで、藩の時代に誰が何を作っていたかということはわかりません。どの窯元も技術に対して自負はありますが、ある技術が特定の職人のものであるという意識はないと思います。窯のオリジナリティが出てくるのは明治以降のことです。

伊万里港から貿易品として外国に渡ったもののなかには三川内のものも入っていたでしょうし、逆に外国からもさまざまなものが見本として入って来ていたと思います。二〇一五年に三川内焼窯元はまぜん祭りの企画のひとつとして日蘭文化交流のためオランダ王国へ「平戸細工気球船形水注《みずつぎ》」という磁器でできた水注を産地一同で献上しました。これはもともと明治時代に口石《くちいし》長山《ちょうざん》窯という窯元が作っていたものですが、よく考えると当時、気球を日本人が知っていたはずはないと思います。注文主が似たようなものや絵を持っていて、それを参考に職人に想像で作らせたのでしょう。同じく細工物に牙の長い象もありますが、これも象のことを知っている注文主からの依頼で象を見たことのない職人が想像して作ったのだと思います。長崎はいろいろなものが行き来していたので、知識や教養のあるパトロンは重要な存在だったのではないでしょうか。

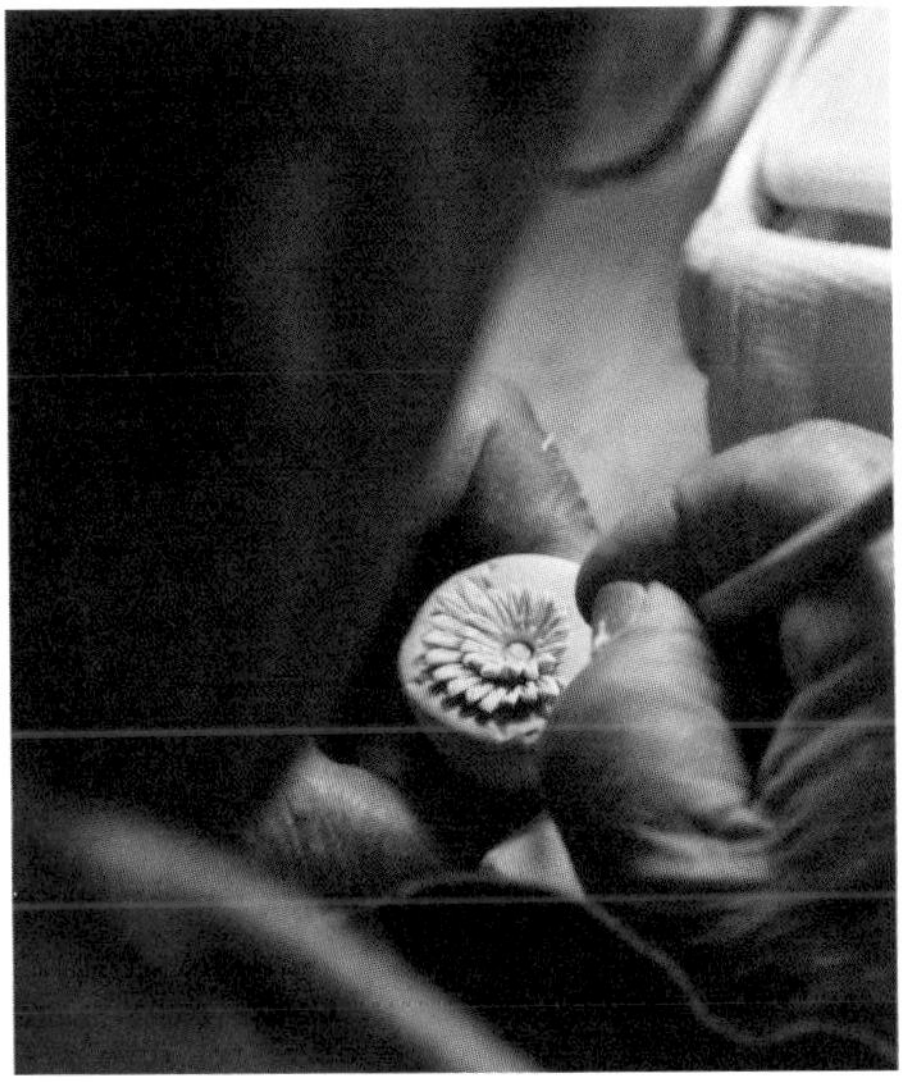

洸祥窯で継承されている平戸菊花飾細工技術

産地にとって技術はひとつの大切な財産だと思います。三川内で発展した技術は九州の他の地域にも伝わっていったのでしょうか？また三川内のなかで他の窯元に技術を教えないようにする動きはあったのですか？

戦後、アメリカにやきものを輸出していたときは職人が数百人以上もいたので、三川内で商売が成り立た

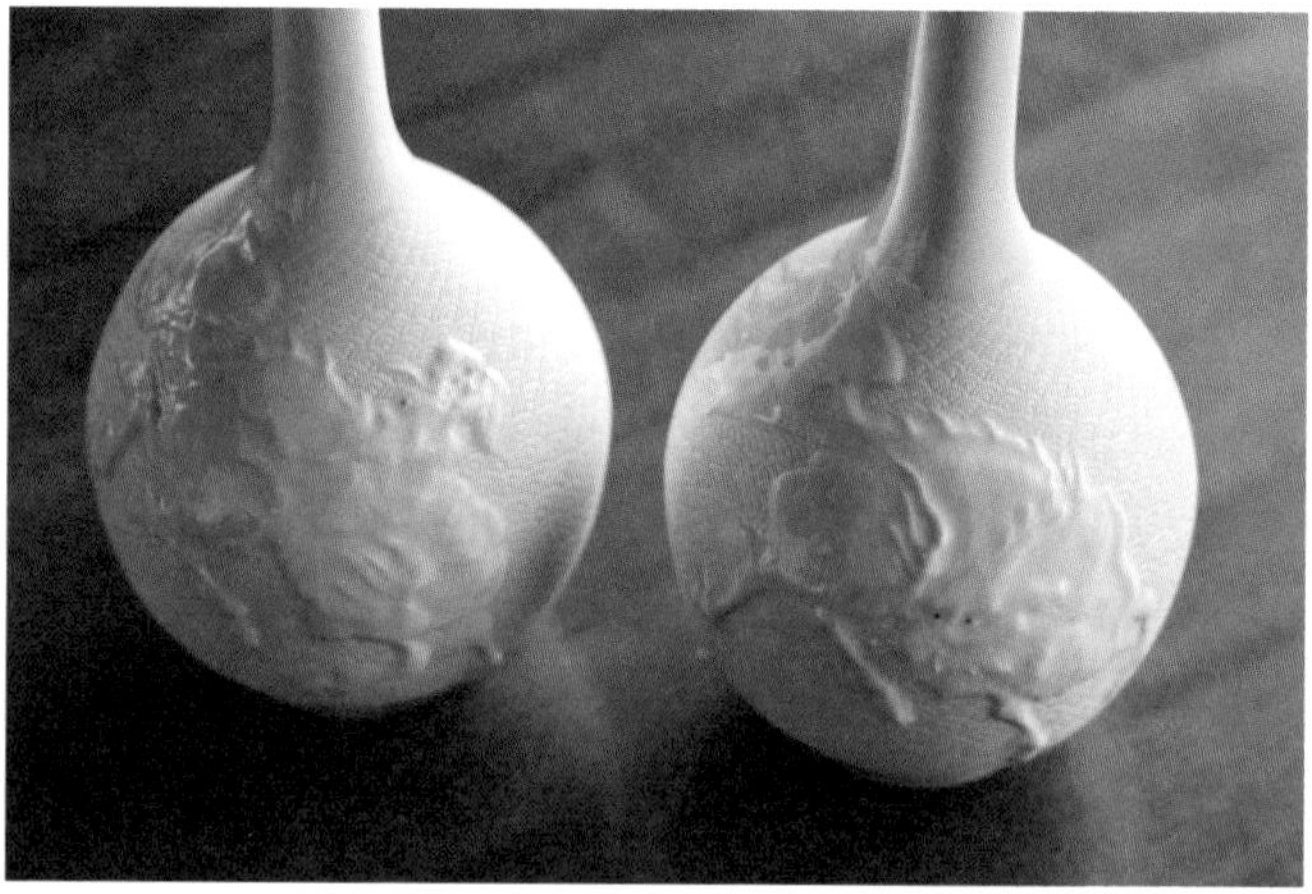

太陽さんが実践する平戸置上技法(ひらどおきあげぎほう)

なくなってから別の場所に移動した人はいます。大正時代に宮崎県に移動した透かし彫り細工の職人が、さらに鹿児島に移動したというような説もあります。天草から材料を調達するにも宮崎は遠すぎたのでしょう。職人は常に素材を求めて移動しています。

三川内では昭和になってから、「置き上げ」という技法ができる職人がたった一人になってしまった時期がありました。その方は誰にも技術を教えなかったので後継者がいなかったのですが、現在も活躍する光雲窯の今村隆《たか》光《みつ》さんが幼いときにその方の作業場を訪れた記憶をもとに復活させたのです。三川内は産地を形成しています。技術を引き継がないとものは残っても人を残せない。そうすると、その家に窯が残らないので結果的に産地が小さくなっていくことにつながるのです。

今、私も「置き上げ」をやっています。光雲窯さんがやっているのを見てヒントは得ましたが、窯ごとの企業秘密なので習うことはできません。自分でやってみて失敗成功を繰り返すのです。最終的な仕上がりは各人の判断、若い人が質問に来たとき教えるか教えないかも自分次第です。それがライバル意識になるし、お互いの技術を高めていくことになります。今、自分としては技術は大分習得してきたので、あとは展示会などで知り合う注文主の無理難題に応えながら、センスを磨いていきたいと思います。

房の輔窯　今村大輔さん

今村家という代々続く窯元に生まれながら、産地のなかで独立したかたちで活動する今村大輔さん。三川内焼の歴史を独自に解釈した作品を制作している。次の世代に技術と産地をつなぐために必要な新しさとは何だろうか。

今、制作されているやきものを作るに至った経緯をお聞かせいただけますか？

窯元を営んでいる父が作っているのは真っ白で薄い磁器です。美しいのですが、私には冷たく感じられました。自分は硬い白磁だけど、柔らかくて温かみのあるものを作りたくて自然界にあるような造形を参考にしています。

幼い頃、実家には職人がいましたが、工場体制だったのでやきものは工場で作られるものだと思っていました。地元の窯業学校を出たあとに、京都の窯元で修業したのですが、そのときに出会った先輩が、四畳半のアパートのお風呂場でろくろを回して作品を作っていたのです。それを修業先の窯元で焼いてもらいながら作家活動をしていると聞いて、自分のやきものを作りたいと思うようになりました。

その後、サーフィンをするために四年ほど唐津に住みながら制作して、乾燥させたものを三川内まで車で一時間かけて運んで焼いていました。それから福岡にも四年ほど住んで、三川内に帰ってきました。材料は常に三川内焼で使う磁器の土を使っています。キメが細かいけれど癖がある天草の粘土、それがここで育った自分の表現には一番合っていると思っています。

三川内では、ゼロから自分が作りたいやきものを作るというのは稀なことなのですか?

最初は地元のベテランの職人たちに相当叩かれました。当時、廃棄処分になる父が削った磁土の残りかすに水を加えて土に戻して使っていたのですが、そうすると砂などが混ざっているので白い磁器に黒い点々が入るのです。まわりの職人たちには「白磁は曇り一点ないものじゃないといけない、そうでないとがさものだ」と言われました。でも私はそれが美しいと思っていたのです。今は粘土の精製技術も焼成技術も上がって、真っ白に焼くことは簡単になりました。でも美術館で見る昔のもののなかには鉄粉が入って黒い点々が見えるものもあるじゃないですか。昔のよいものでもそれが当たり前だったし、そこにも美しさを求めていたのかもしれません。

今でも三川内には絵師が多いのですが、絵を描くための素地《きじ》を作る素地師さんは少なくなりました。

つまり素地は絵付の支持体であるとしか思われていなかったということでしょうか?

そうです。むしろ絵が描かれていないと三川内焼として売れない時代があったということです。今でこそ何も描かれていない白いものが求められていますが、祖父や父の時代はそうではありませんでした。だから支持体の形はどこで作ってもいいということになり、三川内以外の産地でも作られるようになったのです。磁器はキメが細かくて機械で作りやすく、量産に合っていたということもあると思います。土ものはざらざらしすぎていて機械におさまりにくく、壊れてしまいますから。三川内で使う磁土は少し厚くしただけで焼いた時に割れてしまうような扱いづらい素材です。それを使って挑戦するのが三川内の表現力だと思っています。先人たちの作ったものを見ていると、何かを突き詰めようという精神性がある。もちろん代々受け継がれてきた技術を生かして作るのも大切ですが、その上を行くものも作らないと次の伝統ができないのではないでしょうか。

新しいことをすると怒られるという今までの考え方に対して、今、二〇代、三〇代の若い人が陶器市や登り窯での作業の時に三川内に戻って来ているのは独自の制作活動をする作り手の存在もあるのではないでしょうか？伝統ある地域で新しい制作環境を構築するこ

磁器の削りかすを再生した粘土で作った大輔さんの作品．鉄粉が黒い点のように見える

とに関してどのようにお考えですか？

私の場合は目標とする人が誰もいなくて、ずっと不安と葛藤がありました。それでもやってこられたのは、この地域以外の人との交流や陶芸以外の分野への興味、特にサーフィンのネットワークが生きていると思います。波があるときに自由に動ける人は自分で何かやっている人ばかり。波を求めて世界中を旅している人など、広いネットワークを持つ人たちに出会うことができました。

そうやって、よいものや生き方を残して後世の人がやきものをやりたいと思ってくれたら本望です。昔の人が作ったものを見ていると何より楽しそうに見えるのです。だから何百年も続いているのではないかと。

技術は人から人へ伝えられるだけではない。作りたいという思いや作らなくてはならない切迫した状況によって掘り起こされ、再生され、引き継がれる。一六〇〇年代から一九四〇年前後まで、三川内では東窯と西窯という二つの登り窯を使って共同で窯を焚いていた。しかし戦後、技術の向上と生産の効率化により窯元ごとに小規模な窯を設置

するようになり、今では火の調整がしやすいガス窯が主流になっている。そんななか、古くから行われてきた窯焚きを知ろうと、現役の職人たちが登り窯を知る世代から聞き取りを重ね、一九九六年に新たな登り窯を完成させた。以来、年に一度か二度、有志たちが集まり、火を起こし、薪を投じ、三五時間あまりの窯焚きを試行錯誤を重ねながら行っている。そこには有田や波佐見などで働く職人たちも作品を持ち込むなど、新しい交流も生まれている。

写真　白石和弘
インタビュー・構成　永井佳子

記憶のかけら

小川待子

陶芸家

高橋マナミ

写真家

Machiko Ogawa

Manami Takahashi

海の変化は、見飽きることがない。毎朝同じように、海を眺めて一日が始まる。

豊かな、水との関わり。

二〇代後半から三〇代にかけて暮らした西アフリカの生活では、水と私との関わりは全く対照的だった。サバンナを車で走っていて見ることのできる水は、濁った沼だった。年老いた女が道を歩きながら、手にもったひょうたんのうつわで足元の水たまりの水を掬って飲むのを見たときは衝撃を受けた。

毎朝ドラム罐一杯の濁った沼の水を、ロバの荷車にのせて少年が運んで来てくれる。フランス製の筒型石膏の簡易濾過器でその水を濾過する。バケツに入れた泥水が、細いビニールチューブから透明な水になって落ちてくるのを、下に置いたバケツに受ける。毎日の生活用水は、こうして一滴一滴ためた水だった。

私の意識の底には、堆積したさまざまな水の記憶がある。

GIOTTO

いつのまにか、私は、土という素材そのものから、力と可能性を発見することを始めていた。

土と私の間には、対等な関係がある。

私は、根源的な全てを含んでいるものの一部として存在し、その大きな全体によって「かたち」は私のうちにすでに仕組まれている。漠然としたそんな感覚が私のうちにある。

すでに在るものを見つけ出すこと。余分なものを取り除いて、「かたち」をあらわにすること。

つくるという行為は何か大きな、世界を成り立たせているものに対する祈りにも似た行為なのかもしれない。

ブラジルに行った時、ある田舎町の博物館の一室で見た光景。今になってみると、本当に自分がたしかにそれを見たのかと疑うことすらある。

それは、薄暗い室内に胸の高さほどある大きなやきしめの壺がぎっしりと展示してあるものだった。開口部は大きく底部は細くなっていて、とても大きいということ以外はごく普通の茶色い壺に思われた。西アフリカで水や穀物の貯蔵に日常的に使うものに似たかたちだった。部屋に足を踏み入れた時、私はただならない気配のようなものが漂っているのを感じた記憶が残っている。つくり手たちの祈りにも似たものの集合体が、うつわの記憶として残っていたのだろうか。

その感覚は数十年たった今でも、現実味を帯びたものとして私のうちにいきいきとよみがえってくる。
町の名も覚えていない。一枚の写真も残っていない。

CERÂMICA
TraverLift

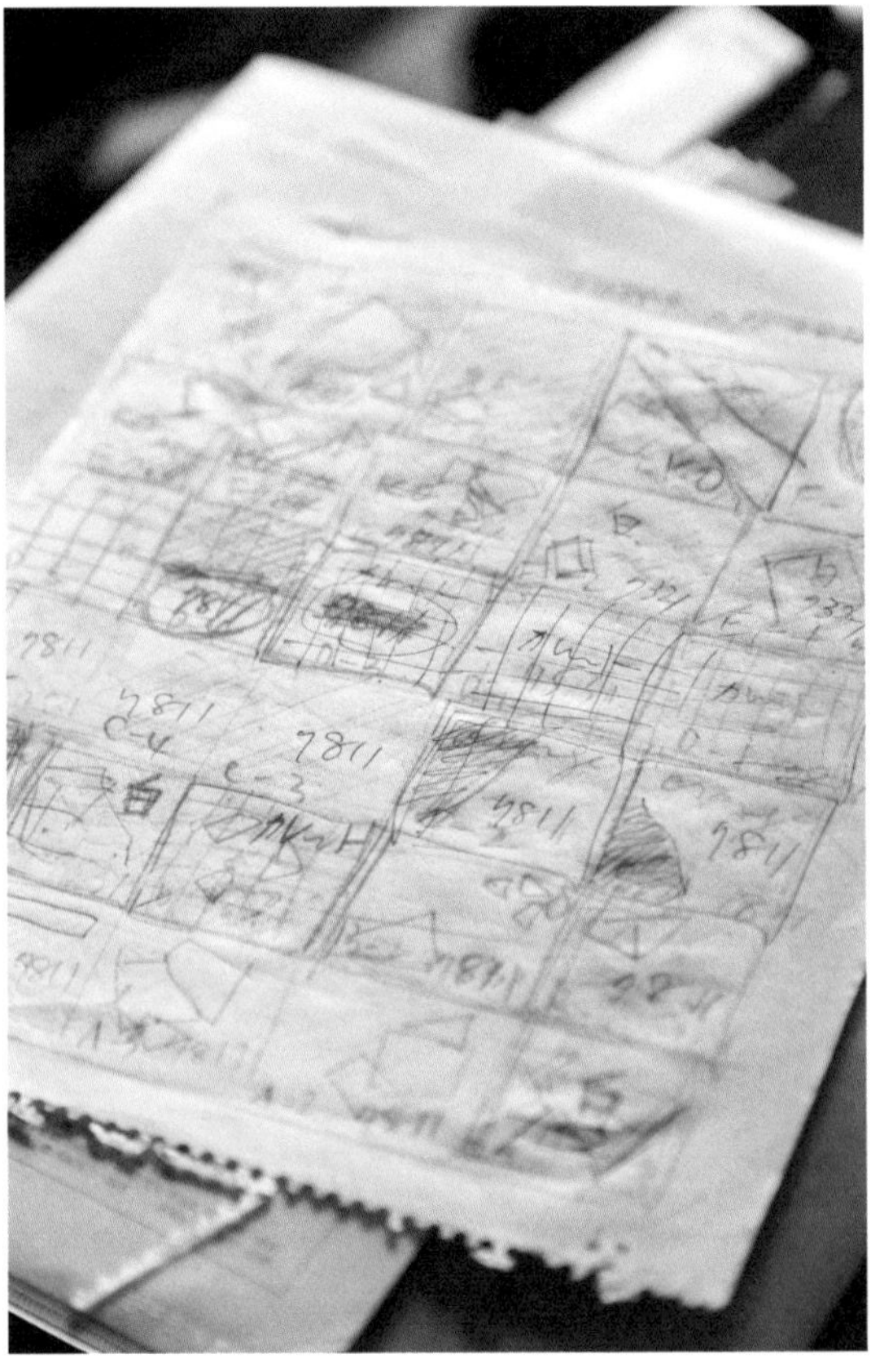

仕事場は、その時々の作品の失敗や破片で足の踏み場もない。土の成分も焼成の仕方もさまざまなうつわの破片たちは、いつも目に触れる場所に置いてあって、私と親しい関係を結んでいる。私が作ったものでありながら、既に私のものではなく、一つ一つが内包した時間によって自立しているかに見える破片たちは、何か大きなものの一部分であり、その失われた部分に、私は想像をめぐらす。

パリの鉱物博物館で、鉱物を見たとき、想像を超えた時間と、自然の意図によって表現された精緻な造形の前で私は息をのんだ。ほとんど打ちのめされたといってもいい。

その後、文化人類学者である夫と共に西アフリカに渡り、歴史伝承や工芸の伝統的技術の調査をする助手を務めた。アルジェリアで「砂漠の薔薇」を見て、サハラ砂漠のオアシス、ガルダイアを訪れることができた。古くから岩塩の交易の町であった砂の町トンブクトゥにも行くことができた。

神奈川県湯河原町のアトリエにて

日本語版あとがき

説田礼子

本書『Savoir & Faire 土』の刊行は、エルメス財団が二〇一四年からフランスで実施してきたプログラム、スキル・アカデミーの活動の一環であり、日本では二〇二一年の『Savoir & Faire 木』に続く、二冊目の書籍となる。本書は前回同様、フランス語版から精選した論考の邦訳に加え、新たに日本語版オリジナルの書き下ろしやインタビューなどを加えて編纂した。

さて、本書が扱う「土」とは、どのようなものであろうか。エコロジーへの意識の高まりは安全な食、有機農業に代表される大地を求め、気候変動は地球そのものへの眼差しを変化させ、パンデミックは土壌と関わりの深い植物や菌類、微生物の生に着目する新たな思想を前景化させたが、「土」という存在は常に、そこに住まうと同時に資源となり、政治や経済、あるいは風土と呼ばれるものを形成する最も根源的な要素でもあった。

フランスでスキル・アカデミーの監修を務める社会学者・歴史家のユーグ・ジャケは、

Reiko Setsuda

土を「われわれの全文明の発展が立脚し、製陶・建造・農業・彫刻といった職人仕事の原料となる粘土・陶土・シリカ・泥炭・泥灰岩《でいかいがん》・カオリンなどのすべてを一括する呼称である」と定義し、「建てたり作ったりするための土」と「育むための土」という分類を導入しながらも、とりわけ無機質の粘土が生み出してきた時間へ思いを馳せてゆく。ガストン・バシュラールが示唆するように、手にとるや否や、好奇心をかきたて夢想の世界に誘い、触れたいという連鎖を手から手へと伝える土。その時、土は、両掌いっぱいに、あるいは手足の指と親密な関わりを持ち、官能的な喜びをもたらすだけでなく、ともに夢想し、思考する術《すべ》そのものとなり、素材と私たちの中間的な存在として立ち現れる。また、民俗学者・赤坂憲雄は、『風土記』に見られる農耕のための肥えた「黒い土」と祭祀の器を作るための痩せた「赤い土」の間に交差する記憶を召喚し、『日本書紀』などの人類創世の神話の扉を開く。

　このように、原初の土との交わりから始まる本書の土へのアプローチは、火や水、大気と結びつきながら、時代や暮らしと共に発展した手わざや技術、知識、美をたどり、土が作り上げた象徴的な次元をとらえようとする構成を持つ。以下、簡単に章立てを説明しておきたい。

　まず、「I　土と生きる」では、私たちの暮らしと広く接点を持つ土の様相、つまり環境を生成する土を考察する。リディア&クロード・ブルギニョンは、土の理解の基礎となる科学的な土壌分析を、アンヌ・ルリッシュは、最も古く、同時に宇宙工学といった先端技術にも応用されるセラミックが作る未来を読者と共有する。ティエリ・ジョフロワは、世界各地に見られる土の建築へ目を向け、多田君枝は特に日本における左官技術を掘り下げてゆく。そしてポートフォリオでは、災害大国でもある日本の地理を、土木工事の風景との共存としてモノクロ写真に収めた柴田敏雄の《日本典型》を紹介する。

「Ⅱ 土とつくる」においては、現代の地平へと現れた土の創造性に目を向ける。戦後日本における土とアートの特殊な関わりを研究するバート・ウィンザー＝タマキ、ランド・アートをはじめとするコンテンポラリー・アートの歴史を俯瞰するジル・ティベルギアンに続き、ミケル・バルセロのアトリエ訪問では、素材の啓示からもたらされたある地形図が描き出される。また、美濃焼の陶土生産だけでなく、陶芸作家の求める土を提供するカネ利陶料のインタビュー、ポートフォリオ《土と身体》では、現代セラミック作家たちの身体性を味わうことができる。

「Ⅲ 土と動く、土は動かす」は、陶磁器にまつわる技術がどのように移動、伝達し、変容していったか、また、それらがどのように人をも動かしてきたのかという問いを、主にフランスの美術館の収蔵作品を例に繙いてゆく。クリスティーヌ・ジェルマン＝ドナは陶芸都市セーヴルにある国立陶磁器美術館から、セリーヌ・ポールは、アドリアン・デュブシェ国立磁器美術館の貴重な作品を豊富な図版とともに案内する。また、極めて精緻な釉薬づかいで知られるジャン・ジレル自身による研究や、日本に磁器がもたらされた最初期の例である長崎県佐世保市三川内の窯元へのインタビュー、そして、フランス、アフリカなどでの滞在を経て大地の記憶を発掘しようとする小川待子のアトリエを、高橋マナミの写真が証言する。

このように、「土」を巡る各著者の深い知識と経験に基づく論考やインタビュー、写真や作品などを日本の読者と分かち合う喜びはひとしおであり、また章を横断することで形成される地層や断層も本書ならではの愉しみであろう。まずは、著者各位に深い敬意を表し、心からの御礼を申し上げたい。

本書は、シリーズの形式を踏襲しつつも出版社を岩波書店との共同作業に変更して刊行された。何よりも編集者である岩元浩氏、製作担当の永野武雄氏、著作権マネジメントの木村理恵子氏の惜しみないお力添えで、形を得たことを記しておきたい。同様に、構想段階から取材まで協働いただいた永井佳子氏、撮影の白石和弘氏、装幀の菊地敦己氏、仏和翻訳の阿部成樹氏、谷口清彦氏、前之園春奈氏、英和翻訳の前沢浩子氏らの専門知識と誠実さや情熱は、この古く新しい素材を活性化させる重要なアクター、つまりスキルそのものであった。この場を借りて、御礼を申し上げる次第である。

最後に、日本での財団活動に常に心を寄せ、昨年には東京藝術大学で行われた木のワークショップにも参加したオリヴィエ・フルニエ、ローラン・ペジョー、ジュリー・アルノーを筆頭とする財団のすべてのメンバーの継続的な支援と信頼に、そして、アクト・スッド社、およびフランス語版編纂の過程から日本語版刊行に至るまで、常に思慮深き案内人であったユーグ・ジャケへ、格別の感謝の意を表したい。

（エルメス財団　キュレーター）

写真・図版クレジット

●土壌の豊かさと持続可能な農業における粘土の役割

図1―10・12　©LAMS

図11　Image reproduced from the 'Images of Clay Archive' of the Mineralogical Society of Great Britain & Ireland and The Clay Minerals Society (https://www.minersoc.org/images-of-clay.html)

●生の土の建築――その様々な起源から今日まで

七〇頁　©CRAterre, Thierry Joffroy

七二頁　(三点とも)©CRAterre, Thierry Joffroy

七四頁　©CRAterre, Mark Kwami

七五頁　©CRAterre, Thierry Joffroy

七六頁　(右二点)©CRAterre, Thierry Joffroy　(左)©CRAterre, Sébastien Moriset

七八頁　©CRAterre, Sébastien Moriset

七九―八一頁　©CRAterre, Thierry Joffroy

八三頁　©CRAterre, Marc Auzet

八五頁　©Paul Kozlowski

八七頁　(二点とも)©CRAterre, Thierry Joffroy

●土と左官から見た日本の建築史

九九頁　慈俊[著]他『慕帰繪々詞第一〇巻』巻四(鈴木空如、松浦翠苑[模]、一九一九―一九二〇年)©国立国会図書館デジタルコレクション(https://dl.ndl.go.jp/pid/2590851)

一〇〇頁　《じしん百万遍》©国際日本文化研究センター
一〇一頁　箱木千年家　©多田君枝
一〇四頁　「コンフォルト」増刊『素材・建材ハンドブック』（建築資料研究社、二〇二一年七月）©梶原敏英
一〇六頁　©白石博一

●工業用セラミック分野での主な進歩
図1・2　© Jérôme Chevalier, INSA-Lyon, Université Lyon
図3　© Mr D. Hautcoeur, BCBR – Belgique
図4　© Lithoz GmbH
図5・6　© Florence Inoué
図7　© LMCPA-UVHC
図8　© SKF Aeroengine France
図9　© MERSEN BOOSTEC / AIRBUS DEFENCE & SPACE

●日本典型
一三一頁　神奈川県愛甲郡清川村宮ヶ瀬、一九八三年
一三二頁　埼玉県秩父市、一九八五年
一三三頁　神奈川県足柄下郡湯河原町、一九九三年
一三四頁　東京都西多摩郡檜原村、一九九四年
一三五頁　埼玉県児玉郡神泉村、一九九三年
一三六頁　群馬県北群馬郡小野上村、一九九四年
一三七頁　長野県下伊那郡大鹿村、一九八七年
一三八頁　宮崎県西都市、一九九〇年
一三九頁　岡山県苫田郡富村、一九九五年
一四〇頁　長野県下伊那郡天龍村、一九九三年
一四一頁　福島県南会津郡田島町、一九八九年

一四二頁　宮崎県児湯郡西米良村、二〇〇二年
一四三頁　北海道天塩郡天塩町雄信内、一九八八年
一四四頁　山梨県北巨摩郡須玉町、二〇〇四年
一四五頁　福島県いわき市田人町、一九九〇年

●技術、欲望、分類、恐怖——土と向き合う現代日本のアート

図1　八木一夫《雲の記憶》© NARAHARA IKKO ARCHIVES
図2　里中英人《シリーズ・公害アレルギー》©畠山崇
図3・4　細江英公『鎌鼬』より　©細江英公
図5　栗田宏一による Soil Library Project 展示風景　©栗田かず子
図6　ヒスロム《Documentation of Hysteresis》©ヒスロム
図7　Chim↑Pom「サンキューセレブプロジェクト　アイムボカン」より爆破した iPod　Photo: Kenji Morita / Courtesy of the artist, ANOMALY and MUJIN-TO Production
図8　©赤城修司

●コンテンポラリー・アートにおける土

図1　Walter De Maria, The New York Earth Room, 1977 © Estate of Walter De Maria. Photo: John Cliett, courtesy Dia Art Foundation, New York
図2　Hans Haacke, "Grass Grows", 1969 © VG BILD-KUNST, Bonn & JASPAR, Tokyo E5234
図3　Charles Simonds, "Birth," 1972 © 2023 Charles Simonds / ARS, NY / JASPAR, Tokyo E5234
図4　Giuseppe Penone, "Soffio 6," 1978 © ADAGP, Paris & JASPAR, Tokyo, 2023 E5234
図5　Ana Mendieta, "Fundamento Palo Monte: Silueta Series (Gunpowder Works)", 1980 © 2023 The Estate of Ana Mendieta Collection, LLC / Courtesy Galerie Lelong & Co. / ARS, NY / JASPAR, Tokyo E5234
図6　Keith Arnatt, "Self-Burial with Mirror", 1969 © Keith Arnatt, DACS & JASPAR 2023 E5234
図7　Thomas Schütte, "Die Fremden," 1992 © VG BILD-KUNST, Bonn & JASPAR, Tokyo E5234
図8　Gabriel Orozco, "My Hands Are My Heart", 1991 © Gabriel Orozco / Courtesy of the Artist and

Marian Goodman Gallery

●ミケル・バルセロ——地形図 アトリエ訪問

図1—11 © ADAGP, Paris & JASPAR, Tokyo, 2023 E5234

●土と身体

二四六頁 マグダレン・オドゥンド《Two Symmetrical Vessels》（二〇一三年）・二四七頁 同《Sans titre》（二〇一三年）© Magdalene Odundo / Courtesy of Galerie Pierre Marie Giraud, Brussels / Photograph by David Westwood

二四八頁 秋山陽《*Untitled* MV-1410》（二〇一四年）© Yo Akiyama / Courtesy of Galerie Pierre Marie Giraud, Brussels / Photograph by Kazuo Fukunaga

二四九頁 ジャン・ジレル《風景盤 夏の黄昏》（二〇一三年）© Jean Girel /Photo credit Kei Okano / Courtesy of the artist

二五〇頁 エドマンド・ドゥ・ヴァール《Breathturn II》（二〇一三年）© Edmund de Waal / Photo © Mike Bruce / Courtesy of the artist and Gagosian

二五一頁 ユースケ・オフハウズ《たしか私の記憶では、中銀カプセルタワー》（二〇二〇年）© Yusuké Y. Offhause © Image courtesy of the artist

二五二頁 シルヴィ・オーヴレ《無題》（二点とも）（（右）二〇二三年、（左）二〇二〇年）© Yann Bohac Courtesy of the artist and Galerie Laurent Godin

二五三頁 安永正臣《再生する器》（二〇二一年）© Masaomi Yasunaga / Courtesy of the artist, Nonaka-Hill and Lisson Gallery

二五四頁 フランソワーズ・ペトロヴィッチ《Le Renard du Cheshire》（二〇〇七年）・二五五頁 同《Alice》（二〇〇五年）© Françoise Petrovitch / Photo © Hervé Plumet / Courtesy of Semiose Galerie © ADAGP, Paris & JASPAR, Tokyo, 2023 E5322

二五六頁 内藤アガーテ《ラ・グランド・ヴァーグ》（二〇二〇年）© Photo: Brigitte Besson / Technical support: Bertrand Weissbrodt / Courtesy of the artist

二五七頁 グレイソン・ペリー《The Rosetta Vase》（二〇一一年）Courtesy of the Artist and the Trustees

of the British Museum / © The Trustees of the British Museum / © Grayson Perry
二五八頁　クリスティン・マッカーディ《Nature morte composée》(二〇〇一年) © Kristin McKirdy / Photo © Benoit Grellet
二五九頁　クリスティン・マッカーディ《Nature morte》(二〇一〇年) © Kristin McKirdy / Photo © Gérard Jonca
二六〇頁　梶なゝ子《*untitled*》(二〇二二年)・二六一頁　同《*untitled*》(二〇一九年) ©鈴木俊宏
二六二頁　伊藤慶二《ほうよう》(二〇一八年) ©伊藤慶二

●釉　薬

図1　Photo © RMN-Grand Palais / Gérard Blot / distributed by AMF-DNPartcom
図2　Photo © RMN-Grand Palais (musée d'Archéologie nationale) / Gérard Blot / distributed by AMF-DNPartcom
図3・7・11・12　Photo © RMN-Grand Palais (Sèvres - Manufacture et musée nationaux) / Martine Beck-Coppola / distributed by AMF-DNPartcom
図4　Photo © RMN-Grand Palais (musée d'Archéologie nationale) / image RMN-GP / distributed by AMF-DNPartcom
図5　Photo © RMN-Grand Palais (musée du Louvre) / Hervé Lewandowski / distributed by AMF-DNPartcom
図6　Photo © Musée du Louvre, Dist. RMN-Grand Palais / Christian Larrieu / distributed by AMF-DNPartcom
図8　Photo © RMN-Grand Palais (musée du Louvre) / Jean-Gilles Berizzi / distributed by AMF-DNPartcom
図9　Photo © RMN-Grand Palais (musée du Louvre) / Stéphane Maréchalle / distributed by AMF-DNPartcom
図10　Photo © RMN-Grand Palais (MNAAG, Paris) / Thierry Ollivier / distributed by AMF-DNPartcom

●西洋陶磁略史——そのいくつかの起源から一八世紀末まで

図1　Photo © RMN-Grand Palais (musée du Louvre) / Gérard Blot / distributed by AMF-DNPartcom

図2　Photo © RMN-Grand Palais (musée du Louvre) / Stéphane Maréchalle / distributed by AMF-DNPartcom

図3　Suicide of Ajax by Exekias – inv. 558.R3 - Boulogne-sur-Mer Museum / Copyright © Xavier Nicostrate

図4・5　Photo © RMN-Grand Palais (musée du Louvre) / Hervé Lewandowski / distributed by AMF-DNPartcom

図6・8—10・13・16—18　Photo © RMN-Grand Palais (Sèvres - Manufacture et musée nationaux) / Martine Beck-Coppola / distributed by AMF-DNPartcom

図7　Photo © RMN-Grand Palais (Sèvres - Manufacture et musée nationaux) / Stéphane Maréchalle / distributed by AMF-DNPartcom

図11　Photo © RMN-Grand Palais (Sèvres - Manufacture et musée nationaux) / Thierry Ollivier / distributed by AMF-DNPartcom

図12　Photo © RMN-Grand Palais (musée de la Renaissance, château d'Ecouen) / Mathieu Rabeau / René-Gabriel Ojeda / distributed by AMF-DNPartcom

図14・15　Photo © RMN-Grand Palais (musée du Louvre) / Jean-Gilles Berizzi / distributed by AMF-DNPartcom

●アドリアン・デュブシェ国立磁器美術館コレクションでたどる磁器の歴史

図1・4・11・19　Photo © RMN-Grand Palais (Limoges, musée national Adrien Dubouché) / Tony Querrec / distributed by AMF-DNPartcom

図2・16　Photo © RMN-Grand Palais (Limoges, musée national Adrien Dubouché) / Martine Beck-Coppola / distributed by AMF-DNPartcom

図3・8—10・15　Photo © RMN-Grand Palais (Limoges, musée national Adrien Dubouché) / Guy Gendraud / distributed by AMF-DNPartcom

図5・6・12・13・20　Photo © RMN-Grand Palais (Limoges, musée national Adrien Dubouché) /

Jean-Gilles Berizzi / distributed by AMF-DNPartcom

図7・14 Photo © RMN-Grand Palais (Limoges, musée national Adrien Dubouché) / Frédéric Magnoux / distributed by AMF-DNPartcom

図17 Photo © RMN-Grand Palais (Limoges, musée national Adrien Dubouché) / Mathieu Rabeau / distributed by AMF-DNPartcom

図18 Photo © RMN-Grand Palais (Limoges, musée national Adrien Dubouché) / Hervé Lewandowski / distributed by AMF-DNPartcom

表紙・函写真　白石和弘

著者・訳者略歴

著者略歴

オリヴィエ・フルニエ（Olivier Fournier）
二〇一六年よりエルメス財団理事長。一九九一年にエルメスに入社し、現在は同社のガバナンス、組織開発の責任者で、エルメスグループの執行委員会のメンバー。持続可能な開発や技術の伝承などを通じて企業の社会的責任を牽引する。

ユーグ・ジャケ（Hugues Jacquet）
社会学者・歴史家。手仕事や技術の知恵についての社会学的・歴史学的研究を行う。アクト・スッド社とエルメス財団の共同出版「Savoir & Faire」シリーズの外部監修者。

赤坂憲雄（あかさか　のりお）
民俗学者。現在、学習院大学教授。主著に『性食考』『ナウシカ考』（岩波書店）、『奴隷と家畜』（青土社）、『民俗知は可能か』（春秋社）など。

Ｉ　土と生きる

リディア&クロード・ブルギニョン（Lydia et Claude Bourguignon）
土壌微生物学者・農学者。ブルゴーニュで土壌微生物学分析研究所（ＬＡＭＳ）を運営する。

ティエリ・ジョフロワ（Thierry Joffroy）
建築家・研究者。フランス・グルノーブルにあるクラテール（CRAterre）の元代表。一九七〇年代からクラテール研究所では生土建築の推進を行っている。

多田君枝（ただ きみえ）

一般社団法人日本左官会議事務局長。『コンフォルト』（建築資料研究社）編集長（―二〇二二年）、現在同誌エディトリアル・ディレクター。共著に『Japan Style』『JAPANESE gardens』（Tuttle Publishing）。

アンヌ・ルリッシュ（Anne Leriche）

セラマス（CERAMATHS）にてセラミック素材の最先端の技術研究を行う。オー＝ド＝フランス工科大学（ヴァランシエンヌ）教授。

柴田敏雄（しばた としお）

写真家。東京藝術大学美術学部絵画科（油画）専攻、同大学院修了。ベルギーの文部省より奨学金を受け、ゲント王立アカデミー写真学科へ入学。第一七回木村伊兵衛写真賞受賞（一九九二年）。

Ⅱ　土とつくる

バート・ウィンザー＝タマキ（Bert Winther-Tamaki）

アート・視覚文化研究者。カリフォルニア大学アーバイン校美術史学科教授。専門は現代日本のアートなど。著書に『TSUCHI—Earthy Materials in Contemporary Japanese Art』（ミネソタ大学出版会）など。

ジル・A・ティベルギアン（Gilles A. Tiberghien）

哲学者・美術評論家（ランド・アート専門）。パリ第一大学パンテオン＝ソルボンヌにて美学を教える。

カネ利陶料（かねりとうりょう）

一八三九年創業。岐阜県瑞浪市を拠点に日本各地の窯元、個人作家、教育機関等の注文を受け、陶土の製造・販売のほか、土を使ったワークショップなどを行う。

Ⅲ　土と動く、土は動かす

ジャン・ジレル（Jean Girel）

陶芸家。画家として活動を始めるも宋代陶磁に魅了され、陶芸に専念。主に釉薬を専門的に用いた技巧的な作品で知られる。二〇〇〇年、フランス文化省より人間国宝（メートル・ダール）に認定される。

クリスティーヌ・ジェルマン＝ドナ（Christine Germain-Donnat）
セーヴル国立陶磁器美術館主任学芸員及び前館長。現パリ狩猟自然博物館館長。
セリーヌ・ポール（Céline Paul）
アドリアン・デュブシェ国立磁器美術館館長、セーヴル・リモージュ陶磁美術館連合。
三川内焼（みかわちやき）
長崎県のやきものの産地。江戸時代に平戸藩の御用窯として発展し、明治時代以降も国内外に向けて技巧を凝らした磁器を生産している。
小川待子（おがわ　まちこ）
陶芸家。東京藝術大学工芸科卒業。一九七〇年からパリ国立高等工芸学校を経て、人類学者である夫の助手として西アフリカ各地へ渡り、同地で陶芸を学ぶ。第五八回芸術選奨文部科学大臣賞受賞（二〇〇八年）。

訳者略歴

阿部成樹（あべ　しげき）
西洋美術史。現在、中央大学文学部教授。主著に『アンリ・フォシヨンと未完の美術史——かたち・生命・歴史』（岩波書店）など。
谷口清彦（たにぐち　きよひこ）
フランス文学研究。現在、早稲田大学ほか非常勤講師。共訳にクリストフ・シャルル、ジャック・ヴェルジェ『大学の歴史』（白水社）など。
前沢浩子（まえざわ　ひろこ）
イギリス文学研究。現在、獨協大学教授。著書に『生誕四五〇年シェークスピアと名優たち』（NHK出版）、訳書に『ニッポン放浪記——ジョン・ネイスン回想録』（岩波書店）など。
前之園春奈（まえのその　はるな）
フランス文学研究。現在、中央大学文学部兼任講師。共著に『ルソー論集——ルソーを知る、ルソーから知る』（中央大学出版部）がある。

エルメス財団

2008年にフランス，パリで発足した非営利団体．1837年創業の馬具職人をルーツとするエルメスを母体とし，その精神に響き合う公益の活動を実践する．「私たちの身振りが私たちをつくり，私たちの鏡となる」をモットーとし，ヒューマニズム(人道主義)の伝統に基づく相互支援と協力に基づく未来の世界を作ることを目指している．エルメス財団の支援は，芸術作品の創造，技術の伝承，環境保護，社会貢献(連帯活動)という4つの柱のもと独自のプログラムを通じて行われる．日本では，銀座メゾンエルメス フォーラムにおけるコンテンポラリー・アートの展覧会や，素材にまつわる知識や技術の共有を目指すスキル・アカデミーなどの活動を展開している．

Savoir & Faire 土

2023年8月30日　第1刷発行
2024年6月5日　第2刷発行

編　者　エルメス財団《ざいだん》

発行者　坂本政謙

発行所　株式会社 岩波書店
〒101-8002 東京都千代田区一ツ橋2-5-5
電話案内 03-5210-4000
https://www.iwanami.co.jp/

印刷・半七印刷　函・岡山紙器所　製本・牧製本

ISBN 978-4-00-023907-3　Printed in Japan